高等院校物理类规划教材

新编大学物理

上册

- 主　　　编　桑建平　丁么明　丁世学
- 本 册 主 编　吴铁山
- 本册副主编　卢金军　杨正波

WUHAN UNIVERSITY PRESS
武汉大学出版社

图书在版编目(CIP)数据

新编大学物理.上册/吴铁山本册主编;卢金军,杨正波本册副主编.—武汉:武汉大学出版社,2012.1(2023.1重印)
高等院校物理类规划教材
ISBN 978-7-307-09333-1

Ⅰ.新… Ⅱ.①吴… ②卢… ③杨… Ⅲ.物理学—高等学校—教材 Ⅳ.O4

中国版本图书馆 CIP 数据核字(2011)第 238491 号

责任编辑:任仕元   责任校对:黄添生   版式设计:马　佳

出版发行：**武汉大学出版社**   (430072　武昌　珞珈山)
(电子邮箱：cbs22@ whu.edu.cn　网址：www.wdp.com.cn)
印刷:武汉图物印刷有限公司
开本:720×1000　1/16　印张:16.5　字数:328 千字　插页:1
版次:2012 年 1 月第 1 版　2023 年 1 月第 8 次印刷
ISBN 978-7-307-09333-1/O · 464　定价:39.00 元

前　言

物理学是研究物质的基本结构、基本运动形式、相互作用及其转化规律的自然科学。它的基本理论渗透在自然科学的各个领域,应用于生产技术的各个方面,是其他自然科学和工程技术的基础。

在人类追求真理、探索未知世界的过程中,物理学展现了一系列科学的世界观和方法论,深刻影响着人类对世界的基本认识、人类的思维方式和社会生活,是人类文明发展的基石,在人才的科学素养培养中具有重要的地位。

以物理学基础为内容的大学物理课程,是高等学校理工科各专业学生一门重要的通识性必修基础课。该课程所教授的基本概念、基本理论和基本方法是构成学生科学素养的重要组成部分,是一个科学工作者和工程技术人员所必备的。

大学物理课程在为学生系统地打好必要的物理基础,培养学生树立科学的世界观,增强学生分析问题和解决问题的能力,培养学生的探索精神和创新意识等方面,具有其他课程不能替代的重要作用。

本教材根据教育部高等学校物理学与天文学教学指导委员会物理基础课程教学指导分委员会制定的"理工科类大学物理课程教学基本要求"编写。教材注重陈述物理学的基本知识、基本概念、基本原理和定律,突出物理学的主要框架,在讲解经典物理和近代物理基础知识的同时,加强对物理原理在现代工程技术中应用的介绍;同时适度控制篇幅及内容的深度,以适应不同学校和专业在高等教育大众化的新形势下对大学物理课程改革的需要,为普通高等院校提供一套符合当前教学需求和便于实际教学的教材。

全书在编写过程中,主要突出了以下几个方面:

1. 表述力求简明易懂,并辅以生动有趣的事例及图表,尽量避免繁琐的数学推导,以便激发学生的学习兴趣,提高学习效率。

2. 增加"物理沙龙"板块,主要介绍经典物理知识在工程技术中的最新应用以及近代物理发展前沿。

3. 例题和习题的选择以达到基本训练要求为度,避免难题和偏题,在例题选择上,加强了工程应用类及生活类题型的配置,以求加强应用能力的培养。

全书分上、下两册,共计 17 章。上册包括力学、热学、振动与波、狭义相对论,下册包括电磁学、光学、量子物理初步。

参加本教材编写工作的有吴铁山、张增常、卢金军、杨正波、柯璇、王军延、涂亚芳,全书的统稿工作由桑建平、丁么明和丁世学完成,武汉大学出版社任仕元同志对全书进行编审并付出了辛勤劳动。

由于编者水平有限,加之时间紧迫,书中的疏漏和不当之处在所难免,恳请读者批评指正。

编者

2011 年 12 月

于武昌珞珈山

目　　录

第1篇　力学

第1篇 力 学

自然界是由物质组成的,一切物质都在不停地运动着,物质运动中最简单、最普遍的形式之一就是机械运动。力学就是研究机械运动的规律及其应用的科学。何谓机械运动呢?一般将物体之间或同一物体各部分之间位置的相对变化称为机械运动。如宇宙中各种星体的运动,地面上的车行马走,工厂中的机器运转等都是机械运动。

力学是物理学的一个重要分支,从普通的机器到天体运动,从海流、大气到火箭、卫星的轨道控制,都需要经典力学精确计算。此外,经典力学向相关学科的渗透,又产生诸多新兴学科,如生物力学、地球力学、宇宙气体动力学、流体力学,等等,经典力学至今仍具有重要的地位。

力学可分为运动学、动力学和静力学。运动学研究物体运动时位置随时间变化的规律;动力学研究物体间的相互作用,以及这种相互作用所引起的物体运动状态变化的规律;静力学研究物体相互作用下的平衡问题。

第1章 质点运动学

运动学是从几何观点来研究和描述物体的机械运动,不考虑物体的受力情况。本章讨论质点运动学,在引入参考系、坐标系、质点等概念的基础上,介绍质点位置的确定方法及描述质点运动的重要物理量位移、速度和加速度,并讨论质点直线运动和曲线运动中这些量之间的关系以及质点运动方程的建立。

1.1 参考系 质点

1.1.1 参考系

运动是物质存在的形式,绝对静止的物体是不存在的。我们坐在教室里看黑板,感觉不到黑板在运动,事实上,我们和黑板都在伴随着地球自转及绕太阳公转,这就是所谓的运动的绝对性。尽管运动本身是绝对的,但是对运动的描述却又是相对的。因此,要描述物体的运动,必须指明是相对哪一个物体才有意义。我们将被选作参考的物体称为**参考系**。参考系的选择可以是任意的,主要视问题的性质和研究的方便。如一个星际火箭刚发射时,主要研究它相对于地面的运动,所以可选地面为参考系。但当火箭进入绕太阳运动的轨道时,为研究方便应选太阳为参考系。

为了定量描述物体在参考系中的位置,需要在参考系中建立坐标系。通常采用直角坐标系,根据需要也可选用其他坐标系,如自然坐标系、极坐标系、球坐标系等。坐标系选取恰当,则可以简化问题的处理,如研究直线运动,就取该直线为坐标轴,其上某一点为原点,这样选取对直线运动的研究最为方便。

1.1.2 质点

质点是具有一定质量而几何尺寸或形状可以忽略不计的物体。或者说,它是一个具有质量的点。它是力学中的理想化模型,其引入会使所研究的问题得到简化。质点保留了实际物体的两个主要特征:物体的质量和物体的空间位置。在如下情况下可以把物体当做质点对待。

(1)物体做平动时,物体内各点具有相似的轨道,相同的速度和加速度。因而,只要研究其中一点的轨道、速度和加速度,就足以认识平动物体的全貌。据此,可以把平动物体简化为质点。

(2)物体的几何尺寸比观察它运动的范围小许多,其形状和大小可以忽略。这时,也可把此物体看做质点。

同一物体在一个力学问题中可以被当做质点,而在另一个力学问题中却不一定能。例如地球,在研究它绕太阳的运转时,由于地球半径比起它和太阳之间的距离小得多,可以把它看成质点。但是,在研究地球本身的自转时,其上各点的运动情况大不一样,就不能再把它看成质点。

如果所研究的物体不能被当做一个质点处理,那么,可以把它看成是由许多质点组成的。这些质点的组合,称为质点系。分析这些质点的运动就可弄清整个物体的运动,因此,研究质点的运动是研究物体运动的基础。

1.2 质点运动的描述

对质点运动的研究,首先要建立描述量,下面将通过位置矢量、位移、速度及加速度四个基本描述量的引入来描述物体的运动。

1.2.1 位置矢量 —— 描述质点空间位置的物理量

1. 位置矢量

要描述一个质点的运动,首先应表示出它在空间的位置。质点的位置可以用一个矢量来确定。在选定的参考系上建立直角坐标系,空间某一质点 P 的位置,可以从坐标原点 O 向 P 点作一矢量 r,如图 1.1 所示,r 的端点就是质点的位置,r 的大小和方向完全确定了质点相对参考系的位置,r 称为**位置矢量**,简称位矢。

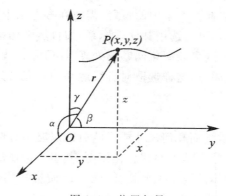

图 1.1　位置矢量

在直角坐标系中,若 P 点所在位置的坐标为 (x,y,z),则位矢可表示为

$$r = x\bm{i} + y\bm{j} + z\bm{k} \tag{1.1}$$

式中,$\bm{i},\bm{j},\bm{k}$ 表示沿 x,y,z 三个坐标轴正方向的单位矢量。

位矢的大小为

$$|\bm{r}| = \sqrt{x^2 + y^2 + z^2}$$

位矢的方向由其方向余弦确定

$$\cos\alpha = \frac{x}{|\bm{r}|}, \qquad \cos\beta = \frac{y}{|\bm{r}|}, \qquad \cos\gamma = \frac{z}{|\bm{r}|}$$

式中 α,β,γ 表示 $\bm{r}$ 与 x,y,z 三个坐标轴的夹角。

如果质点被限制在 xOy 平面内运动,则位矢表示为

$$r = x\bm{i} + y\bm{j}$$

$\bm{r}$ 的大小为

$$|\bm{r}| = \sqrt{x^2 + y^2}$$

$\bm{r}$ 与 x 轴正方向的夹角 α 满足

$$\tan\alpha = y/x$$

位置矢量的大小表示长度,在国际单位制(以下简称为 SI)中,其单位为米(m)。

2. 运动方程

所谓运动,就是质点的位置随时间的变化,即位置矢量为时间 t 的函数,数学上表示为

$$r = r(t) \tag{1.2}$$

式(1.2)称为质点的运动方程,它反映了质点位置随时间的一种变化关系。

在直角坐标系中,运动方程为

$$r = x(t)\bm{i} + y(t)\bm{j} + z(t)\bm{k}$$

如果用坐标分量来表示运动方程,则可表示为

$$
\begin{aligned}
x &= x(t) \\
y &= y(t) \\
z &= z(t)
\end{aligned}
\tag{1.3}
$$

式(1.3)实际上就是质点在三个坐标轴上投影点的运动规律。

当质点在 xOy 平面内运动时,其运动方程的分量式为

$$
\begin{aligned}
x &= x(t) \\
y &= y(t)
\end{aligned}
$$

如果质点在直线上运动,则其运动方程分量式为

$$x = x(t)$$

值得注意的两点是:其一,若在式(1.3)中消除 t,就可得到运动质点的轨迹

方程;其二,能用式(1.3)三个分运动来表示一个复杂的运动,是基于运动的叠加原理。

例 1.1 湖中有一小船,岸边有人用绳子跨过离水面高 h 的滑轮拉船靠岸,如图 1.2 所示,在开始收绳($t = 0$)时绳的长为 l_0,人以匀速 v_0 拉绳,试写出小船的运动方程。

解 建立如图所示的坐标轴 OX,按题意,初始时刻($t = 0$),滑轮至小船的绳长是 l_0,此后某时刻 t,绳长减少到 $l_0 - v_0 t$,此刻船的位置坐标是

$$x = \sqrt{(l_0 - v_0 t)^2 - h^2}$$

此式正是小船的运动方程,它给出了小船位置 x 随时间 t 变化的规律。

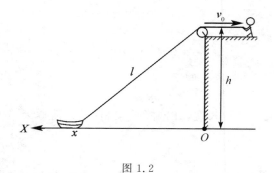

图 1.2

1.2.2 位移 —— 描述质点位置变动的大小和方向的物理量

如图 1.3 所示,质点做曲线运动,从 t 时刻到 $t + \Delta t$ 时刻,质点的位置由 A 点移到 B 点,其位置矢量由 $\boldsymbol{r}_1$ 变为 $\boldsymbol{r}_2$,质点在 Δt 时间间隔内的位移可由初位置 A 点指向末位置 B 点的有向线段 $\Delta \boldsymbol{r}$ 来表示。该位移除表明质点从 A 点到 B 点位置变动的大小外,还表明 B 点相对 A 点的方位,显然,位移是矢量。由矢量运算得

$$\Delta \boldsymbol{r} = \boldsymbol{r}_2 - \boldsymbol{r}_1 \tag{1.4}$$

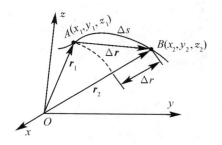

图 1.3 位移

在直角坐标系中,位移可表示为

$$\Delta \boldsymbol{r} = (x_2 - x_1)\boldsymbol{i} + (y_2 - y_1)\boldsymbol{j} + (z_2 - z_1)\boldsymbol{k}$$
$$= \Delta x \boldsymbol{i} + \Delta y \boldsymbol{j} + \Delta z \boldsymbol{k}$$

位移的大小为 $|\Delta \boldsymbol{r}| = \sqrt{\Delta x^2 + \Delta y^2 + \Delta z^2}$,位移的方向是从 A 指向 B。

在 SI 中,位移大小的单位为米(m)。

应该注意:① 位移和路程是两个不同的概念。位移是矢量,只由质点的始末位置决定。路程是质点运动经历的实际路径(轨迹)的总长度,是标量。位移并不反映质点真实路径的长度,只反映位置变化的实际效果。一般情况下,位移的大小与路程并不相等,如图 1.3 中位移 $\Delta \boldsymbol{r}$ 相对应的路程是弧长 Δs,显然 $|\Delta \boldsymbol{r}| \neq \Delta s$。当质点做单向直线运动时,位移的大小与路程相等。② 位移的大小 $|\Delta \boldsymbol{r}|$ 与径向增量 Δr 的区别,$\Delta r = |\boldsymbol{r}_2| - |\boldsymbol{r}_1| = \sqrt{x_2^2 + y_2^2 + z_2^2} - \sqrt{x_1^2 + y_1^2 + z_1^2}$,所以一般情况下 $|\Delta \boldsymbol{r}| \neq \Delta r$.

1.2.3　速度 —— 描述质点位置变动的快慢和方向的物理量

1. 平均速度

质点在位置变动的过程中,位置变动的快慢和方向与两个因素有关,一个是位移 $\Delta \boldsymbol{r}$,另一个是完成该位移所用的时间 Δt。比值 $\Delta \boldsymbol{r}/\Delta t$ 反映了质点在这段时间内位置矢量的平均变化率,称为平均速度,用 $\bar{\boldsymbol{v}}$ 表示,即

$$\bar{\boldsymbol{v}} = \frac{\Delta \boldsymbol{r}}{\Delta t} \tag{1.5}$$

在直角坐标系中,平均速度表示为

$$\bar{\boldsymbol{v}} = \bar{v}_x \boldsymbol{i} + \bar{v}_y \boldsymbol{j} + \bar{v}_z \boldsymbol{k}$$

式中各分量

$$\bar{v}_x = \frac{\Delta x}{\Delta t}, \qquad \bar{v}_y = \frac{\Delta y}{\Delta t}, \qquad \bar{v}_z = \frac{\Delta z}{\Delta t}$$

平均速度是矢量。平均速度的方向就是 $\Delta \boldsymbol{r}$ 的方向。由式(1.5)可见,平均速度与所取的时间长短有关,选不同的时间间隔,得到的平均量可能不一样(不仅大小不一样,方向也可能不一样)。可见平均速度只能粗略地描述某段时间间隔内物体运动快慢的大致情况。

2. 瞬时速度

为了精确地描述质点在某一时刻运动的快慢和方向,可将时间 Δt 无限减小,当 $\Delta t \to 0$ 时,平均速度的极限值就可以精确地描述 t 时刻质点运动的快慢与方向,这就是**瞬时速度**,简称**速度**,用 $\boldsymbol{v}$ 表示,即

$$\boldsymbol{v} = \lim_{\Delta t \to 0} \frac{\Delta \boldsymbol{r}}{\Delta t} = \frac{\mathrm{d}\boldsymbol{r}}{\mathrm{d}t} \tag{1.6}$$

上式表明,速度等于位置矢量对时间的一阶导数。

速度的方向,就是 Δt 趋于零时位移 Δr 的极限方向。如图 1.4 所示,当 Δt 逐渐减小时,B 点移到 B'、B'',即 B 点向 A 点趋近,Δr 的方向就趋近于 A 点的切线方向。在 $\Delta t \to 0$ 的情况下,平均速度的方向亦即瞬时速度的方向,就是沿轨道质点所在点的切向,并指向质点前进的方向。

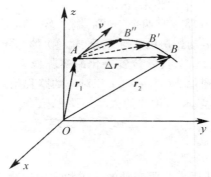

图 1.4　速度的方向

在直角坐标系中速度的大小

$$v = \mid \boldsymbol{v} \mid = \sqrt{v_x^2 + v_y^2 + v_z^2}$$

式中各分量 v_x, v_y, v_z 分别为

$$v_x = \frac{\mathrm{d}x}{\mathrm{d}t}, \qquad v_y = \frac{\mathrm{d}y}{\mathrm{d}t}, \qquad v_z = \frac{\mathrm{d}z}{\mathrm{d}t}$$

速度的方向由方向余弦表示

$$\cos\alpha = \frac{v_x}{v}, \quad \cos\beta = \frac{v_y}{v}, \quad \cos\gamma = \frac{v_z}{v}$$

在 SI 中,速度的单位为米·秒$^{-1}$($\mathrm{m \cdot s^{-1}}$)。

这里要指出的是在描述物体运动快慢的时候,还用到平均速率 $\bar{v}$ 与瞬时速率 v,它们是标量,恒为正值。平均速率由物体所经历的路程 Δs 与其所用时间 Δt 的比值来决定,即 $\bar{v} = \dfrac{\Delta s}{\Delta t}$,由于 $\Delta s \neq \mid \Delta r \mid$,所以平均速率与平均速度的大小一般并不相等,即 $\bar{v} \neq \mid \bar{\boldsymbol{v}} \mid$。瞬时速率是平均速率 $\bar{v}$ 的极限值,即 $v = \lim\limits_{\Delta t \to 0}\bar{v} = \lim\limits_{\Delta t \to 0}\dfrac{\Delta s}{\Delta t}$ $= \dfrac{\mathrm{d}s}{\mathrm{d}t}$,当 $\Delta t \to 0$ 时,$\mathrm{d}s = \mid \mathrm{d}r \mid$,所以瞬时速度的大小与同一时刻的瞬时速率相同。从上面分析不难看出,速度和速率是两个不同的概念,应加以区别。

综上所述,速度具有矢量性和瞬时性。此外,由于运动的描述还与参考系的选择有关,所以速度还具有相对性。

速度既指出物体的运动方向,又反映了物体运动的快慢程度,所以,速度是运动学中描述物体运动状态的物理量。在表 1.1 中列出了一些物体运动的速度参考值。

表 1.1　　　　　　　　　　　**某些物体运动的速度参考值**

大陆板块漂移速度	约 $10^{-9}\,\mathrm{m\cdot s^{-1}}$	超音速飞机的速度	$3.40\times10^{2}\,\mathrm{m\cdot s^{-1}}$
男子百米跑速度（世界纪录）	$1.04\times10\,\mathrm{m\cdot s^{-1}}$	步枪子弹离开枪口时速度	约 $7.9\times10^{2}\,\mathrm{m\cdot s^{-1}}$
猎豹奔跑速度	$2.8\times10\,\mathrm{m\cdot s^{-1}}$	人造地球卫星速度	约 $7.9\times10^{3}\,\mathrm{m\cdot s^{-1}}$
上海磁悬浮列车行驶速度	$1.2\times10^{2}\,\mathrm{m\cdot s^{-1}}$	北京正负电子对撞机的电子速度	99.999998% 光速
空气中声速(0℃)	$3.3\times10^{2}\,\mathrm{m\cdot s^{-1}}$	光子在真空中的速度	$3.0\times10^{8}\,\mathrm{m\cdot s^{-1}}$

1.2.4　加速度 —— 描述质点运动速度变化快慢的物理量

为了描述物体速度变化的快慢,引入了加速度的概念。加速度的定义方法与引入速度方法类似,先定义平均量,再用极限方法定义瞬时量。

1. 平均加速度

一般情况下,质点在运动中速度 v 的大小和方向都可能随时间变化,如图 1.5 所示,质点的运动轨迹为一曲线,时刻 t,质点位于 A 点,速度为 v_1;时刻 $t+\Delta t$,质点位于 B 点,速度为 v_2,在 t 到 $t+\Delta t$ 时间内,质点的速度增量为 $\Delta v=v_2-v_1$, Δv 与 Δt 的比值称为质点的**平均加速度**,用 $\bar{a}$ 表示,即

$$\bar{a}=\frac{\Delta v}{\Delta t} \tag{1.7}$$

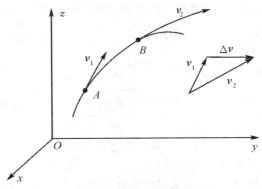

图 1.5　加速度方向

平均加速度是矢量，其方向与速度增量 $\Delta \boldsymbol{v}$ 的方向相同，它表示质点在时间 Δt 内速度随时间的平均变化率。由于 Δt 选取不同，平均量也不一样，平均加速度只是对速度变化快慢的一种粗略描述。

2. 瞬时加速度

为精确描述质点速度的变化情况，引入了瞬时加速度的概念。将时间 Δt 减小，当 $\Delta t \to 0$ 时，平均加速度的极限就是**瞬时加速度**，简称**加速度**，用 $\boldsymbol{a}$ 表示，即

$$\boldsymbol{a} = \lim_{\Delta t \to 0} \frac{\Delta \boldsymbol{v}}{\Delta t} = \frac{\mathrm{d}\boldsymbol{v}}{\mathrm{d}t} \tag{1.8}$$

结合式(1.6)，加速度可表示为

$$\boldsymbol{a} = \frac{\mathrm{d}^2 \boldsymbol{r}}{\mathrm{d}t^2}$$

即加速度等于速度对时间的一阶导数，或等于位置矢量对时间的二阶导数。

在直角坐标系中加速度可表示为

$$\boldsymbol{a} = a_x \boldsymbol{i} + a_y \boldsymbol{j} + a_z \boldsymbol{k}$$

上式表明，质点的加速度 $\boldsymbol{a}$ 可用其三个分量表述。其三个坐标轴方向的分量 a_x, a_y, a_z 分别为

$$a_x = \frac{\mathrm{d}v_x}{\mathrm{d}t} = \frac{\mathrm{d}^2 x}{\mathrm{d}t^2}$$

$$a_y = \frac{\mathrm{d}v_y}{\mathrm{d}t} = \frac{\mathrm{d}^2 y}{\mathrm{d}t^2}$$

$$a_z = \frac{\mathrm{d}v_z}{\mathrm{d}t} = \frac{\mathrm{d}^2 z}{\mathrm{d}t^2}$$

分量和加速度大小的关系是

$$a = \sqrt{a_x^2 + a_y^2 + a_z^2}$$

加速度是矢量，其方向是 $\Delta t \to 0$ 时平均加速度的极限方向，即 $\Delta \boldsymbol{v}$ 的极限方向。质点做曲线运动时，加速度的方向总是指向曲线凹的一侧，与同一时刻速度的方向一般是不同的。加速度的大小 $|\boldsymbol{a}| = \frac{|\mathrm{d}\boldsymbol{v}|}{\mathrm{d}t}$，一般情况下，$|\boldsymbol{a}| \neq \frac{\mathrm{d}v}{\mathrm{d}t}$（这里的 $\frac{\mathrm{d}v}{\mathrm{d}t}$ 反映的是速度大小的变化率）。

显然加速度也具有矢量性、瞬时性以及相对性，加速度是描述质点状态变化的一个物理量。

在 SI 中，加速度的单位为米·秒$^{-2}$（m·s^{-2}）。

前面共引入了描述质点运动的四个基本物理量，要注意区别哪个是用来描述物体运动状态的量，哪个是用来描述物体运动状态变化的量。质点在某时刻的运动状态由该时刻质点所在位置、运动的快慢以及运动的方向这三个因素来确

定。因此在质点运动学中,位置矢量和速度是描述质点运动状态的物理量,而位移和加速度则是反映质点运动状态变化的物理量。

1.3　运动学的两类问题

1.3.1　运动学的两类问题

第一类问题是已知质点的运动方程,求质点在任意时刻的速度和加速度,从而得知质点运动的情况。这类问题用微分法解决。

第二类问题是已知质点运动的加速度(或速度)以及初始条件,求质点的运动方程。这类问题用积分法解决。

1.3.2　直线运动中两类问题的处理

当质点做直线运动时,其位置矢量、速度和加速度等矢量都只有两种可能的方向,这一特点使我们可以在直线运动问题中将速度和加速度等矢量作标量处理。

设质点沿 x 轴运动,则质点的位置、速度和加速度为

$$\left. \begin{array}{l} x = x(t) \\ v = \dfrac{\mathrm{d}x}{\mathrm{d}t} \\ a = \dfrac{\mathrm{d}v}{\mathrm{d}t} = \dfrac{\mathrm{d}^2 x}{\mathrm{d}t^2} \end{array} \right\} \tag{1.9}$$

以上各量的绝对值表示相应矢量的大小,其正负表示相应矢量的方向。凡为正者,表示该矢量的方向与 x 轴正方向一致;凡为负者,表示该矢量的方向与 x 轴正方向相反。可见,这里加速度的正负只是反映其方向是与 x 轴正向同向或反向,并不反映是加速还是减速。只有当 a 与 v 同号时,质点做加速运动;当 a 与 v 异号时,质点做减速运动。

必须注意,位置矢量、速度和加速度等矢量做标量处理后都是代数量,而常常涉及的速率、距离等都是不取负值的算术量。

对于第一类问题,根据式(1.9),从运动方程出发,对 t 求导,可依次求出速度和加速度。

例 1.2　已知质点做直线运动的方程为 $x = 5 + 2t - 4t^2$,求运动速度及加速度并说明运动情况。

解　将运动方程对时间求一阶导数得速度

$$v = \frac{\mathrm{d}x}{\mathrm{d}t} = 2 - 8t$$

11

将速度对时间求一阶导数得加速度

$$a = \frac{\mathrm{d}v}{\mathrm{d}t} = -8$$

负号说明加速度方向与 x 轴正方向相反。这里由于加速度方向与初速度方向相反，说明物体做匀减速直线运动。

例 1.3 本题内容请见例 1.1 题，试求船的速度、加速度，并说明船的运动情况。

解 由例 1.1 知，船的运动方程为

$$x = \sqrt{l^2 - h^2}$$
$$= \sqrt{(l_0 - v_0 t)^2 - h^2}$$

式中 l 为 t 时刻船到滑轮的绳长。船的速度为

$$v = \frac{\mathrm{d}x}{\mathrm{d}t} = \frac{\mathrm{d}x}{\mathrm{d}l} \cdot \frac{\mathrm{d}l}{\mathrm{d}t} = \frac{l}{\sqrt{l^2 - h^2}} \frac{\mathrm{d}l}{\mathrm{d}t}$$

由于 l 随时间 t 减小，因此有 $\mathrm{d}l/\mathrm{d}t = -v_0$，代入上式得

$$v = -\frac{l v_0}{\sqrt{l^2 - h^2}} \left(l \text{ 用 } x \text{ 表示时 } v = -\frac{\sqrt{h^2 + x^2}}{x} v_0 \right)$$

船的加速度为 $\quad a = \dfrac{\mathrm{d}v}{\mathrm{d}t} = \dfrac{\mathrm{d}v}{\mathrm{d}l} \cdot \dfrac{\mathrm{d}l}{\mathrm{d}t} = -\dfrac{h^2 v_0^2}{(l^2 - h^2)^{3/2}} \left(l \text{ 用 } x \text{ 表示时 } a = -\dfrac{h^2 v_0^2}{x^3} \right)$

可见 $v < 0, a < 0$，表明速度和加速度的方向都与 x 轴的正方向相反，因此，船做加速运动，且加速度 a 随 x 而变化，是一种非匀变速直线运动。

第二类问题中，在已知加速度的情况下，求一次积分得到速度，由速度再一次积分可得到运动方程，这是第一类问题的逆运算。在处理该类问题时，加速度可能是多个变量(如 t, x, v)的函数，积分时需作统一变量的工作，以便计算。

例 1.4 质点以加速度 a 在 x 轴上运动，且 a 等于一个恒量，开始计时 $(t = 0)$ 时，质点在原点处，速度为 v_0，求质点的运动方程和速度。

解 由 $\qquad\qquad\qquad\qquad a = \dfrac{\mathrm{d}v}{\mathrm{d}t}$

得 $\qquad\qquad\qquad\qquad\qquad \mathrm{d}v = a\mathrm{d}t$

将上式两边同时积分得

$$\int_{v_0}^{v} \mathrm{d}v = \int_{0}^{t} a\mathrm{d}t$$

即 t 时刻速度为

$$v = v_0 + at \qquad\qquad\qquad\qquad ①$$

同理，由 $\qquad\qquad\qquad\qquad v = \dfrac{\mathrm{d}x}{\mathrm{d}t}$

得 $\qquad\qquad\qquad \mathrm{d}x = v\mathrm{d}t = (v_0 + at)\mathrm{d}t$

将上式两边积分

$$\int_0^x \mathrm{d}x = \int_0^t (v_0 + at)\,\mathrm{d}t$$

得 t 时刻位置坐标即运动方程为

$$x = v_0 t + \frac{1}{2}at^2 \qquad \qquad ②$$

由 ①,② 式可得

$$v^2 = v_0{}^2 + 2ax \qquad \qquad ③$$

可以看到,①,②,③ 式正是我们早已熟悉的匀变速直线运动公式。

1.3.3　曲线运动中两类问题的处理

1. 运动叠加原理

如图 1.6 所示实验,当用锤敲打弹簧片时,A 球做自由落体运动,B 球做平抛运动。实验结果表明,虽然两球运动轨迹不同,但是两球总是同时落地。这一事实表明,在同一时间内,A、B 两球在竖直方向上的位移总是相等的。B 球除了竖直方向的运动外,同时还有水平方向的运动,但水平方向的运动对竖直方向的运动没有产生影响。B 球的运动正是互不影响的竖直方向和水平方向两直线运动叠加的结果。一个运动可以看成由几个各自独立进行的运动叠加而成。这一结论已被无数的客观事实所证实,并称之为**运动叠加原理**。

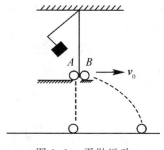

图 1.6　平抛运动

事实上,由 1.2 节的讨论中得到的质点的位置矢量、速度和加速度在直角坐标系中的表示式

$$\left.\begin{aligned}
\boldsymbol{r} &= x\boldsymbol{i} + y\boldsymbol{j} + z\boldsymbol{k} \\
\boldsymbol{v} &= \frac{\mathrm{d}x}{\mathrm{d}t}\boldsymbol{i} + \frac{\mathrm{d}y}{\mathrm{d}t}\boldsymbol{j} + \frac{\mathrm{d}z}{\mathrm{d}t}\boldsymbol{k} \\
\boldsymbol{a} &= \frac{\mathrm{d}^2 x}{\mathrm{d}t^2}\boldsymbol{i} + \frac{\mathrm{d}^2 y}{\mathrm{d}t^2}\boldsymbol{j} + \frac{\mathrm{d}^2 z}{\mathrm{d}t^2}\boldsymbol{k}
\end{aligned}\right\}$$

也不难看出,质点做曲线运动时,它在三个坐标轴上的投影点的运动是相互独立的,即质点的每个速度分量和加速度分量只与相应的位置矢量分量随时间的变化情况有关,与其余两个分量无关。这就是说,质点的运动可分解成沿 x,y,z 三个方向的运动,而质点的运动又可看成是它的三个投影点的直线运动的叠加,这正体现了运动叠加原理。

常见的平面曲线运动,如抛体运动、圆周运动等都可以看成由两个方向上独立进行的直线运动叠加而成。因此,对一般曲线运动的研究都可归结为对直线运动的研究。这进一步体现了直线运动研究的重要性。

2. 曲线运动中两类问题的处理

在处理曲线运动的两类问题时,我们可以先将曲线运动进行分解,然后根据直线运动的规律分别对各个分运动进行运算,最后将所得结果叠加。这样做可以避免矢量运算的麻烦。当然,对于一些较为简单的情形,可以直接用矢量式运算。下面通过几个例子进一步学习对曲线运动中两类问题的处理。

例 1.5 已知一质点在直角坐标系中的运动方程为 $x = 2t, y = 19 - 2t^2$。式中 x,y 以米计,t 以秒计。试求:

(1) 在 $t = 1\text{s}$ 到 $t = 2\text{s}$ 这段时间间隔内质点的位移;

(2) 在 $t = 1\text{s}$ 时质点的速度和加速度;

(3) 质点的位置矢量与速度矢量何时恰好垂直。

解 (1) 由坐标分量表示的运动方程,可得位置矢量表示的运动方程为:
$$r = xi + yj = 2ti + (19 - 2t^2)j$$
$t = 1\text{s}$ 和 $t = 2\text{s}$ 时的位置矢量分别为
$$r_1 = 2i + 17j$$
$$r_2 = 4i + 11j$$
对应的位移为
$$\Delta r = r_2 - r_1$$
$$= (4 - 2)i + (11 - 17)j = 2i - 6j$$
Δr 的大小为
$$|\Delta r| = \sqrt{2^2 + (-6)^2} = 6.32(\text{m})$$
Δr 与 x 轴正方向的夹角为
$$\alpha = \arctan\left(\frac{-6}{2}\right) = -71°34'$$

(2) 质点的速度为
$$v = \frac{dr}{dt} = \frac{dx}{dt}i + \frac{dy}{dt}j = 2i - 4tj$$
在 $t = 1\text{s}$ 时,有

14

$$v = 2i - 4j$$

质点的加速度为

$$a = \frac{\mathrm{d}v}{\mathrm{d}t} = -4j$$

结果说明 a 是与 t 无关的恒矢量,即质点做匀加速运动。式中负号说明 a 的方向与 y 轴正向相反。

(3)要 r 垂直于 v,即要满足 $r \cdot v = 0$

$$r \cdot v = xv_x + yv_y = 4t + (19 - 2t^2) \times (-4t) = 0$$

解得 $t = 0, \pm 3$(负值舍去),即 $t = 0$ 和 $t = 3$ 时,位置矢量恰与速度垂直。

例 1.6 已知一质点的运动方程为:$r = R\cos\omega t i + R\sin\omega t j$,式中 R, ω 均为正的常数。求

(1)质点的速度和加速度;

(2)质点的运动轨迹。

解 (1)

$$v = \frac{\mathrm{d}r}{\mathrm{d}t} = -R\omega\sin\omega t i + R\omega\cos\omega t j$$

$$a = \frac{\mathrm{d}v}{\mathrm{d}t} = -R\omega^2\cos\omega t i - R\omega^2\sin\omega t j$$

$$= -R\omega^2(\cos\omega t i + \sin\omega t j)$$

(2)运动方程在直角坐标系中的分量式为

$$x = R\cos\omega t \qquad\qquad\qquad ①$$

$$y = R\sin\omega t \qquad\qquad\qquad ②$$

将 ①,② 式两边平方然后相加得

$$x^2 + y^2 = R^2$$

这就是轨迹方程,不难看出,这是一个圆心在坐标原点的平面圆周运动。

例 1.7 一质点具有恒定加速度 $a = 6i + 4j$(m·s^{-2}),在 $t = 0$ 时,速度为零,位置矢量 $r_0 = 10i$(m)。试求在任意时刻的速度和位置矢量。

解 由题意知 $t = 0$ 时,$x_0 = 10, y_0 = 0, v_{x0} = 0, v_{y0} = 0$

$$a = a_x i + a_y j = 6i + 4j$$

$$a_x = 6, \qquad a_y = 4,$$

由 $\quad a_x = \frac{\mathrm{d}v_x}{\mathrm{d}t}$,得 $\quad \int_0^{v_x} \mathrm{d}v_x = \int_0^t 6\mathrm{d}t, \qquad v_x = 6t$

同理,由 $\quad a_y = \frac{\mathrm{d}v_y}{\mathrm{d}t}$,得 $\quad \int_0^{v_y} \mathrm{d}v_y = \int_0^t 4\mathrm{d}t, \qquad v_y = 4t$

则得速度矢量表述为

$$v = 6ti + 4tj$$

又由 $\quad v_x = \dfrac{\mathrm{d}x}{\mathrm{d}t}$,得$\displaystyle\int_{10}^{x}\mathrm{d}x = \int_0^t 6t\mathrm{d}t,\qquad x = 10 + 3t^2$

$\qquad\qquad v_y = \dfrac{\mathrm{d}y}{\mathrm{d}t}$,得$\displaystyle\int_0^y\mathrm{d}y = \int_0^t 4t\mathrm{d}t,\qquad y = 2t^2$

则得位置矢量

$$\boldsymbol{r} = (10 + 3t^2)\boldsymbol{i} + 2t^2\boldsymbol{j}$$

此例题是对第二类问题的处理,在已知加速度的坐标分量后,可通过积分法求对应的分速度及坐标分量的数学表达式。

例 1.8 在倾角为 α 的斜坡的下端 O 点处,以初速 v_0 与斜坡成 θ 角的方向射出一发炮弹,炮弹下落时恰好垂直击中斜面 A 点。如果不计空气阻力,试证明 θ 角应满足下列条件:

$$\tan\theta = \frac{1}{2\tan\alpha}$$

解 根据题意作图 1.7,建立如图所示的坐标轴(这样选取坐标系的好处是炮弹在斜面上击中点 A 的速度和坐标都有一个分量为零)。

根据叠加原理,炮弹的运动可看做 x 方向和 y 方向运动的叠加。炮弹的加速度的分量为

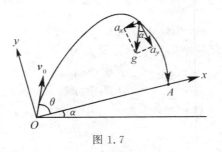

图 1.7

$$a_x = -g\sin\alpha$$
$$a_y = -g\cos\alpha$$

初速度与任一时刻速度的分量为

$$v_{0x} = v_0\cos\theta, \qquad v_x = v_{0x} + a_x t$$
$$v_{0y} = v_0\sin\theta, \qquad v_y = v_{0y} + a_y t$$

不难看出,炮弹在 x 方向和 y 方向均做匀变速直线运动。

其运动方程的坐标分量式为

$$x = v_{0x}t + \frac{1}{2}a_x t^2$$

$$y = v_{0y}t + \frac{1}{2}a_y t^2$$

在 A 点时,由题意知:

$$v_x = v_{0x} + a_x t = 0 \qquad ①$$

$$y = v_{0y}t + \frac{1}{2}a_y t^2 = 0 \qquad ②$$

由 ① 式得

$$v_0 \cos\theta = g\sin\alpha t \qquad ③$$

由 ② 式得

$$v_0 \sin\theta = \frac{1}{2}g\cos\alpha t \qquad ④$$

将式 ③ 和式 ④ 两边分别相除即得 θ 角满足的条件

$$\tan\theta = \frac{1}{2\tan\alpha}$$

1.4　圆周运动的自然坐标描述与角量描述

圆周运动是曲线运动的一个重要特例,它广泛出现在生产和生活的实践中。如机器上的轮子在转动时,除轴线上的点以外,轮上各点都在做半径不同的圆周运动。因此,研究圆周运动又是研究物体转动的基础。前面通过直角坐标系描述了质点的曲线运动,下面介绍用自然坐标与极坐标对质点的圆周运动进行描述,将会看到,这种运动用特定坐标研究,引入的描述量更直观明了。

1.4.1　圆周运动的自然坐标描述

1. 自然坐标系

对于一般平面曲线运动的描述,除了采用直角坐标系外,有时采用自然坐标系更为方便。自然坐标是以质点运动的轨迹为"坐标轴"。选择轨迹上一点 O 为坐标原点,用弧长 s 作为质点的位置坐标,可任取一方向为坐标增加的正向,则自然坐标 s 可正、可负,也可为零。只要给出了质点所在位置的弧长 s,就能知道质点的空间位置。

在自然坐标系中,质点的运动方程可写成

$$s = s(t)$$

如对一个以半径为 R,角速度为 ω 做匀速率圆周运动的质点来说,其自然坐标表示的运动方程为 $s = R\omega t$。

自然坐标系中,也可对矢量进行正交分解,这是以自然坐标系上各点的切线和法线来进行的。如图 1.8,若质点在 P 处,可在此处取一单位矢量沿曲线切线且指向自然坐标 s 增加的方向,叫做切向单位矢量,记为 τ,矢量沿此方向的投影,称为切向分量。另取一单位矢量沿曲线法线且指向曲线的凹侧,叫做法向单位矢量,记为 n,矢量沿此方向的投影称为法向分量。任何矢量都可沿 τ 和 n 的方向作正交分解。值得注意的是,单位矢量 τ 和 n 将随质点在轨迹上的位置不同而改变其方向,所以一般说来,τ 和 n 不是常矢量。

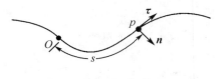

图 1.8　自然坐标

2.圆周运动中的切向加速度和法向加速度

在一般圆周运动中,质点速度的大小和方向在改变,即存在着加速度,为使加速度的物理意义更为清晰,在圆周运动的研究中常采用自然坐标系。

下面我们分别考察速度的方向变化和大小变化时的加速度。

(1)匀速率圆周运动

设质点做半径为 R,速率为 v 的匀速率圆周运动,在时刻 t,质点位于 A 点,速度为 v_A,到 $t + \Delta t$ 时刻,质点运动到 B 点,速度为 v_B,$|v_A| = |v_B| = v$,在 Δt 时间内,速度的增量为

$$\Delta v = v_B - v_A$$

如图 1.9 所示,由加速度定义式有

$$a = \lim_{\Delta t \to 0} \frac{v_B - v_A}{\Delta t} = \lim_{\Delta t \to 0} \frac{\Delta v}{\Delta t}$$

其大小为

$$a = |a| = \lim_{\Delta t \to 0} \frac{|\Delta v|}{\Delta t}$$

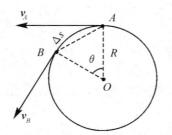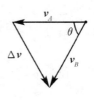

图 1.9　匀速率圆周运动的法向加速度

由图可知,$\triangle OAB$ 与 v_A、v_B 和 Δv 组成的速度三角形相似,其对应边成比例,

故

$$\frac{\mid \Delta \boldsymbol{v} \mid}{\overline{AB}} = \frac{v}{R}$$

所以

$$a = \frac{v}{R} \lim_{\Delta t \to 0} \frac{\overline{AB}}{\Delta t}$$

当 $\Delta t \to 0$ 时，B 点逐渐向 A 点靠近，位移的大小 $\overline{AB}$ 与曲线弧长 Δs 相等，所以

$$a = \frac{v}{R} \lim_{\Delta t \to 0} \frac{\Delta s}{\Delta t} = \frac{v}{R} v = \frac{v^2}{R} \tag{1.10}$$

质点做匀速率圆周运动时，瞬时加速度的大小是一个常数，等于 $\dfrac{v^2}{R}$。

下面考察加速度的方向。由定义知，加速度 $\boldsymbol{a}$ 的方向就是速度增量 $\Delta \boldsymbol{v}$ 在 $\Delta t \to 0$ 时的极限方向，当 $\Delta t \to 0$ 时，B 点向 A 点靠近，$\boldsymbol{v}_B$ 与 $\boldsymbol{v}_A$ 趋于平行，$\Delta \boldsymbol{v}$ 则垂直于 $\boldsymbol{v}_A$，所以质点在 A 处的加速度方向垂直于 A 点的速度方向，沿法向指向圆心，称其为**向心加速度**（亦称法向加速度），用 $\boldsymbol{a}_n$ 表示

$$\boldsymbol{a}_n = \frac{v^2}{R} \boldsymbol{n} \tag{1.11}$$

法向加速度在质点运动的速度方向上没有分量，故不改变速度的大小，只改变速度的方向。

（2）变速圆周运动

变速圆周运动中，速度的大小和方向都在变化，如图 1.10 所示，在时刻 t，质点位于 A 点，速度为 $\boldsymbol{v}_A$，到 $t + \Delta t$ 时刻，质点运动到 B 点，速度为 $\boldsymbol{v}_B$，在 Δt 时间内，速度的增量为 $\Delta \boldsymbol{v} = \boldsymbol{v}_B - \boldsymbol{v}_A$。显然 $\Delta \boldsymbol{v}$ 是由速度的大小和方向两方面因素同时变化所引起的总效果。我们试图将速度增量视为反映速度方向变化的 $\Delta \boldsymbol{v}_n$ 和反映速度大小变化的 $\Delta \boldsymbol{v}_\tau$ 的矢量和

$$\Delta \boldsymbol{v} = \Delta \boldsymbol{v}_n + \Delta \boldsymbol{v}_\tau$$

加速度为

$$\boldsymbol{a} = \lim_{\Delta t \to 0} \frac{\Delta \boldsymbol{v}}{\Delta t} = \lim_{\Delta t \to 0} \frac{\Delta \boldsymbol{v}_n}{\Delta t} + \lim_{\Delta t \to 0} \frac{\Delta \boldsymbol{v}_\tau}{\Delta t} \tag{1.12}$$

上式的第一项和匀速率圆周运动中的法向加速度相同，前面已讨论，其大小为

$$a_n = \lim_{\Delta t \to 0} \frac{\mid \Delta \boldsymbol{v}_n \mid}{\Delta t} = \frac{v^2}{R} \tag{1.13}$$

式（1.13）反映出变速圆周运动中速度在方向上的变化，称为**法向加速度**。

式（1.12）中的第二项反映的是速度大小的变化，由图 1.10 知，当 $\Delta t \to 0$ 时，$\boldsymbol{v}_B$ 与 $\boldsymbol{v}_A$ 的夹角趋于零，即 $\Delta \boldsymbol{v}_\tau$ 的方向趋于 $\boldsymbol{v}_A$ 的方向，也就是沿圆周的切线方向，所以第二项称为**切向加速度**，用 $\boldsymbol{a}_\tau$ 表示，其大小为

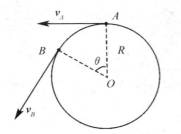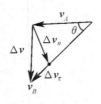

图 1.10　变速圆周运动

$$a_\tau = \lim_{\Delta t \to 0} \frac{|\Delta \boldsymbol{v}_\tau|}{\Delta t} = \lim_{\Delta t \to 0} \frac{\Delta v}{\Delta t} = \frac{\mathrm{d}v}{\mathrm{d}t} \tag{1.14}$$

式子说明切向加速度反映的是速度大小变化,或者说切向加速度是由速度大小变化而引起的。

由上可见,变速圆周运动,加速度可分解为相互正交的法向加速度 $\boldsymbol{a}_n$ 和切向加速度 $\boldsymbol{a}_\tau$。法向加速度的方向指向圆心,切向加速度 $a_\tau > 0$ 时,方向与速度 $\boldsymbol{v}$ 同向,切向加速度 $a_\tau < 0$ 时,方向与 $\boldsymbol{v}$ 反向。如图 1.11,总加速度 $\boldsymbol{a}$ 可表示为

$$\boldsymbol{a} = \boldsymbol{a}_n + \boldsymbol{a}_\tau = \frac{v^2}{R}\boldsymbol{n} + \frac{\mathrm{d}v}{\mathrm{d}t}\boldsymbol{\tau} \tag{1.15}$$

总加速度的大小和方向分别为

$$\begin{cases} a = \sqrt{a_n^2 + a_\tau^2} \\ \tan\varphi = \dfrac{a_n}{a_\tau} \end{cases}$$

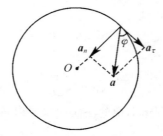

图 1.11　切向加速度与法向加速度

综上所述,当质点做匀速率圆周运动时,速度只改变方向而不改变大小,即 $a_\tau = \mathrm{d}v/\mathrm{d}t = 0$,因此,$\boldsymbol{a} = \boldsymbol{a}_n$,表明 $\boldsymbol{a}$ 的方向恒指向圆心。当质点做变速圆周运动时,速度的大小和方向都在变化,因此 $\boldsymbol{a}$ 的方向一般不指向圆心。

（3）一般曲线运动

可以证明,上述质点做圆周运动的切向加速度和法向加速度的结论也适用于一般平面曲线运动,即做一般平面曲线运动的质点在 t 时刻的加速度可分解为法向加速度与切向加速度,并用式（1.13）和式（1.14）计算,只是半径 R 应该用 t 时刻曲线上质点所在处的曲率半径 ρ 来代替,即

$$a_n = \frac{v^2}{\rho}, a_\tau = \frac{\mathrm{d}v}{\mathrm{d}t}$$

$$\boldsymbol{a} = \boldsymbol{a}_n + \boldsymbol{a}_\tau = \frac{v^2}{\rho}\boldsymbol{n} + \frac{\mathrm{d}v}{\mathrm{d}t}\boldsymbol{\tau} \tag{1.16}$$

一般说来,曲线上各点的曲率中心和曲率半径是逐点不同的,但法向加速度 $\boldsymbol{a}_n$ 的方向处处指向曲率中心。

质点运动时,若 $a_\tau \neq 0, a_n \neq 0$,表明速度的大小和方向都在改变,则为一般曲线运动;若 $a_\tau \neq 0, a_n = 0$,表明速度只改变大小而不改变方向,则为变速直线运动;若 $a_\tau = 0, a_n \neq 0$,表明速度不改变大小只改变方向,则为匀速率曲线运动;若 $a_\tau = a_n = 0$,表明速度的大小和方向都不改变,显然,质点做匀速直线运动。

例 1.9 求斜抛物体在轨道顶点处的曲率半径。

解 在自然坐标系中讨论,如图 1.12,当质点在抛物线顶点时,质点只有水平方向运动的速度

$$v = v_0\cos\theta$$

此时切向加速度为零,法向加速度为 $\boldsymbol{a}_n = \boldsymbol{g}$（或 $a_n = g$）

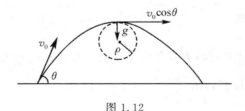

图 1.12

由 $a_n = \dfrac{v^2}{\rho}$ 得曲率半径为

$$\rho = \frac{v^2}{a_n} = \frac{(v_0\cos\theta)^2}{g}$$

例 1.10 已知一质点在一平面上以半径 r 与速率 v_0 做圆周运动。试写出:
（1）用自然坐标表示的质点的速度、切向加速度和法向加速度;
（2）用直角坐标表示的质点的速度和加速度的 x, y 分量。

解 （1）在圆上任取一点 O 为自然坐标原点,同时将它作为计时零点（见图

1.13）。

已知 $\dfrac{\mathrm{d}s}{\mathrm{d}t} = v_0$，所以自然坐标表示的运动方程为 $s = v_o t$。

自然坐标中，只有切向方向的速度，其表示为

$$\boldsymbol{v} = \frac{\mathrm{d}s}{\mathrm{d}t}\boldsymbol{\tau} = v_0\boldsymbol{\tau}$$

自然坐标中的加速度分量为

$$a_\tau = \frac{\mathrm{d}^2 s}{\mathrm{d}t^2} = \frac{\mathrm{d}v_0}{\mathrm{d}t} = 0$$

$$a_n = \frac{v^2}{r} = \frac{v_0^2}{r}$$

总加速度为
$$\boldsymbol{a} = \frac{v_0^2}{r}\boldsymbol{n}$$

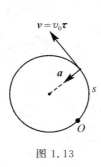

图 1.13

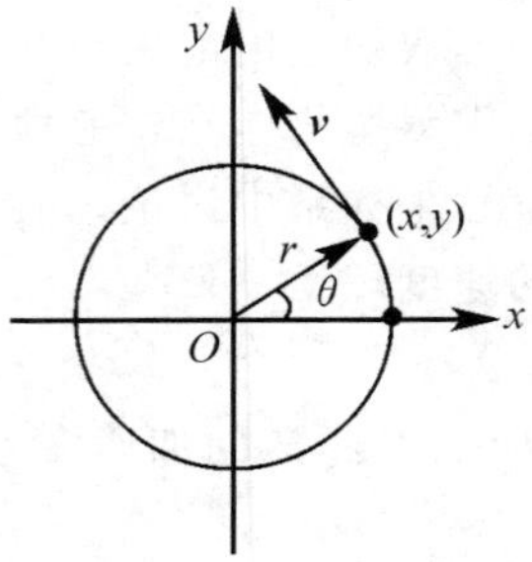

图 1.14

（2）在图 1.14 上取圆心为直角坐标系的原点，设在 $t = 0$ 时质点位于 $x = r$，$y = 0$ 处，则在任一时刻 t，由 $\theta = \omega t = \dfrac{v_0}{r}t$ 可写出

$$x = r\cos\theta = r\cos\frac{v_0}{r}t$$

$$y = r\sin\theta = r\sin\frac{v_0}{r}t$$

质点的速度分量

$$v_x = \frac{\mathrm{d}x}{\mathrm{d}t} = -v_0\sin\frac{v_0}{r}t$$

$$v_y = \frac{\mathrm{d}y}{\mathrm{d}t} = v_0\cos\frac{v_0}{r}t$$

加速度分量

$$a_x = \frac{\mathrm{d}^2 x}{\mathrm{d}t^2} = -\frac{v_0^2}{r}\cos\frac{v_0}{r}t$$

$$a_y = \frac{\mathrm{d}^2 y}{\mathrm{d}t^2} = -\frac{v_0^2}{r}\sin\frac{v_0}{r}t$$

如果我们写出直角坐标系中总的速度 $\boldsymbol{v}$，总的加速度 $\boldsymbol{a}$ 的矢量表示式，与第（1）问中的结果相比较，不难看出是一致的。

1.4.2　圆周运动的角量描述

质点做圆周运动除了用位置矢量、位移、速度和加速度等线量描述外，也常用角量描述，这会使描述的运动更简单明了。角量包括角位置、角位移、角速度和角加速度等。角量描述是用极坐标系描述圆周运动。由于做圆周运动的质点只有两种可能的转动方向，类似于直线运动，物理量是矢量的可作标量处理：以各量的绝对值表示相应矢量的大小，各量的正与负分别表示相应矢量的方向同选定的正方向相同与相反。

1. 角位置

设质点绕 O 点做圆周运动，如图 1.15 所示。由于质点相对 O 点的位置矢量大小不变，且恒等于圆半径 R，因此质点的位置可由该时刻的位置矢量与某一参考方向（极轴）的夹角 θ 确定。θ 称为质点的角位置，也称角坐标，其单位为弧度（rad）。

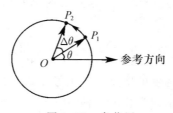

图 1.15　角位置

当质点运动时，角位置是时间 t 的函数

$$\theta = \theta(t) \tag{1.17}$$

上式即为质点在角量描述中的运动方程。

2. 角位移

设在 t 到 $t+\Delta t$ 时间内，质点由 P_1 点运动到 P_2 点（见图 1.15），其位置的变化可用转过的角度 $\Delta\theta$ 表示。$\Delta\theta$ 称为质点在这段时间内对 O 点的**角位移**。一般规定沿逆时针转向的角位移取正值，沿顺时针转向的角位移取负值。角位移的单位也为弧度（rad）。

3. 角速度

质点转动中改变的角位移 $\Delta\theta$ 与所经历的时间 Δt 的比值称为质点在 Δt 时间内的平均角速度,用 $\bar{\omega}$ 表示,即

$$\bar{\omega} = \frac{\Delta\theta}{\Delta t}$$

当 $\Delta t \rightarrow 0$ 时,比值 $\Delta\theta/\Delta t$ 的极限称为 t 时刻的**瞬时角速度**,简称**角速度**,用 ω 表示,即

$$\omega = \lim_{\Delta t \to 0} \frac{\Delta\theta}{\Delta t} = \frac{\mathrm{d}\theta}{\mathrm{d}t} \tag{1.18}$$

必须指出,角速度是矢量,角速度矢量方向的确定用右手螺旋定则:当四指沿质点运动方向弯曲时,拇指的指向就是角速度的方向。通常规定质点沿逆时针转动时,ω 取正值,沿顺时针转动时,ω 取负值。角速度的大小反映质点沿圆周运动的快慢程度。

在 SI 中,角速度的单位为弧度·秒$^{-1}$(rad·s^{-1})。

4. 角加速度

设在 t 到 $t + \Delta t$ 时间内,质点的角速度由 ω_1 变为 ω_2,则角速度的增量为 $\Delta\omega = \omega_2 - \omega_1$,将 $\Delta\omega/\Delta t$ 称为在这段时间内质点的平均角加速度,用 $\bar{\beta}$ 表示,即

$$\bar{\beta} = \frac{\Delta\omega}{\Delta t} \tag{1.19}$$

当 $\Delta t \rightarrow 0$ 时,$\Delta\omega/\Delta t$ 的极限称为质点在 t 时刻的**瞬时角加速度**,简称**角加速度**,用 β 表示,即

$$\beta = \lim_{\Delta t \to 0} \frac{\Delta\omega}{\Delta t} = \frac{\mathrm{d}\omega}{\mathrm{d}t} = \frac{\mathrm{d}^2\theta}{\mathrm{d}t^2}$$

角加速度 β 的正负号和角速度的增量的正负号一致。

在 SI 中,角加速度的单位为弧度·秒$^{-2}$(rad·s^{-2})

必须注意,$\beta > 0$ 时,质点的转动不一定变快;$\beta < 0$ 时,质点的转动也不一定变慢。只有当 β,ω 同号时,转动才变快;当 β,ω 异号时,转动就变慢。这与直线运动的分析是类似的。

当 β 为常量时,质点做匀变速圆周运动,与匀变速直线运动类比可推出如下一组公式:

$$\left.\begin{array}{l} \omega = \omega_0 + \beta t \\ \theta = \theta_0 + \omega_0 t + \dfrac{1}{2}\beta t^2 \\ \omega^2 = \omega_0^2 + 2\beta(\theta - \theta_0) \end{array}\right\} \tag{1.20}$$

式中,θ_0,ω_0 为 $t = 0$ 时的角位置和角速度。

1.4.3　角量与线量的关系

既然质点的圆周运动既可以用线量描述，也可以用角量描述，那么角量与线量之间必然存在着一定的关系。

设一质点绕 O 点做圆周运动，半径为 R，在 t 到 $t+\Delta t$ 时间内，质点通过的路程为 Δs，角位移为 $\Delta \theta$，如图 1.16 所示。由几何关系可得

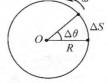

图 1.16　角量与线量

$$\Delta s = R\Delta \theta \tag{1.21}$$

以 Δt 除式(1.21)两边，并取 $\Delta t \to 0$ 的极限

$$\lim_{\Delta t \to 0} \frac{\Delta s}{\Delta t} = R \lim_{\Delta t \to 0} \frac{\Delta \theta}{\Delta t}$$

得

$$v = R\omega \tag{1.22}$$

将上式两边对 t 求一阶导数

$$\frac{\mathrm{d}v}{\mathrm{d}t} = R\frac{\mathrm{d}\omega}{\mathrm{d}t}$$

得

$$a_\tau = R\beta \tag{1.23}$$

将式(1.22)代入式(1.10)得

$$a_n = R\omega^2 \tag{1.24}$$

例 1.11　一质点沿半径为 $0.1\mathrm{m}$ 的圆周运动，其角位置随时间变化的关系为 $\theta = 2 + 4t^3$，式中 θ 以弧度计，t 以秒计。试求：

(1) $t = 2\mathrm{s}$ 时质点的法向加速度和切向加速度；

(2) 当切向加速度的大小恰为总加速度大小一半时的 θ 值。

解　由质点的运动方程可求得 t 时刻质点的角速度、线速度、切向加速度和法向加速度，它们分别是

$$\omega = \frac{\mathrm{d}\theta}{\mathrm{d}t} = 12t^2$$

$$v = R\omega = R\frac{\mathrm{d}\theta}{\mathrm{d}t} = 12Rt^2$$

$$a_\tau = \frac{\mathrm{d}v}{\mathrm{d}t} = 24Rt$$

$$a_n = \frac{v^2}{R} = 144Rt^4$$

(1) $t = 2\mathrm{s}$ 时

$$a_\tau = 24 \times 0.1 \times 2 = 4.8(\mathrm{m \cdot s^{-2}})$$

$$a_n = 144 \times 0.1 \times 2^4 = 230.4(\mathrm{m \cdot s^{-2}})$$

(2) 依题意 $a = 2a_\tau = \sqrt{a_n^2 + a_\tau^2}$

得 $$a_n = \sqrt{3}a_\tau$$

即 $$144Rt^4 = \sqrt{3} \times 24Rt$$

解出 $$t = (12)^{-\frac{1}{6}} = 0.66(\text{s})\ (\text{不合题意的解已舍去})$$

将 t 值代入运动方程,得

$$\theta = 2 + 4 \times (12)^{-\frac{1}{2}} = 3.2(\text{rad})$$

1.5 相对运动

描述某个物体运动时,必须指明是相对哪个参考系,这是因为对运动的描述具有相对性的缘故。即使是同一物体的运动,相对于不同的参考系其运动形式也可能不同。物体的运动形式随着参考系的不同而不同,这就是**运动的相对性**。在运动学范畴内,参考系的选择是任意的,因此我们在处理实际问题时常常需要处理参考系之间的变换问题。对于不同的参考系而言,同一个质点的位移、速度和加速度都可能不同。为简单起见,在后面学习中我们只讨论两参考系之间的相对运动速度为恒量,且为相对平移(不存在相对转动)的情形。

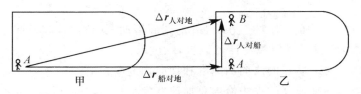

图 1.17　位移的相对性

如图 1.17 所示,船在静水中沿河道直线前进,一段时间内船从甲处驶到乙处,其位移记为 $\Delta r_{\text{船对地}}$;在这段时间里船上一人从船的一边 A 点走到另一边 B 点(对船而言),其位移记为 $\Delta r_{\text{人对船}}$。那么人对地的位移怎样表示呢?这个问题涉及三个对象,人、船和地,人是研究的运动对象,船和地是两个用来描述运动对象的参考系。

矢量图上不难看出,人对地的位移记为 $\Delta r_{\text{人对地}}$,由矢量加法可得

$$\Delta r_{\text{人对地}} = \Delta r_{\text{人对船}} + \Delta r_{\text{船对地}}$$

通过此式把不同参考系对人的位移的描述紧密地联系起来了,这是物理学中一种常用的变换关系式。

若以 P 表示所研究的质点,S 和 S' 分别表示两个参考系,则有

$$\Delta r_{PS} = \Delta r_{PS'} + \Delta r_{S'S} \tag{1.25}$$

式(1.25)称为位移合成定理。从下标看,这种首尾相接的形式便于记忆。

由位移的相对性可得到速度的相对性。用通过各位移所需要的时间 Δt 去除式(1.25)的两边,并取 $\Delta t \to 0$ 的极限,得

速度变换关系式 $\qquad \boldsymbol{v}_{PS} = \boldsymbol{v}_{PS'} + \boldsymbol{v}_{S'S}$ (1.26)

其中 $\boldsymbol{v}_{PS}$ 和 $\boldsymbol{v}_{PS'}$ 分别为质点 P 相对 S 系和 S' 系的速度; $\boldsymbol{v}_{S'S}$ 是 S' 系相对 S 系的速度,称其为牵连速度,常用 $\boldsymbol{u}$ 表示。式(1.26)亦称伽利略速度变换。

可见,位移和速度都具有相对性,同一质点在不同参考系中的位移、速度是不同的。

将式(1.26)的两边对 t 求一阶导数,有

$$\frac{\mathrm{d}\boldsymbol{v}_{PS}}{\mathrm{d}t} = \frac{\mathrm{d}\boldsymbol{v}_{PS'}}{\mathrm{d}t} + \frac{\mathrm{d}\boldsymbol{v}_{S'S}}{\mathrm{d}t}$$

则得加速度变换关系式 $\qquad \boldsymbol{a}_{PS} = \boldsymbol{a}_{PS'} + \boldsymbol{a}_{S'S}$ (1.27)

若 S' 系与 S 系间的相对速度是恒定的,则 $\boldsymbol{a}_{S'S} = \dfrac{\mathrm{d}\boldsymbol{v}_{S'S}}{\mathrm{d}t} = 0$,因此有

$$\boldsymbol{a}_{PS} = \boldsymbol{a}_{PS'}$$ (1.28)

由此可知,在相互间做匀速直线运动的两个参考系中,看同一质点运动,会得到加速度相同的结论。

这里需要说明的是,速度的合成和速度的变换是两个不相同的概念,速度的合成是指在同一参考系中一个质点的速度和它在各坐标轴上的分量之间的关系,相对于任何参考系,它都可以表示为矢量合成的形式。速度的变换涉及相对运动的两个参考系,这个变换关系式还与两个参考系的相对速度的大小有关。

处理相对运动的问题常有两种方法:(1)画出相应的速度矢量关系图,由图用三角函数关系求出结果;(2)将速度在坐标轴上分解,再由分量计算。

例 1.12　一人划船过河,船相对河水以 $4.0\mathrm{km \cdot h^{-1}}$ 的速度前进,河水平行于河岸流动,流速为 $3.5\mathrm{km \cdot h^{-1}}$ 。(1)此人要从出发点垂直于河岸横渡此河,应如何掌握划行方向?(2)如河面宽 $2.0\mathrm{km}$,需多长时间才能到达对岸?

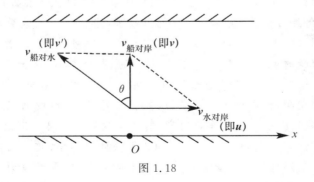

图 1.18

解 依题意将各速度用图 1.18 的矢量形式表示,取地面为 S 参考系,取流动的河水为 S' 参考系,S' 系沿 x 轴以速度 u 相对 S 系运动。

(1) 由图可知,要使船垂直于河岸驶达对岸,则船相对河岸的速度 v 必与河岸垂直。由速度变换式有 $v = v' + u$,其中 v' 为船相对河水的速度,由矢量图可知

$$\sin\theta = \frac{u}{v'} = \frac{3.5}{4.0} = 0.875$$

$$\theta = 61°$$

即人划船时,必须使船身与河岸垂直线间的夹角为 61°,逆流划行。

(2) 由矢量图,可求出船速

$$v = v'\cos61°$$

此时横渡河面需要的时间为

$$t = \frac{l}{v} = \frac{2.0}{4.0 \times \cos61°} = 1.03\text{h}$$

物理沙龙:牛顿的生平及科学成就简介

牛顿对自然科学的贡献之大,可从 18 世纪英国著名诗人蒲柏一段赞美之词中读出:"大自然和自然界的规律隐藏在黑暗中,上帝说:'让牛顿去吧!'于是,一切成为光明。"

牛顿 1642 年 12 月 25 日出生于林肯郡的一个小乡村伏斯特劳普,父母务农,家境清贫。少年时的牛顿身体很弱,在校时成绩一般,还常受人欺侮,但牛顿性格倔强,发奋读书。1658 年他的父亲去世后,母亲就让他退学回到家乡。但他仍整天迷恋于数学和其他科学书籍中。母亲看到儿子如此喜欢科学,就又重新把他送回学校。不久,18 岁的牛顿于 1661 年以减费生的身份进入了剑桥大学的三一学院学习(剑桥大学是当时欧洲规模最大的大学之一,麦克斯韦、汤姆逊、卢瑟福、狄拉克等物理巨匠都曾在这里工作过),起初他想学数学,有幸的是他遇到了在剑桥大学精于数学和光学研究的巴罗教授,其看出牛顿极有天赋,便鼓励他主要学物理,并对他细心引导。在巴罗教授的引领下,牛顿广泛阅读数学、物理、天文学和哲学等方面的书籍,并动手做实验。在大学高年级时,牛顿就通过三棱镜实验研究过太阳光的色散现象。牛顿于 1665 年获学士学位。1665 年到 1667 年,鼠疫在英国十分猖獗,许多人因此丧生,由于学校停课,牛顿也被迫回到家乡。在乡居两年的静思期间,他悟出了许多道理,并在自己 73 岁时的回忆录中写道:"在那些日子里,我正处于发现的全盛时期,对数学和哲学的思考比此后任何时期都更专心致志。"1667 年他才重返剑桥,1668 年获硕士学位。这一时期牛顿在微积分、万有引力、色彩理论等方面有重要的创造性发现。巴罗教授为了让牛顿充分施展才能,于 1669 年推荐 26 岁的牛顿继任卢卡斯讲座教授。1672 年,牛顿被选

为英国皇家学会会员。牛顿在光学方面也有不少重要贡献,诸如牛顿环干涉实验等,但牛顿最专注的研究课题始终是力学,而为弄清楚力学的规律,当时仅有的初等数学工具是远远不够的。牛顿决心自己发明新的数学,即现在被称为"微积分"的高等数学。牛顿一生以严谨的科学态度潜心钻研,不轻易发表论文,直到在他的好友哈雷敦促下,把他长达 20 多年的完整的研究成果总结为一本名为《自然哲学的数学原理》的书出版,那已经是 1687 年他 45 岁的时候了。牛顿给他的书起了这么一个名字是有其时代背景的,在那个时代,人们把物理学称为自然哲学,而力学则被看做是物理学的基础。牛顿使用"数学"这个词是为了强调,他确立了力学中的严格的关系。1701 年他辞去剑桥大学卢卡斯讲座教授职位,1703 年当选为皇家学会主席,1704 年他的名著《光学》出版。1705 年,牛顿被封为爵士,1727 年 3 月 20 日病逝,终年 85 岁。牛顿死后被安葬在维斯特明斯特尔修道院,那是安葬国王和英国的显要人物的地方。

　　牛顿一生,不仅在物理学、天文学、数学和化学等多种学科作出了堪称一流的开创性贡献,而且在自然哲学和科学研究方法方面同样作出了创造性贡献,为近代科学革命奠定了基础。

本 章 小 结

1.质点运动学的基本概念

参考系(坐标系)

物理理想模型 —— 质点

时间和空间

2.描述质点运动的四个基本描述量

位矢　　$r = r(t)$

位移　　$\Delta r = r_2 - r_1$

速度　　$v = \dfrac{\mathrm{d}r}{\mathrm{d}t}$

加速度　　$a = \dfrac{\mathrm{d}v}{\mathrm{d}t} = \dfrac{\mathrm{d}^2 r}{\mathrm{d}t^2}$

(1) 在直角坐标系中

$$r = x\boldsymbol{i} + y\boldsymbol{j} + z\boldsymbol{k}$$

$$\Delta r = \Delta x\boldsymbol{i} + \Delta y\boldsymbol{j} + \Delta z\boldsymbol{k}$$

$$v = \frac{\mathrm{d}x}{\mathrm{d}t}\boldsymbol{i} + \frac{\mathrm{d}y}{\mathrm{d}t}\boldsymbol{j} + \frac{\mathrm{d}z}{\mathrm{d}t}\boldsymbol{k} = v_x\boldsymbol{i} + v_y\boldsymbol{j} + v_z\boldsymbol{k}$$

$$a = \frac{\mathrm{d}v_x}{\mathrm{d}t}\boldsymbol{i} + \frac{\mathrm{d}v_y}{\mathrm{d}t}\boldsymbol{j} + \frac{\mathrm{d}v_z}{\mathrm{d}t}\boldsymbol{k} = \frac{\mathrm{d}^2 x}{\mathrm{d}t^2}\boldsymbol{i} + \frac{\mathrm{d}^2 y}{\mathrm{d}t^2}\boldsymbol{j} + \frac{\mathrm{d}^2 x}{\mathrm{d}t^2}\boldsymbol{k}$$

（2）在自然坐标中

$$\boldsymbol{r} = \boldsymbol{r}(s) \text{ 或 } s = s(t)$$

$$\boldsymbol{v} = v\boldsymbol{\tau} = \frac{\mathrm{d}s}{\mathrm{d}t}\boldsymbol{\tau}$$

$$\boldsymbol{a} = \frac{\mathrm{d}v}{\mathrm{d}t}\boldsymbol{\tau} + \frac{v^2}{\rho}\boldsymbol{n} = \boldsymbol{a}_\tau + \boldsymbol{a}_n$$

3. 圆周运动的两种描述

（1）线量描述（与自然坐标系同）

（2）角量描述

角坐标 $\qquad\qquad\qquad\qquad \theta = \theta(t)$

角位移 $\qquad\qquad\qquad\qquad \Delta\theta = \theta_2 - \theta_1$

角速度 $\qquad\qquad\qquad\qquad \omega = \dfrac{\mathrm{d}\theta}{\mathrm{d}t}$

角加速度 $\qquad\qquad\qquad \beta = \dfrac{\mathrm{d}\omega}{\mathrm{d}t} = \dfrac{\mathrm{d}^2\theta}{\mathrm{d}t^2}$

（3）线量与角量的关系

$$\mathrm{d}s = R\mathrm{d}\theta$$

$$v = \frac{\mathrm{d}s}{\mathrm{d}t} = R\omega$$

$$a_\tau = R\beta, \quad a_n = R\omega^2$$

4. 运用学中的两类问题

（1）已知运动方程会用微分方法求加速度或速度；

（2）已知加速度（或速度）及初始条件会用积分方法求运动方程。

5. 相对运动

$$\boldsymbol{r}_{PS} = \boldsymbol{r}_{PS'} + \boldsymbol{r}_{S'S}$$

$$\boldsymbol{v}_{PS} = \boldsymbol{v}_{PS'} + \boldsymbol{v}_{S'S}$$

$$\boldsymbol{a}_{PS} = \boldsymbol{a}_{PS'} + \boldsymbol{a}_{S'S}$$

习　　题

一、选择题

1.1　如图所示，质点做曲线运动从 P_1 点到 P_2 点。$\boldsymbol{r}$ 是质点的位置矢量（如 $\boldsymbol{r}_1$，$\boldsymbol{r}_2$），r 是位置矢量的大小。$\Delta\boldsymbol{r}$ 是某时间内质点的位移，Δr 是同一时间内位置矢量大小的增量（常称径向增量），Δs 是同一时间内的路程。那么（　　）。

A. $|\Delta\boldsymbol{r}| = \Delta r$ 　　B. $\Delta|\boldsymbol{r}| = \Delta r$ 　　C. $\Delta s = \Delta r$ 　　　　D. $\Delta s = |\Delta\boldsymbol{r}|$

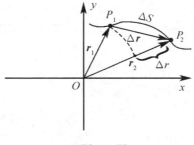

习题 1.1 图

1.2　关于速度大小下列说法中不正确的是(　　)。

A. $|\boldsymbol{v}| = \dfrac{\mathrm{d}\,|\,\boldsymbol{r}\,|}{\mathrm{d}t}$

B. $|\boldsymbol{v}| = \dfrac{|\,\mathrm{d}\boldsymbol{r}\,|}{\mathrm{d}t}$

C. $|\boldsymbol{v}| = \sqrt{(\mathrm{d}x/\mathrm{d}t)^2 + (\mathrm{d}y/\mathrm{d}t)^2 + (\mathrm{d}z/\mathrm{d}t)^2}$

D. $|\boldsymbol{v}| = \dfrac{\mathrm{d}s}{\mathrm{d}t}$

1.3　关于加速度下列说法中正确的是(　　)。

A. 加速度为负的运动一定是减速运动

B. 质点做圆周运动时,其加速度一定指向圆心

C. $\mathrm{d}v/\mathrm{d}t$ 表示直线运动中的加速度,这时 v 是速率

D. 在曲线运动中,加速度方向一般指向曲线凹的一侧

1.4　一质点做半径为 R,速率为 v 的匀速率圆周运动,如图所示,在由 A 到 B 的过程中,位移 $\Delta\boldsymbol{r}$ 和速度变化量 $\Delta\boldsymbol{v}$ 分别应是(　　)。

A. $\Delta\boldsymbol{r} = 0, \Delta\boldsymbol{v} = 0$　　　　　　　B. $\Delta\boldsymbol{r} = \sqrt{2}R, \Delta\boldsymbol{v} = \sqrt{2}v$

C. $\Delta\boldsymbol{r} = -R(\boldsymbol{i} + \boldsymbol{j}), \Delta\boldsymbol{v} = v(\boldsymbol{i} - \boldsymbol{j})$　　D. $\Delta\boldsymbol{r} = -R(\boldsymbol{i} - \boldsymbol{j}), \Delta\boldsymbol{v} = v(\boldsymbol{i} - \boldsymbol{j})$

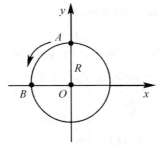

习题 1.4 图

1.5 一质点沿 x 轴的运动规律是 $x = t^2 - 4t + 5$(SI),前三秒内它的（　　）。

A. 位移和路程都是 3m

B. 位移和路程都是 -3m

C. 位移是 -3m,路程是 3m

D. 位移是 -3m,路程是 5m

1.6 一质点沿 x 轴正向运动,加速度 $a = 2t$, $t = 2$s 时,质点静止于坐标原点左边 2m 处,则质点的运动方程为（　　）。

A. $x = 2t^2 + 3t^3/2$

B. $x = (t^3 - 14)/3$

C. $x = (t^3 - 2)/3$

D. $x = t^3/3 - 4t + 10/3$

1.7 某人以 4km/h 的速率骑车向东前进时,感觉风从正北吹来,如将速率增加一倍,则感觉风从东北吹来,实际风速与风向为（　　）。

A. 4km/h,从北方吹来

B. 4km/h,从西北方吹来

C. $4\sqrt{2}$km/h,从东北方吹来

D. $4\sqrt{2}$km/h,从西北方吹来

二、填空题

1.8 $\lim\limits_{\Delta t \to 0} \dfrac{\Delta \boldsymbol{v}}{\Delta t} = 0$ 所代表的运动是_____运动。$\lim\limits_{\Delta t \to 0} \dfrac{\Delta v}{\Delta t} = 0$ 所代表的运动是_____运动。

1.9 已知质点运动方程 $x = 4.5t^2 - 5t^3$(m)。在 t 时刻速度 $v = $ _____ m/s。当 $t = $ _____ s 时,它的速度为零。

1.10 一质点在 xOy 平面内运动,运动方程 $x = 2t$, $y = 19 - 2t^2$(SI)。

(1) 质点的运动轨迹方程是:_____。

(2) $t = 1$s 时质点的速度 $\boldsymbol{v} = $ _____,加速度 $\boldsymbol{a} = $ _____。

(3) 在 $t = 2$s 时的位置矢量 $\boldsymbol{r} = $ _____, $t = 1$s 到 $t = 2$s 的位移 $\Delta \boldsymbol{r} = $ _____; $t = $ _____ 时质点的 $\boldsymbol{r}$ 和 $\boldsymbol{v}$ 恰好垂直。

1.11 质点沿 x 轴做直线运动,其速度 $v = 2x$,在 $x = 3$m 处,质点的加速度 $a = $ _____。

1.12 一质点做圆周运动,半径 $R = 2/\pi$(m),在 $t = 0$ 时,初速 $v_0 = 0$, $\mathrm{d}v/\mathrm{d}t = 2t$(m/s^2),则质点在 1 秒末的速度 $v = $ _____。3 秒内运动的位移 $|\Delta \boldsymbol{r}| = $ _____。

1.13 某人在车站站台以初速 v_0 竖直向上抛出一小球,其运动方程 $\boldsymbol{r} = (v_0 t - gt^2/2)\boldsymbol{j}$,则在以速度 $\boldsymbol{v} = 5\boldsymbol{i}$(m/s) 行驶的火车上的乘客看来,小球的运动方程应为 $\boldsymbol{r}'$ _____。

1.14 一质点做半径为 $R = 1$m 的圆周运动,用角坐标表示的运动方程为: $\theta = 2 + 4t^2$,则质点的切向加速度 $a_\tau = $ _____ m/s^2,法向加速度 $a_n = $ _____ m/s^2。

三、计算题

1.15　一质点从静止出发沿半径 $R = 3m$ 的圆周运动，切向加速度 $a_\tau = 3t(m/s^2)$。求：

（1）写出用自然坐标表示的运动方程 $s = s(t)$；

（2）写出用角坐标表示的运动方程 $\theta = \theta(t)$；

（3）求当 a 恰好与半径成 45° 角时所用的时间 t。

1.16　汽艇在水中的加速度为 $a = -kv(k$ 为常量），且 $t = 0$ 时，$v = v_0$，$x_0 = 0$。求：

（1）需多长时间才能使汽艇的速率减少到原来的一半？

（2）写出汽艇的运动方程 $x = x(t)$。

第2章 质点动力学

质点运动学描述质点的运动,但没有涉及质点运动状态变化的原因.要探究物体运动状态变化的原因,则是本章质点动力学需要介绍的内容.

运动是物质的固有属性,但物体如何运动则取决于它们之间的相互作用.研究物体之间的相互作用,以及这种相互作用对运动的影响所形成的规律,是**动力学**的任务.质点动力学内容涉及三个方面:一是力的概念及力的瞬时作用规律,即牛顿第二定律;二是力对时间的积累作用的规律,即动量定理及由其导出的动量守恒定律;三是力对空间的积累作用规律,即动能定理及由其导出的机械能守恒定律.这些构成了质点动力学的基本框架.

2.1　牛顿运动定律

牛顿在伽利略等人对力学研究的基础上,总结出了机械运动的三条运动定律,于1686年在他的《自然哲学的数学原理》一书中发表,牛顿总结的三定律是质点动力学的核心内容.

2.1.1　牛顿第一定律

任何物体都保持静止或匀速直线运动的状态,直到其他物体所作用的力迫使它改变这种状态为止.这就是**牛顿第一定律**。

第一定律提出了两个力学的基本概念:一个是惯性,一个是力.

惯性:第一定律指出,任何物体都有保持其运动状态不变的特性.我们将这种物质的固有属性称为**惯性**,所以第一定律又叫**惯性定律**.中国古代虽然没有"惯性"这个名词,但对惯性是早有认识的.如公元前140年成书的《考工记》中写道:"马力既竭,辀犹能一取也."这里的辀指车辕.这句话的意思是,马已不拉车,但车还能前进少许.这是对惯性的生动描述.

力:力的观念很早就在人类历史中出现了.力的本质的探讨不仅是物理问题,更是哲学问题.定律指出力的作用是改变物体的运动状态.这个论断纠正了统治西方近两千年的亚里士多德的错误观点.他说:"当推一个物体的力不再去推它时,物体便归于静止."误认为力的作用是维持运动.然而比亚里士多德约早一百年的中国古代思想家墨翟已经认识到力是改变运动状态的原因了。他在《墨经》中写道:"力,刑之所奋也。""止,以久也。"刑即形,指物体。久即灸,是拒之意,可理解为阻力。这两句话的意思是,力是使物体由静变动,由慢变快的原因。运动物体之所以停止下来是因为受到阻力的缘故。第一定律明确了力的产生是来自于物体间的相互作用,力的效果是改变物体的运动状态。到目前为止,人们发现自然界中存在四种基本的力,按其性质分为四类:万有引力相互作用、电磁相互作用、强相互作用、弱相互作用。

2.1.2 牛顿第二定律

物体所受的合外力等于物体动量的瞬间变化率。这就是**牛顿第二定律**。

动量是物体运动状态的描述,牛顿称之为"运动的量"。动量是力学中最基本的概念之一。具有相同速度而质量不同的物体受相同力的作用,它们速度的变化是不同的,不能简单地用速度来表征物体运动量的变化,所以除了速度还应该把物体的质量一起考虑。我们把物体的质量与运动速度的乘积叫做物体的动量,用 $\boldsymbol{p}$ 表示,即

$$\boldsymbol{p} = m\boldsymbol{v} \tag{2.1}$$

牛顿第二定律在数学上可表示为

$$\boldsymbol{F} = \frac{\mathrm{d}\boldsymbol{p}}{\mathrm{d}t} = \frac{\mathrm{d}(m\boldsymbol{v})}{\mathrm{d}t} \tag{2.2}$$

应当注意:

(1) 式(2.2)是一个瞬时定律,反映的是力的瞬时作用规律。

(2) 物体在低速运动时,即 $|\boldsymbol{v}| \ll c$ 时,物体的质量可视为不依懒于速度的常量。即

$$\boldsymbol{F} = \frac{\mathrm{d}(m\boldsymbol{v})}{\mathrm{d}t} = m\,\frac{\mathrm{d}\boldsymbol{v}}{\mathrm{d}t} = m\boldsymbol{a} \tag{2.3}$$

这是熟知的牛顿第二定律形式,但式(2.2)较式(2.3)具有更广泛的意义。

(3) 式(2.2)中 $\boldsymbol{F}$ 是质点所受合外力,在求解力学问题时,常用其分量形式,这不难用力的叠加原理给出说明。

牛顿第二定律在直角坐标系中分量表示为

$$\begin{cases} F_x = ma_x = m\,\dfrac{\mathrm{d}v_x}{\mathrm{d}t} \\[2mm] F_y = ma_y = m\,\dfrac{\mathrm{d}v_y}{\mathrm{d}t} \\[2mm] F_z = ma_z = m\,\dfrac{\mathrm{d}v_z}{\mathrm{d}t} \end{cases}$$

牛顿第二定律在自然坐标系中分量表示为

$$F_\tau = ma_\tau = m\frac{\mathrm{d}v}{\mathrm{d}t}$$

$$F_n = ma_n = m\frac{v^2}{\rho}$$

在 SI 中力的单位是牛顿(N),1 N = 1 kg·m·s^{-2}。

牛顿第一定律表明运动状态变化的原因是外力,第二定律给出了相应的定量关系。由第二定律还可看到,当 F 一定时,m 越大则 a 越小,即物体运动状态变化越难,可见第一定律中所指的惯性可用质量的大小量度(这里的质量称为惯性质量)。

2.1.3　牛顿第三定律

两个物体间的相互作用力大小相等、方向相反,且作用在同一直线上。这就是**牛顿第三定律**。

物体 A 以力 F_1 作用在物体 B 上,物体 B 必同时以力 F_2 作用在物体 A 上,F_1 和 F_2 在同一直线上,且

$$F_1 = -F_2 \tag{2.4}$$

应该注意:

(1)作用力和反作用力具有同时性,成对性;虽然二者有主动和被动之分,但无作用的先后之分。

(2)作用力和反作用力是相对两个物体而言的,它们不是一对平衡力,不能抵消。

(3)作用力和反作用力应属同种性质的力。

2.1.4　牛顿定律的应用

牛顿运动定律是力学的基本定律,所以从原则上讲,运用牛顿运动定律可以解决所有的质点动力学问题。质点动力学问题主要有两类,一类是在已知质点运动情况下,求作用于质点的力;另一类是已知质点受力的情况下,求质点的运动情况。在后一类问题中,往往不是明确知道每一个作用力,而是需要通过分析才能确定所研究的质点的受力情况,而且有时不仅要求解物体的加速度,还需进一步求解物体的速度,甚至运动方程。

应用牛顿运动定律解题的步骤:

(1)选定研究对象。根据问题的要求选定一个物体作为研究对象。如果问题涉及几个物体,那就把各个物体分别分离出来,加以分析,这个分析方法称为"隔离体法"。

(2)对研究对象进行受力分析,并画简单的示意图表示各隔离体的受力情

况。

（3）分析研究对象的运动情况，先选定参考系，然后在各物体上标出它相对参考系的加速度。

（4）建坐标，列方程并求解。建坐标要视问题的方便与否而定，在各坐标方向上建立隔离体的牛顿方程式时应注意各量的正负号。

我们可以根据问题中所涉及的力的特征，将题型分成恒力问题和变力问题两类，前者用初等数学求解代数方程即可，后者一般要用高等数学方法求解微分方程。下面分别举例说明。

例 2.1　一细绳跨过一定滑轮，绳的两端分别悬有质量为 m_1 和 m_2 的物体（$m_1 < m_2$），如图 2.1(a) 所示。设滑轮和绳的质量可忽略不计，绳不能伸长，轮与轴无摩擦，试求物体的加速度以及绳中张力。

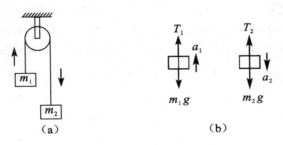

图 2.1

解　分别以 m_1、m_2 及定滑轮为研究对象，其隔离体受力如图 2.1(b) 所示。对 m_1，受力及加速度分析如图，取向上为正方向，则有

$$T_1 - m_1 g = m_1 a_1 \qquad ①$$

对 m_2，受力及加速度分析如图，取向下为正方向，则有

$$m_2 g - T_2 = m_2 a_2 \qquad ②$$

由于定滑轮轴承光滑，滑轮和绳的质量可以略去，所以绳上各部分的张力都相等；又因为绳不能伸长，所以 m_1 和 m_2 的加速度大小相等，即有

$$T_1 = T_2 = T, \quad a_1 = a_2 = a \qquad ③$$

联立 ①，②，③ 式，得

$$a = \frac{m_2 - m_1}{m_1 + m_2} g, \quad T = \frac{2 m_1 m_2}{m_1 + m_2} g$$

例 2.2　一雨滴由静止下落。在下落过程中雨滴的质量 m 不变，并受到浮力 f 和阻力 kv（k 是常数）的作用。求：(1) 某时刻 t 雨滴的速度；(2) 雨滴的收尾速度（即雨滴的极限速度）。

解　（1）由牛顿第二定律有　　　$m\dfrac{\mathrm{d}v}{\mathrm{d}t} = mg - f - kv$

将上式分离变量,并积分,得

$$m\int_0^v \frac{\mathrm{d}v}{mg - f - kv} = \int_0^t \mathrm{d}t$$

即　　　　　　　$\ln\dfrac{mg - f - kv}{mg - f} = -\dfrac{k}{m}t$

故　　　　　　　$v = \dfrac{mg - f}{k}(1 - \mathrm{e}^{-\frac{k}{m}t})$

（2）重力和浮力都是恒力,只有空气阻力随着雨滴加速下落而增大,最终达到三力平衡。从 v 的表达式中可知,当 $t \to \infty$ 时,v 有最大值,这就是要求的收尾速度

$$v_f = \frac{mg - f}{k}$$

例2.3　如图2.2所示,有一长为 R 的细绳,一端固定在 O 点,另一端系一质量为 m 的小球。今使小球在竖直平面内绕 O 点做圆周运动。小球的角位置 θ 从绳竖直下垂处算起。当 $\theta = 0$ 时,小球的速度为 v_0。求:(1)在任意角位置 θ 处小球的速度 v 和绳中的张力 T;(2)小球恰可通过圆轨道最高点所需的最小速度。

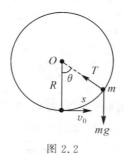

图 2.2

解　（1）小球受到重力 mg 和绳的张力 T。根据牛顿第二定律,列出切向方程和法向方程

$$T - mg\cos\theta = m\frac{v^2}{R} \qquad \text{①}$$

$$-mg\sin\theta = m\frac{\mathrm{d}v}{\mathrm{d}t} \qquad \text{②}$$

以 $v = \dfrac{\mathrm{d}s}{\mathrm{d}t} = \dfrac{\mathrm{d}(R\theta)}{\mathrm{d}t} = R\dfrac{\mathrm{d}\theta}{\mathrm{d}t}$,即 $\mathrm{d}t = \dfrac{R\mathrm{d}\theta}{v}$ 代入式 ②,并积分,得

$$\int_{v_0}^v v\mathrm{d}v = -Rg\int_0^\theta \sin\theta\mathrm{d}\theta$$

即　　　　　　　$\dfrac{v^2}{2} - \dfrac{v_0^2}{2} = Rg\cos\theta - Rg$

故小球在任意角位置 θ 处的速度大小为

$$v = \sqrt{2Rg\cos\theta + v_0^2 - 2Rg}$$

将上式代入 ① 式,得绳中张力

$$T = 3mg\cos\theta - 2mg + \frac{mv_0^2}{R} \qquad \text{③}$$

(2) 小球恰可通过圆轨道最高点,即 $\theta = \pi$,$T = 0$,代入 ③ 式,得相应的最小初速度

$$v_{0\min} = \sqrt{5Rg}$$

综上所述,第一定律指出力的作用是改变物体的运动状态,第二定律给出了度量力的法则,第三定律则明确力是物体间的相互作用。至此,我们对在牛顿力学中起核心作用的力这个物理量有了比较完整的认识。

牛顿第一、第二、第三定律是一个整体,它们相互联系,互为补充,构成了经典力学的理论基础。牛顿定律中所说的物体应该理解为质点。由于任何物体都可以看成由若干质点所组成,所以牛顿定律还是可以应用于任何经典力学系统的。

2.1.5　惯性参考系

在第 1 章中曾经指出,对物体运动的描述必然是相对于一定参考系的。既然牛顿定律是讨论运动的,它当然与参考系有关。事实上,牛顿定律并非在一切参考系中都成立。设地面上有一个静止的物体,人站在地面上观察该物体时,物体静止着,加速度为零,这是因为作用在它上面的合力为零的缘故,这符合牛顿定律。如果人站在一辆沿路面加速前进的火车上观察此物体,这个人会认为该物体向火车后方做加速运动。物体受力的情况并无变化,合力仍然为零,但其加速度却不为零,这显然不符合牛顿运动定律。因此,相对于地面做加速运动的火车参考系,牛顿运动定律不成立。由此可见,牛顿运动定律不是对任意参考系都适用的,我们把牛顿运动定律适用的参考系,称为**惯性参考系**,简称惯性系;反之,就叫做**非惯性系**。

一个参考系是否惯性系只能根据观察和实验判断。以太阳为参考系观察到行星和宇宙飞行器的运动符合牛顿定律,因此太阳参考系是惯性系。实验进一步证明,在所有相对太阳做匀速直线运动的参考系中牛顿定律都成立,而在所有相对于太阳做变速运动的参考系中牛顿定律都不成立。由此得出结论:凡是相对于惯性系做匀速直线运动的参考系都是惯性系,而相对于惯性系做变速运动的参考系不是惯性系。

由于地球既有公转,又有自转,所以地面不是惯性系。不过地球公转和自转的加速度都不大,因而在一般工程技术中,将地球近似视做惯性系,而在地面上静止和做匀速直线运动的物体都可以近似地当做惯性系(牛顿运动定律适用地

球这个参考系应该是显然的,因为这些定律都是在这个参考系上观察总结而得到的)。

2.2　动量定理　动量守恒定律

在 2.1 节中介绍了力的瞬时效应,本节讨论在一段时间内力对物体持续作用的累积效应 —— 力的时间积累作用规律。

2.2.1　冲量　质点的动量定理

牛顿在研究碰撞过程中所建立起来的第二定律表述为:

$$F = \frac{dp}{dt} = \frac{d(mv)}{dt}$$

式中 p 就是前面所定义的动量。由牛顿第二定律的这一种表述,不难得到力对时间的积累作用的规律,即动量定理。

上式可写成

$$F dt = dp = d(mv) \tag{2.5}$$

式(2.5)中 $F dt$ 表示力在时间 dt 内的积累量,叫做 dt 时间内质点所受合外力的冲量。

式(2.5)表明在 dt 时间内质点所受合外力的冲量等于在同一时间内质点动量的增量。这一关系叫做**质点动量定理**的微分形式。

对式(2.5)从 t_1 到 t_2 这段时间积分,并考虑到低速运动范围内,质量 m 可视为不变量,有

$$\int_{t_1}^{t_2} F dt = p_2 - p_1 = mv_2 - mv_1 \tag{2.6}$$

左侧积分表示在 t_1 到 t_2 时间内合外力的**冲量**,用 I 表示此冲量$\left(即\ I = \int_{t_1}^{t_2} F dt\right)$。

式(2.6)是**质点动量定理**的积分形式。它表明质点在 t_1 到 t_2 这段时间内合外力的冲量等于质点在同一时间内的动量的增量。后者是效果,但它取决于力对时间的积累。值得注意的是,要产生同样的效果,即同样的动量增量,力大力小都可以:力大,累积时间可短些;力小,累积时间需要长些。

动量定理在打击、碰撞及爆炸等一类问题中特别有用。两物体碰撞时相互作用的力称为冲力,冲力的特点是作用时间极短而力的大小变化极大,冲力大小随时间变化的情况如图 2.3 中的曲线所示,由于冲力变化情况较复杂,所以很难把每一时刻的冲力量度出来(这也是用平均冲力的原因)。但是我们能够知道两物体在碰撞前后的动量,则根据动量定理,就可以把物体所受的冲量计算出来;如果能测出碰撞时间,那么还可以计算在该碰撞时间 Δt 内的平均冲力,即

$$\overline{\boldsymbol{F}} = \frac{\boldsymbol{p}_2 - \boldsymbol{p}_1}{\Delta t} \tag{2.7}$$

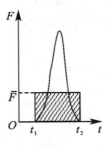

图 2.3　平均冲力

　　上式说明,当物体的动量变化一定时,平均冲力 $\overline{\boldsymbol{F}}$ 与作用时间成反比,作用时间越短,平均冲击力越大,这就是用锤子敲击钉子,钉子容易钉入木板的原因。若力的作用时间延长,就可以减少平均冲击力,玻璃制品掉在水泥地上容易破碎,掉在草地上却不容易破碎就是基于这个道理;还如船靠岸时,为防止船受到冲力过大,在岸边都放上缓冲的汽车轮胎等。

　　应当指出,动量定理的微分形式(2.5)式和积分形式(2.6)式都是矢量式,它们表明合外力的冲量的方向应和**动量的增量**的方向一致,但并不一定和动量的方向相同。此外,由于它们是矢量式,所以在应用动量定理时可以直接用作图法(矢量图),按几何关系求解;也可以用坐标分量式求解,在直角坐标系中,动量定理沿各坐标轴的分量式是

$$I_x = \int_{t_1}^{t_2} F_x \mathrm{d}t = mv_{2x} - mv_{1x}$$

$$I_y = \int_{t_1}^{t_2} F_y \mathrm{d}t = mv_{2y} - mv_{1y} \tag{2.8}$$

$$I_z = \int_{t_1}^{t_2} F_z \mathrm{d}t = mv_{2z} - mv_{1z}$$

这些公式可以理解为:质点所受合外力的冲量在某一方向上的分量等于质点的动量在该方向的分量的增量。

2.2.2　质点系的动量定理

　　如果研究的对象是多个质点,则称为质点系。一个不能抽象为质点的物体也可认为是由多个质点所组成的。从这种意义上讲,力学又可分为质点力学和质点系力学。从现在开始我们将多次涉及质点系力学的某些内容。

　　当研究对象是质点系时,其受力就可分为"内力"和"外力"。凡质点系内各质

点之间的作用力称为内力,质点系以外物体对质点系内质点的作用力称为外力。

先讨论由两个质点组成的系统,以 m_1, m_2 表示两质点的质量;$\boldsymbol{F}_1$ 和 $\boldsymbol{F}_2$ 分别表示 m_1, m_2 受到的外力,$\boldsymbol{f}_1$ 和 $\boldsymbol{f}_2$ 表示两质点之间相互作用的内力。如果我们分别讨论 m_1 与 m_2,对其分别使用质点的动量定理。

对 m_1 来说,有

$$\int_{t_1}^{t_2} (\boldsymbol{F}_1 + \boldsymbol{f}_1) \mathrm{d}t = m_1 \boldsymbol{v}_1 - m_1 \boldsymbol{v}_{10}$$

对 m_2 来说,有

$$\int_{t_1}^{t_2} (\boldsymbol{F}_2 + \boldsymbol{f}_2) \mathrm{d}t = m_2 \boldsymbol{v}_2 - m_2 \boldsymbol{v}_{20}$$

将上两式相加,即将二者视为一个系统,则有

$$\int_{t_1}^{t_2} (\boldsymbol{F}_1 + \boldsymbol{F}_2) \mathrm{d}t + \int_{t_1}^{t_2} (\boldsymbol{f}_1 + \boldsymbol{f}_2) \mathrm{d}t = (m_1 \boldsymbol{v}_1 + m_2 \boldsymbol{v}_2) - (m_1 \boldsymbol{v}_{10} + m_2 \boldsymbol{v}_{20})$$

由牛顿第三定律知 $\boldsymbol{f}_1 = -\boldsymbol{f}_2$,所以系统内两质点间内力之和 $\boldsymbol{f}_1 + \boldsymbol{f}_2 = 0$,上式为

$$\int_{t_1}^{t_2} (\boldsymbol{F}_1 + \boldsymbol{F}_2) \mathrm{d}t = (m_1 \boldsymbol{v}_1 + m_2 \boldsymbol{v}_2) - (m_1 \boldsymbol{v}_{10} + m_2 \boldsymbol{v}_{20})$$

将这一结果推广到多个质点组成的系统,则有

$$\int_{t_1}^{t_2} \left(\sum \boldsymbol{F}_i \right) \mathrm{d}t = \sum m_i \boldsymbol{v}_i - \sum m_i \boldsymbol{v}_{i0} \tag{2.9}$$

上式说明,作用于系统的合外力冲量等于系统动量和的增量,这就是**质点系的动量定理**。

需要强调的是,作用于系统的合外力是作用于系统内每一质点的外力的矢量和,只有外力才对系统的动量变化有贡献,而系统的内力是不会改变整个系统的总动量的,因为系统的内力总是成对出现的,且大小相等、方向相反,作用时间也相同,它们的冲量相消为零,因而对系统总动量变化无贡献。用质点组的动量定理不难解释如下问题:当你用手向上拉自己的头发时,为什么不能将自己提离地面呢?因为对一个人整体来说,手与头发的相互作用是内力,如提起了,意味着整体动量被改变了,这显然与动量定理相矛盾。虽然内力对整体动量变化无贡献,但系统内部的动量的传递和交换则是内力起作用的。

2.2.3 动量守恒定律

由质点系的动量定理可知,当系统所受合外力为零,即 $\sum \boldsymbol{F}_i = 0$ 时,这时系统的总动量保持不变,即

$$\sum m_i \boldsymbol{v}_i = 恒量 \tag{2.10}$$

可见,当系统所受合外力为零时,系统的总动量将保持不变,这就是**动量守恒定**

律。

运用动量守恒定律分析解决问题时,应注意以下几点:

(1) 合外力指系统所受外力的矢量和,一定要区分系统的内力和外力;系统整体动量保持不变,并不是系统内各质点的动量不能变化。

(2) 动量守恒(2.10)式是矢量式。因此,当 $\sum \boldsymbol{F}_i = 0$ 时,质点系在任何一个方向上都满足动量守恒的条件。在解决实际问题时,常应用其坐标轴的分量式,例如在直角坐标系中动量守恒可表示为:

$$当 \sum F_{ix} = 0 时, \sum m_i v_{ix} = 恒量$$

$$当 \sum F_{iy} = 0 时, \sum m_i v_{iy} = 恒量 \tag{2.11}$$

$$当 \sum F_{iz} = 0 时, \sum m_i v_{iz} = 恒量$$

由此可见,如果质点系沿某一坐标方向所受合外力为零,则沿此坐标方向的动量的分量应守恒。

(3) 系统动量守恒的条件是合外力为零,但在外力比内力小得多的情况下,外力对质点系的总动量变化影响甚小,这时可以认为近似满足守恒条件,也就可以近似地应用动量守恒定律。例如两物体的碰撞过程,由于相互撞击的内力往往很大,所以此时即使有摩擦力或重力等外力,也常可忽略它们,而认为系统的总动量守恒。又如爆炸过程也属于内力远大于外力的过程,也可以认为在此过程中系统的总动量守恒。

(4) 由于我们是用牛顿定律导出动量守恒定律的,所以它只适用于惯性系。又由于动量是相对量,所以运用动量守恒定律时,各质点的动量必须是对同一参考系而言。

(5) 虽然我们在讨论动量守恒定律的过程中,是从牛顿第二定律出发,但不能认为动量守恒定律只是牛顿定律的推论,相反,动量守恒定律是比牛顿定律更为普遍的规律。在某些过程中,特别是微观领域中,牛顿定律不成立,但只要计入场的动量,动量守恒定律依然成立。它与能量守恒定律一样,是自然界最普遍、最基本的定律之一。

例 2.4　如图 2.4 所示,一弹性球,质量 $m = 0.20$ kg,速度 $v = 5$m·s^{-1},与墙壁做完全弹性碰撞,碰撞前后的运动方向和墙的法线所夹的角都是 α,设球和墙碰撞的时间 $\Delta t = 0.05$s,$\alpha = 60°$,求在碰撞时间内,球和墙的平均相互作用力。

解　以球为研究对象。设墙对球的平均作用力为 $\bar{\boldsymbol{F}}$,球在碰撞前后的速度为 $\boldsymbol{v}_1$ 和 $\boldsymbol{v}_2$,由动量定理可得

$$\bar{\boldsymbol{F}} \Delta t = m\boldsymbol{v}_2 - m\boldsymbol{v}_1$$

将冲量和动量分别沿图中 x 和 y 两方向分解,

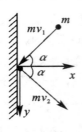

图 2.4

x 方向表示为　　　　$\overline{F}_x \Delta t = mv\cos\alpha - (-mv\cos\alpha) = 2mv\cos\alpha$

y 方向表示为　　　　　　$\overline{F}_y \Delta t = mv\sin\alpha - mv\sin\alpha = 0$

解方程得　　　　　　　　　　$\overline{F}_y = 0$

$$\overline{F}_x = \frac{2mv\cos\alpha}{\Delta t} = \frac{2 \times 0.2 \times 5 \times 0.5}{0.05} = 20(\text{N})$$

按牛顿第三定律,球对墙的平均作用力与上面等值反向,即垂直于墙面向里。

例 2.5　今有一质量为 50kg 的撑竿跳高运动员,在越过 $h = 5$ m 的高度后垂直落在地面的软垫上。若从人与软垫接触到相对静止的冲击过程历时 $\Delta t = 1$ s,求软垫对运动员的平均冲力。当 $\Delta t = 0.01$ s 时,该冲力又为多少?

解　运动员的下落过程为自由落体过程,下落 h 高度后的速度 $v = \sqrt{2gh}$,然后受软垫的冲力和重力的共同作用到相对静止,应用动量定理,

$$(\overline{F} - mg)\Delta t = mv$$

当 $\Delta t = 1$s 时,有　$\overline{F} = mv/\Delta t + mg = 500 + 500 = 1000(\text{N})$

当 $\Delta t = 0.01$s 时,有　$\overline{F} = mv/\Delta t + mg = 50000 + 500 \approx 50000(\text{N})$

不难看出,在第一种情况下,人受到的冲力与受到的重力比,差别不是太大。而在第二种情况下,人受到的冲力远远大于重力,这是因为作用时间减少的原因,这种情况下可以将重力忽略不计。比较几个结果,便能理解跳高时必须用软垫或沙坑。本例看出在冲击、碰撞等过程中重力可否忽略,要视具体情况而定,不能一概而论。

例 2.6　在静止的湖面,停着一条静止的船,船上有人站在船头,船长 $L = 4$m,船质量 $M = 150$kg,船头站有一人,人的质量 $m = 50$kg,当人从船头走到船尾时,求船相对于河岸移动的距离(设水的阻力不计)。

解　建立如图 2.5 所示坐标,取人和船为系统,由于水的阻力不计,系统在 x 方向上受到合外力为零,则系统为 x 方向动量守恒。

以 V 和 v 分别表示任意时刻船和人相对于湖岸的速度,由动量守恒定律有

$$MV - mv = 0$$

即
$$mv = MV$$

此式在任意时刻都成立,设 $t = 0$ 时人位于船头,t 时刻到达船尾,将上式两边同乘 $\mathrm{d}t$ 并积分,有

$$m\int_0^t v\mathrm{d}t = M\int_0^t V\mathrm{d}t$$

用 S_1 和 S_2 分别表示船和人相对于湖岸移动的距离,则有

$$S_1 = \int_0^t V\mathrm{d}t, \qquad S_2 = \int_0^t v\mathrm{d}t$$

于是有
$$mS_2 = MS_1$$

由坐标变换关系有
$$S_1 + S_2 = L$$

所以
$$S_1 = \frac{m}{M+m}L = \frac{50}{150+50}\times 4 = 1\mathrm{m}$$

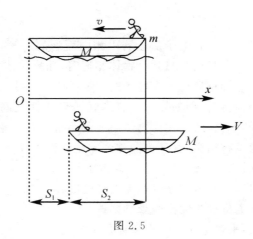

图 2.5

例 2.7 一根长为 l,质量均匀分布的链条平直放在光滑桌面上。开始时链条静止地搭在桌边,其中一端下垂,下垂部分长度为 l_0,释放后链条开始下落。求链条下落到任意位置处的速度。

解 设链条线密度为 λ,质量为 M,有
$$\lambda = M/l$$

若 t 时刻下垂部分的长度为 x,则下垂部分质量为 $m = \lambda x$,其所受重力为
$$F = mg = \lambda g x$$

桌上部分为 $l-x$,这部分受的重力和支承力相互抵消,因此,整个链条在下垂部分所受重力的作用下运动,按动量定理,有

$$F\mathrm{d}t = \mathrm{d}p = \mathrm{d}(Mv)$$

$$\lambda g x \, \mathrm{d}t = M \mathrm{d}v$$

$$\lambda g x = M \mathrm{d}v/\mathrm{d}t$$

两边同乘 $\mathrm{d}x$,有

$$\lambda g x \, \mathrm{d}x = M \mathrm{d}v \frac{\mathrm{d}x}{\mathrm{d}t} = Mv \mathrm{d}v$$

$t = 0$ 时,$x_0 = l_0$,$v_0 = 0$,下垂部分为 x 长度时速度为 v,所以有

$$\int_{l_0}^{x} \lambda g x \, \mathrm{d}x = \int_0^v Mv \mathrm{d}v$$

$$Mv^2 = \lambda g (x^2 - l_0^2) = \frac{M}{l} g (x^2 - l_0^2)$$

所以

$$v = \left[\frac{g}{l} (x^2 - l_0^2) \right]^{\frac{1}{2}}$$

2.2.4 碰撞

打铁时锤与工件的作用,电子加速器中相向而遇的电子,都是碰撞的问题,碰撞是一个很重要的物理过程。当几个物体相遇时,如果物体之间的相互作用持续极为短暂的时间,这种相遇称为**碰撞**。在碰撞过程中,物体之间相互作用的内力远大于其他物体对它们作用的外力,因此,在研究物体之间的碰撞问题时,可忽略作用在它们上的外力,所以碰撞物体组成的系统的总动量守恒。如果**在碰撞前后,系统的总动能没有损失**,这种碰撞称为**完全弹性碰撞**。实际的碰撞中,由于非保守力的作用,系统的机械能不守恒,即机械能可能会转化为热能、声能、化学能等其他形式的能量,这种碰撞就是**非完全弹性碰撞**。如果碰撞后的物体以同一速度共同运动,称此类碰撞为**完全非弹性碰撞**。

下面以一个例题来讨论完全弹性碰撞。

例 2.8 已知速度为 v 的 α 粒子($_2^4$He)与一静止的 Ne 原子($_{10}^{20}$Ne)做对心碰撞,若碰撞是完全弹性的,求碰撞后 Ne 原子的速度。

解 设 α 粒子与 Ne 原子的质量分别为 m_1,m_2;碰撞前二者速度分别为 v 和零,碰撞后二者速度分别为 v_1 和 v_2,如图 2.6 所示。分析知此碰撞过程的动量、动能均守恒,取如图所示 x 轴正方向,则有

$$m_1 v = m_1 v_1 + m_2 v_2 \quad\quad ①$$

$$\frac{1}{2} m_1 v^2 = \frac{1}{2} m_1 v_1^2 + \frac{1}{2} m_2 v_2^2 \quad\quad ②$$

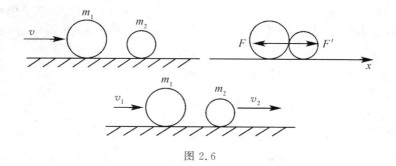

图 2.6

联合 ① 式、② 式可得

$$v_1 = \frac{(m_1 + m_2)v}{m_1 + m_2}$$

$$v_2 = \frac{2m_1 v}{m_1 + m_2}$$

由题意知 $m_1 = 4$ 原子质量单位，$m_2 = 20$ 原子质量单位，则得

$$v_2 = \frac{2m_1 v}{m_1 + m_2} = \frac{2 \times 4}{4 + 20} v = \frac{1}{3} v$$

2.2.5 质心 质心运动定律

1. 质心

研究多个质点组成的系统的运动时，质心是十分有用的概念。我们可做如下演示，用力将由刚性轻杆相连的两个质点组成的简单系统斜向抛出，如图 2.7 所示，该系统在空间的运动是很复杂的，每个质点的轨道都不是抛物线，但是，我们发现有一个特殊的点 C，它的轨迹是一条抛物线。这个特殊的点就是质点系统的**质心**。C 点的运动规律就像两质点的质量都集中在 C 点，全部外力也像是作用于 C 点一样。

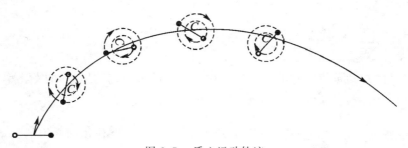

图 2.7 质心运动轨迹

在如图 2.8 所示的直角坐标系中，由 n 个质点组成的一质点系，如果用 m_i 和 r_i 表示质点系中第 i 个质点的质量与位矢，质点系质心的位矢 r_C 由式(2.12) 确定：

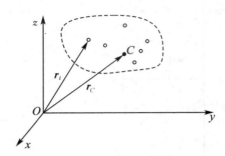

图 2.8   质心位置确定

$$r_C = \frac{\sum m_i r_i}{\sum m_i} = \frac{\sum m_i r_i}{M} \tag{2.12}$$

式中 $M = \sum m_i$ 代表质点的总质量。

在直角坐标系中质心的坐标为

$$\begin{cases} x_C = \dfrac{\sum m_i x_i}{M} \\[2mm] y_C = \dfrac{\sum m_i y_i}{M} \\[2mm] z_C = \dfrac{\sum m_i z_i}{M} \end{cases} \tag{2.13}$$

2. 质心运动定律

将式(2.12)中的 r_C 对时间 t 求导，得质心的速度为

$$v_c = \frac{\mathrm{d}r_C}{\mathrm{d}t} = \frac{\sum m_i \dfrac{\mathrm{d}r_i}{\mathrm{d}t}}{M} = \frac{\sum m_i v_i}{M} = \frac{p}{M}$$

其中 $p = \sum m_i v_i$ 代表质点系的总动量，可知

$$p = M v_C \tag{2.14}$$

即质点系的总动量等于它的总质量与质心速度的乘积，其对时间的变化率为

$$\frac{\mathrm{d}p}{\mathrm{d}t} = M \frac{\mathrm{d}v_c}{\mathrm{d}t} = M a_C$$

式中 a_C 是质心运动的加速度。因为系统内各质点间相互作用的内力的矢量和为零，所以作用在系统上的合力就等于合外力。由式(2.14)可得质点系质心的运动和该质点系所受合外力的关系为

$$F = \frac{\mathrm{d}p}{\mathrm{d}t} = Ma_C \qquad\qquad (2.15)$$

式(2.15)表明,作用于系统的合外力等于系统的总质量与系统质心加速度的乘积,这就是**质心运动定律**。它与牛顿第二定律在形式上完全相同,就相当于系统的质量集中在质心一样。如开始演示的轻杆系统受到的合外力就是重力,应等效于一个斜抛的质点运动,所以质心轨迹为一抛物线。

2.3　功和能　机械能守恒定律

上节中讨论了力对时间的积累效应,得出了重要的动量定理和动量守恒定律,对于解决好冲击、碰撞问题提供了便捷的途径。这一节我们将讨论力的空间积累效应,并得出动能定理、功能原理和机械能守恒定律等重要结论,它们同样能对解决一些典型问题提供便捷的方法。

2.3.1　功　功率

1.恒力的功

如图 2.9 所示,一物体做直线运动,在恒力 F 作用下物体发生位移 Δr,F 与 Δr 的夹角为 α,则恒力 F 所做的功为:**力在位移方向上的投影与该物体位移大小的乘积**。常用 A 表示功,则有

$$A = F \mid \Delta r \mid \cos\alpha$$

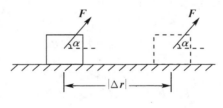

图 2.9　恒力的功

根据矢量标积的定义,上式可写为

$$A = F \cdot \Delta r \qquad\qquad (2.16)$$

即恒力的功等于力与物体位移的标积。在 SI 中,功的单位是焦耳(J)。

从功的计算可以得到关于功的以下性质:

(1)功是标量,且有正负之分,其正负由 α 决定,当 $\alpha < \dfrac{\pi}{2}$ 时,功为正值,则说某力做功;当 $\alpha > \dfrac{\pi}{2}$,功为负值,则说某力做负功,或说物体克服某力做功;当

$\alpha = \dfrac{\pi}{2}$ 时,功值为零,则说某力不做功。

（2）因为功的计算式中的位移与参考系有关,因此功是一个相对量。

2. 变力的功

若质点在变力 $\boldsymbol{F}$ 作用下沿图 2.10 所示的路径由 a 运动到 b,求此过程中力做的功就不能直接套用恒力做功的公式。但如果我们将运动的轨迹曲线分割成许许多多足够小的元位移 d$\boldsymbol{r}$,使得每段元位移 d$\boldsymbol{r}$ 中,作用在质点上的力 $\boldsymbol{F}$ 都能看成恒力,则力 $\boldsymbol{F}$ 在这段元位移上所做的**元功** dA 可表示为

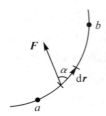

图 2.10　变力的功

$$dA = \boldsymbol{F} \cdot d\boldsymbol{r} \tag{2.17}$$

则从 a 到 b 过程中力做的总功应为每段元功的代数和,即

$$A = \int_a^b \boldsymbol{F} \cdot d\boldsymbol{r} = \int_a^b F\cos\alpha \mid d\boldsymbol{r} \mid \tag{2.18}$$

这就是变力做功的定义式。在直角坐标系中

$$\boldsymbol{F} = F_x \boldsymbol{i} + F_y \boldsymbol{j} + F_z \boldsymbol{k}$$

$$d\boldsymbol{r} = dx\boldsymbol{i} + dy\boldsymbol{j} + dz\boldsymbol{k}$$

那么(2.18)式就可表示为

$$A = \int_a^b (F_x \boldsymbol{i} + F_y \boldsymbol{j} + F_z \boldsymbol{k}) \cdot (dx\boldsymbol{i} + dy\boldsymbol{j} + dz\boldsymbol{k})$$

$$= \int_{x_a}^{x_b} F_x \, dx + \int_{y_a}^{y_b} F_y \, dy + \int_{z_a}^{z_b} F_z \, dz$$

$$= A_x + A_y + A_z$$

式中看出,力 $\boldsymbol{F}$ 对物体所做的功等于各分力所做的功的代数和。由此类推不难得出,一个物体若受几个外力作用,则各外力对物体所做功之和与合外力对物体所做的功相等。

功也可以用图解法计算,以路程 s 为横坐标(曲线运动中,在 $\Delta t \to 0$ 时,每一微小位移的大小 $\mid d\boldsymbol{r} \mid \approx ds$),$F\cos\alpha$ 为纵坐标,在图 2.11 中画有斜线的榨条面积等于 F_i 在 ds_i 上做的元功。曲线与边界线所围的面积就是变力 $\boldsymbol{F}$ 在整个路程上

所做的总功。工程上常采用计算面积的方法计算功,称此图为示功图。

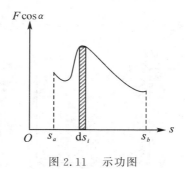

图 2.11 示功图

3. 功率

功的大小固然重要,但有时做功的快慢也是我们十分关心的。例如,把一块盖房的预制板从地面升到楼顶,既可以用起重机在几分钟内完成,也可用人工抬几十分钟来完成,但做功的快慢是不一样的,因此引入功率这一概念。我们将单位时间内所做的功称为**功率**。如果完成 ΔA 的功所需的时间为 Δt,则这段时间的平均功率为

$$\overline{P} = \frac{\Delta A}{\Delta t} \tag{2.19}$$

当 $\Delta t \rightarrow 0$ 时,则某一时刻的瞬时功率为

$$P = \lim_{\Delta t \to 0} \frac{\Delta A}{\Delta t} = \frac{\mathrm{d}A}{\mathrm{d}t} = \boldsymbol{F} \cdot \frac{\mathrm{d}\boldsymbol{r}}{\mathrm{d}t} = \boldsymbol{F} \cdot \boldsymbol{v} \tag{2.20}$$

即**瞬时功率等于力和速度的标积**。

从式中可以看到,对功率一定的机器,F 与 v 成反比,比如汽车爬坡时,需要较大的力,故应减速才行。

在 SI 中,功率的单位是焦耳·秒$^{-1}$(J·s^{-1}),称为瓦特(W)。

例 2.9 弹性系数为 k 的一轻质细弹簧,一端固定在 A 点,另一端连一质量为 m 的物体,弹簧原长为 AB。在变力 F 作用下,此物体沿着光滑的半径为 R 的半圆柱体表面上极缓慢地从位置 B 移到 C,对应中心夹角为 θ_0。如图 2.12(a) 所示。求力 F 所做的功。

解 题中未直接给出变力 F 的解析式,所以我们需分析物体在运动过程中任意位置 θ 受力情况,此时弹簧伸长 s,所受各力方向如图 2.12(b) 所示,其中重力 mg,支承力 F_N,弹性力 $F_\tau = ks = kR\theta$

根据题意,因极缓慢移动,故切向加速度 $a_\tau = 0$,则沿切向方向的受力方程为

$$F - F_\tau - mg\cos\theta = 0$$

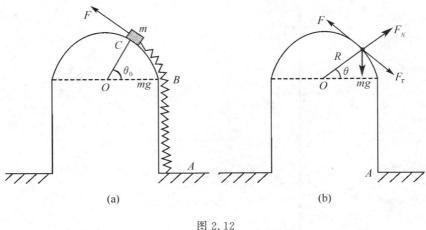

图 2.12

即

$$F = F_\tau + mg\cos\theta$$

按变力做功计算,有

$$A = \int_l F \mathrm{d}s$$

由角量与线量关系

$$\mathrm{d}s = R\mathrm{d}\theta$$

则

$$A = \int_0^{\theta_0}(kR\theta + mg\cos\theta)R\mathrm{d}\theta = \frac{1}{2}kR^2\theta_0^2 + mgR\sin\theta_0$$

例 2.10　一质点受力 $\boldsymbol{F} = 2y\boldsymbol{i} + 4\boldsymbol{j}$(N) 的作用,其运动轨迹为 $y = \frac{1}{4}x^2$ 的抛物线,试求质点从 $x_1 = -2\mathrm{m}$ 处运动到 $x_2 = 3\mathrm{m}$ 处外力 $\boldsymbol{F}$ 所做的功。

解　由质点轨迹方程可知,对应于 x_1 和 x_2 的 y 坐标为:$y_1 = 1\mathrm{m}$,$y_2 = \frac{9}{4}\mathrm{m}$。

$$A = \int_{x_1}^{x_2}F_x\mathrm{d}x + \int_{y_1}^{y_2}F_y\mathrm{d}y = \int_{x_1}^{x_2}2y\mathrm{d}x + \int_{y_1}^{y_2}4\mathrm{d}y$$
$$= \int_{-2}^{3}\frac{x^2}{2}\mathrm{d}x + \int_1^{9/4}4\mathrm{d}y = 10.8(\mathrm{J})$$

2.3.2　质点的动能定理

在引入功的概念及其数字表达以后,有必要讨论做功所引起的效果问题。做功会使物体的运动状况发生变化,它与什么样的状态变化量相联系呢?它们之间又存在什么关系呢?

如图 2.13 所示,质量为 m 的物体在合外力 $\boldsymbol{F}$ 的作用下,沿曲线自 a 点运动到 b 点,速度由 $\boldsymbol{v}_1$ 变化为 $\boldsymbol{v}_2$,在曲线上任一点,力 $\boldsymbol{F}$ 在元位移 $\mathrm{d}\boldsymbol{r}$ 上所做的元功为

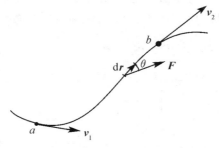

图 2.13　质点的动能定理

$$\mathrm{d}A = \boldsymbol{F} \cdot \mathrm{d}\boldsymbol{r} = F\cos\theta \mid \mathrm{d}\boldsymbol{r} \mid$$

这里的 $F\cos\theta$ 是 $\boldsymbol{F}$ 的切向分量,它与质点的切向加速度关系是:

$$F\cos\theta = ma_t = m\frac{\mathrm{d}v}{\mathrm{d}t}$$

又因 $\mid \mathrm{d}\boldsymbol{r} \mid = \mathrm{d}s$

所以

$$\mathrm{d}A = F\cos\theta\mathrm{d}s = m\frac{\mathrm{d}v}{\mathrm{d}t}\mathrm{d}s = mv\,\mathrm{d}v$$

质点由 a 点运动到 b 点,合外力所做的总功为

$$A = \int \mathrm{d}A = \int_{v_1}^{v_2} mv\,\mathrm{d}v$$

积分得

$$A = \frac{1}{2}mv_2^2 - \frac{1}{2}mv_1^2 \tag{2.21}$$

可见,合外力对质点做功的结果,使得 $\frac{1}{2}mv^2$ 这个量获得了增量,这个量是由各时刻质点的运动状态决定的。我们把 $\frac{1}{2}mv^2$ 叫做**质点的动能**,用 E_K 表示,上式表明合外力对质点所做的功等于质点动能的增量。这就是**质点的动能定理**。从动能定理的导出可以看出,动能是一个状态量,是运动质点自身所具有的量,而功则是一个过程量,它不仅与力的大小和方向有关,还与质点运动的路径有关。功和能两个重要的物理量由动能定理联系在了一起。可以说做功是质点与外界交换能量的桥梁。当合力做正功时,质点的动能增加,合力做负功时,质点的动能减小,从这个意义上来说,功是质点动能变化的量度。反过来看,动能是运动物体具有对外做功的能力。因此,本质上来讲,做功意味着物体之间发生能量转移。

动能定理是在牛顿运动定律的基础上得到的,所以它只适用于惯性系。在不

同的惯性系中,质点的位移和速度是不同的,因此,功和动能依赖于惯性系的选取。

例 2.11 设一物体在 $t=0$ 时静止于原点,质量为 $10\mathrm{kg}$,可沿 x 轴无摩擦滑动。(1) 若物体在力 $F=(3+4t)\mathrm{N}$ 的作用下运动了 $3\ \mathrm{s}$,则它的速度增为多大?(2) 若物体在上述力的作用下移动了 $3\ \mathrm{m}$,则它的速度增为多大?

解 (1) 由动量定理 $\int_0^t F\mathrm{d}t = mv$,得

$$v = \int_0^t \frac{F}{m}\mathrm{d}t = \int_0^3 \frac{3+4t}{10}\mathrm{d}t = 2.7(\mathrm{m}\cdot\mathrm{s}^{-1})$$

(2) 由动能定理 $\int_0^x F\mathrm{d}x = \frac{1}{2}mv^2$,得

$$v = \sqrt{\int_0^x \frac{2F}{m}\mathrm{d}x} = \sqrt{\int_0^3 \frac{2(3+4x)}{10}\mathrm{d}x} = 2.3(\mathrm{m}\cdot\mathrm{s}^{-1})$$

此例说明在处理力学中的问题时,力对时间积累作用往往也伴随着力对空间积累作用,用哪一定理求解应视所给条件而定。

2.3.3 质点系的功能原理 机械能守恒定律

对于质点系而言,也应有确定的功能关系。但由于质点系既有内力,也有外力,因而力的功包括一切内力的功和一切外力的功。在这些力当中,有一类力即保守力,具有非常特殊的性质,它在质点系的功能关系中扮演着重要的角色,因此,我们首先要引入保守力的概念。

1. 保守力的功

(1) 关于重力做功

质量为 m 的质点,从 a 沿如图 2.14 所示曲线运动到 b。求此过程中重力所做的功。

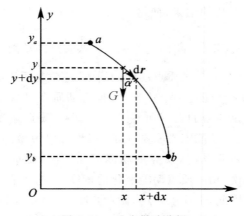

图 2.14 重力做功分析

建如图所示坐标系，用 G 表示重力的大小，$G = mg$；ds 表示与元位移 $d\boldsymbol{r}$ 对应的元路程；重力 G 与元位移 $d\boldsymbol{r}$ 的夹角为 α，则

$$dA = \boldsymbol{F} \cdot d\boldsymbol{r} = G\cos\alpha ds$$

上式中的 $ds\cos\alpha = -dy$，于是

$$dA = -mg\,dy$$

a 点的纵坐标是 y_a，b 点的纵坐标是 y_b，从 a 到 b，重力所做的功为

$$A = -mg\int_{y_a}^{y_b} dy = -(mgy_b - mgy_a)$$

如果我们再选择一条路径将 m 从 a 移到 b，不难得到上面同样的结果。这说明重力做功与路径无关，只与始末位置有关。

（2）关于万有引力做功

质量为 m 的物体，自远离地球表面的 a 点由静止开始朝着地心方向自由落体到 b 点，求万有引力对物体做的功（设地球质量为 M）。

如图 2.15 所示，取物体为研究对象，建如图所示的 r 坐标，在任意位置 r 处，m 受 M 的引力作用，大小为 $F = G\dfrac{mM}{r^2}$，方向指向地心。在 $r \sim r + dr$ 这一位移内，引力所做的元功为

$$dA = \boldsymbol{F} \cdot d\boldsymbol{r} = F \mid d\boldsymbol{r} \mid \cos\theta = F \mid d\boldsymbol{r} \mid \cos\theta = -Fdr$$

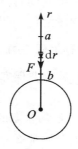

图 2.15　引力做功分析

（注意 dr 在这里本身为负，在去掉绝对值符号时前面应加负号）

m 从 a 运动到 b，引力对 m 所做的功为

$$A = \int dA = \int_{r_a}^{r_b} -G\frac{mM}{r^2}dr$$

$$= -\left[\left(-G\frac{mM}{r_b}\right) - \left(-G\frac{mM}{r_a}\right)\right]$$

同样看到万有引力做功与物体运动路径无关，只取决于物体的始末位置。

（3）关于弹性力做功

如图 2.16 所示,弹性系数为 k 的轻质弹簧水平放置,一端固定,一端系一小球 m,当 m 从 a 运动到 b 时,求弹力对 m 所做的功。

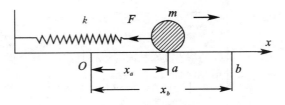

图 2.16　弹力做功分析

以平衡位置(弹簧原长)为坐标原点,建如图所示 x 坐标。小球在任一位置所受弹簧弹性力 $F = -kx$。

对元位移的元功为

$$\mathrm{d}A = \boldsymbol{F} \cdot \mathrm{d}\boldsymbol{r} = -kx\,\mathrm{d}x$$

小球从位置 a 到 b,弹性力的功为

$$A = \int \mathrm{d}A = \int_{x_a}^{x_b} -kx\,\mathrm{d}x = -\left(\frac{1}{2}kx_b^2 - \frac{1}{2}kx_a^2\right)$$

显然功 A 与 a,b 位置及弹簧的配置相关,与小球运动路径无关。

重力、万有引力、弹性力都有一个共同特点:它们对物体所做的功与路径无关,只由物体始末位置所决定。若物体沿任一闭合路径运动一周,这些力所做的功为零,即 $\oint_L \boldsymbol{F} \cdot \mathrm{d}\boldsymbol{r} = 0$,则这类力称为**保守力**。而那些做功与路径相关的力如摩擦力、粘滞力、流体阻力、爆炸力等,称为非保守力或耗散力。

2. 势能

在第 1 章已指出,描述质点机械运动状态的参量是位矢 $\boldsymbol{r}$ 和速度 $\boldsymbol{v}$。对应于状态参量 $\boldsymbol{v}$,我们引入了动能 $E_k = E_k(v)$,那么对应于状态参量 $\boldsymbol{r}$ 我们能引入什么样的能量形式呢?下面讨论这个问题。

在前面的讨论中已指出,保守力所做的功与质点运动的路径无关,仅取决于相互作用的两物体初态和终态的相对位置。如重力、万有引力、弹性力的功分别为

$$A_{重} = -(mgy_b - mgy_a)$$
$$A_{引} = -\left[\left(-G\frac{mM}{r_b}\right) - \left(-G\frac{mM}{r_a}\right)\right] \tag{2.22}$$
$$A_{弹} = -\left(\frac{1}{2}kx_b^2 - \frac{1}{2}kx_a^2\right)$$

可以看出,保守力做功的结果总是等于一个由相对位置决定的函数增量的负值。而功总是与能量的改变量相联系的。因此,上述由相对位置决定的函数必定是某

种能量的函数形式。我们将其称为**势能函数**，简称**势能**（亦称位能），用 E_p 表示，即可以得到保守力的功与势能改变量的关系式为

$$A = -(E_{pb} - E_{pa}) = -\Delta E_p$$

有关势能的几点讨论：

① 势能是相对量，其值与零势能参考点的选择有关。零势能位置点选得不同，则势能大小就不一样。三种势能表述分别为

$$\text{重力势能 } E_p = mgy（势能零点为 } y = 0 \text{ 处}）$$

$$\text{引力势能 } E_p = -G\frac{mM}{r}（势能零点为 } r = \infty \text{ 处}） \qquad (2.23)$$

$$\text{弹力势能 } E_p = -\frac{1}{2}kx^2（势能零点为 } x = 0 \text{ 处}）$$

② 势能函数的形式与保守力的性质密切相关，对应于一种保守力就可引进一种相关的势能函数。因此，势能函数的形式就不可能像动能那样有统一的表示式。

③ 势能属于相互作用物体组成的系统所共有。如重力势能是物体和地球这个系统所共有的，m 和 g 分别体现了物体和地球对势能的贡献，y 表示二者之相对位置。在平常的叙述中，说某物体具有多少势能，这只是一种简便叙述，不能认为势能是某一物体所有。

④ 势能是一种潜能，当物体相对位置发生变化时，这种潜能通过做功释放。如水力发电就可以看到这种能量的转换。

3. 质点系的动能定理

在许多实际问题中，需要研究由若干彼此相互作用的质点构成的系统。系统所受的力分为外力和内力，其中，系统内各质点间的相互作用力称为内力，系统外其他物体对系统内任意质点的作用力称为外力。下面考虑由两个质点组成的质点系的动能变化和它们受的力所做的功的关系。

以 m_1，m_2 表示两质点的质量；F_1，F_2 和 f_1，f_2 分别表示它们所受到的外力和内力；v_{1a}，v_{2a} 和 v_{1b}，v_{2b} 分别表示它们始末态的速率。

由质点的动能定理，

$$\text{对 } m_1 \text{ 来说：} \int_{a_1}^{b_1} \boldsymbol{F}_1 \cdot \mathrm{d}\boldsymbol{r}_1 + \int_{a_1}^{b_1} \boldsymbol{f}_1 \cdot \mathrm{d}\boldsymbol{r}_1 = \frac{1}{2}m_1 v_{1b}^2 - \frac{1}{2}m_1 v_{1a}^2$$

$$\text{对 } m_2 \text{ 来说：} \int_{a_2}^{b_2} \boldsymbol{F}_2 \cdot \mathrm{d}\boldsymbol{r}_2 + \int_{a_2}^{b_2} \boldsymbol{f}_2 \cdot \mathrm{d}\boldsymbol{r}_2 = \frac{1}{2}m_2 v_{2b}^2 - \frac{1}{2}m_2 v_{2a}^2$$

对 m_1 与 m_2 组成的系统来说，将上两式左右两边分别相加有：

$$\int_{a_1}^{b_1} \boldsymbol{F}_1 \cdot \mathrm{d}\boldsymbol{r}_1 + \int_{a_2}^{b_2} \boldsymbol{F}_2 \cdot \mathrm{d}\boldsymbol{r}_2 + \int_{a_1}^{b_1} \boldsymbol{f}_1 \cdot \mathrm{d}\boldsymbol{r}_1 + \int_{a_2}^{b_2} \boldsymbol{f}_2 \cdot \mathrm{d}\boldsymbol{r}_2$$

$$= \left(\frac{1}{2}m_1 v_{1b}^2 + \frac{1}{2}m_2 v_{2b}^2\right) - \left(\frac{1}{2}m_1 v_{1a}^2 + \frac{1}{2}m_2 v_{2a}^2\right)$$

等式左边前两项是外力对质点系所做功之和,后两项是质点系内力所做功之和,方程右边前两项为系统末态动能,后两项为系统的初态动能,如果将上式推广,系统由 n 个质点组成,不难得到

$$\sum (A_{i外} + A_{i内}) = E_{kb} - E_{ka} \qquad (2.24)$$

为简化起见,式中 E_{ka},E_{kb} 分别代表系统所有物体的初动能之和与末动能之和。等式说明:质点系动能的增量等于作用于质点系的所有外力和内力做功的总和。

4. 功能原理与机械能守恒定律

(1)功能原理

由质点系的动能定理

$$\sum (A_{i外} + A_{i内}) = E_{kb} - E_{ka}$$

将内力做的功分为保守内力做的功 $A_{保内}$ 和非保守内力做的功 $A_{非保内}$ 两部分(应当指出,虽然系统内力是成对出现的,每一对内力的矢量和是零,但是,可以证明,内力做功的代数和可以不为零),则有

$$\sum (A_{i外} + A_{i保内} + A_{i非保内}) = E_{kb} - E_{ka}$$

前面已知保守内力的功等于相应势能增量的负值,所以

$$\sum A_{i保内} = -(E_{pb} - E_{pa})$$

代入上式得

$$\sum (A_{i外} + A_{i非保内}) = (E_{kb} + E_{pb}) - (E_{ka} + E_{pa})$$

系统的动能和势能之和叫做系统的**机械能**,用 E 表示,即 $E = E_k + E_p$.

以 E_a,E_b 分别表示系统初态和末态时的总机械能,则

$$\sum (A_{i外} + A_{i非保内}) = E_b - E_a \qquad (2.25)$$

上式表明,外力和非保守内力做功的总和等于系统机械能的增量。这一结论就是质点系的**功能原理**。

功能原理全面概括和体现了力学中的功能关系,它涵盖了力学中所有类型力的功以及所有类型的能量,质点和质点的动能定理只是它的特殊情形,功能原理是普遍的功与能的关系。由于动能定理的基础是牛顿运动定律,故功能原理也只适用于惯性系。

(2)机械能守恒定律

在物理学中常讨论的一种重要情况是:质点系运动过程中,只有保守内力做功,外力的功和非保守内力的功都是零或可以忽略不计,即 $\sum (A_{i外} + A_{i非保内}) = 0$,由式(2.26)可得

$$E_b = E_a$$

或 $$E = E_k + E_p = 恒量 \qquad (2.26)$$

这就是说,当外力和非保守内力都不做功或所做的总功为零时,系统内各物体的动能和势能可以相互转换,但系统的机械能保持不变。这就是**机械能守恒定律**。

应当注意:机械能守恒定律表明,质点系在满足"所有外力和非保守内力对系统做的总功为零"的条件下,系统动能和势能的总和不变,但系统内各质点的动能和势能仍可变化并相互转换。另外要强调的是,在利用机械能守恒定律求解力学问题时,必须明确系统,才能将保守力的功换成系统内部的势能的增量的负值来代替。

在机械运动范围内,所涉及的能量只有动能和势能。由于物质运动形式的多样性,我们还将遇到其他形式的能量,如热能、电能、原子能等。如果系统内有非保守力做功,则系统的机械能必将发生变化。但在机械能增加或减少的同时,必然有等值的其他形式能量在减少或增加。考虑到诸如此类的现象,人们从大量的事实中总结出了更为普遍的能量守恒定律,即对于一个不受外界作用的孤立系统,能量可以由一种形式转变为另一种形式,但系统的总能量保持不变。

例 2.12 如图 2.17 所示,一人从高度为 30m 的山顶上 a 点沿冰道静止下滑,山顶到山下的坡道长为 400m,人滑至山下 b 点后,又沿水平冰道继续滑行,滑行若干米后停止于 c 处。若人与冰道的摩擦系数为 0.06,求人沿水平冰道滑行的路程。

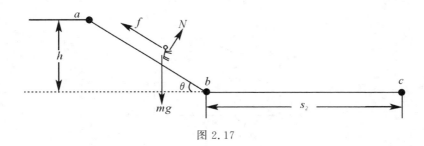

图 2.17

解 把人、冰道和地球作为一个系统,作用于人上的力为:重力 mg、支持力 N、摩擦力 f,其中重力是保守力,本题中只有非保守内力(摩擦力)做功。由功能原理,人在滑行过程中,摩擦力做的功为

$$A_f = A_1 + A_2 = (E_{pc} + E_{kc}) - (E_{pa} + E_{ka})$$

式中 A_1 和 A_2 分别为人沿斜面下滑和沿水平冰道滑行时,摩擦力所做的功,E_{pa} 和 E_{ka} 分别为人在山顶 a 点时的势能和动能,E_{pc} 和 E_{kc} 分别为人静止在水平滑道 c 点时的势能和动能。取水平滑道处的势能为零,由题意知,$E_{pa} = mgh$,$E_{ka} = 0$,$E_{pc} = 0$,$E_{kc} = 0$,则

$$A_1 + A_2 = -mgh$$

由功的定义

$$A_1 = \int_a^b \boldsymbol{f} \cdot \mathrm{d}\boldsymbol{r} = -\int_a^b \mu mg \cos\theta \mathrm{d}r$$

因斜坡坡度很小,$\cos\theta \approx 1$,故

$$A_1 = -\mu mg s_1$$

而

$$A_2 = \int_b^c \boldsymbol{f} \cdot \mathrm{d}\boldsymbol{r} = -\mu mg s_2$$

所以

$$-\mu mg s_1 - \mu mg s_2 = -mgh$$

$$s_2 = \frac{h}{\mu} - s_1$$

代入数据求得

$$s_2 = 200(\mathrm{m})$$

本题也可以用牛顿第二定律求解,但运算要复杂得多。

例 2.13 在水平面上有一 1/4 圆弧形槽块,质量为 M,半径为 R。另一质量为 m 的物体从槽顶由静止沿槽下滑,如图 2.18 所示。所有摩擦不计,求物体刚滑离槽时物体的速度 v_m 和槽块的速度 v_M。

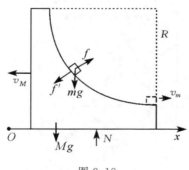

图 2.18

解 取物体、槽块和地球为系统。作用在槽块和物体上的力有重力 Mg,mg,地面给 M 的支撑力 N 及 m 与 M 间的相互作用力 f 与 f'。重力是保守力,N 不做功,m 与 M 相互作用的一对非保守力 f 与 f' 做的功之和始终为零,所以系统的机械能守恒。选槽的下端为重力势能零点,则

$$\frac{1}{2}mv_m^2 + \frac{1}{2}Mv_M^2 = mgR \qquad ①$$

又选物体和槽块为系统,系统在水平方向不受外力作用,系统水平方向动量

守恒,建如图所示 x 坐标,有

$$mv_m + Mv_M = 0 \qquad\qquad ②$$

联解 ① 式、② 式,得

$$v_m = \sqrt{\frac{2MRg}{M+m}}, \qquad v_M = -\sqrt{\frac{2Rg}{M(M+m)}}$$

式中负号表示槽块速度向 x 轴的负方向。

本 章 小 结

1. 牛顿运动定律

第一定律　惯性和力的概念

第二定律　$\boldsymbol{F} = m\boldsymbol{a}$

在直角坐标系中 $\begin{cases} F_x = m\dfrac{\mathrm{d}v_x}{\mathrm{d}t} \\[2mm] F_y = m\dfrac{\mathrm{d}v_y}{\mathrm{d}t} \end{cases}$

在自然坐标系中 $\begin{cases} F_n = ma_n = m\dfrac{v^2}{R} \\[2mm] F_\tau = ma_\tau = m\dfrac{\mathrm{d}v}{\mathrm{d}t} \end{cases}$

第三定律　$\boldsymbol{F} = -\boldsymbol{F}'$

2. 解题方法 —— 隔离体法

隔离体 → 受力图 → 选坐标 → 列方程 → 解结果

3. 动量定理、动量守恒定律

动量　$\qquad\qquad\qquad\qquad \boldsymbol{p} = m\boldsymbol{v}$

冲量　$\qquad\qquad\qquad\qquad \boldsymbol{I} = \int_{t_1}^{t_2} \boldsymbol{F}\mathrm{d}t$

动量定理 $\int_{t_1}^{t_2} \boldsymbol{F}\mathrm{d}t = \boldsymbol{p}_2 - \boldsymbol{p}_1$ 或记为 $\boldsymbol{I} = \Delta\boldsymbol{p}$

在直角坐标系中 $\begin{cases} I_x = \Delta p_x \\ I_y = \Delta p_y \end{cases}$

动量守恒定律:当系统所受合外力 $\boldsymbol{F} = 0$ 时,$\boldsymbol{p}_2 = \boldsymbol{p}_1 =$ 常矢量

注意:某方向合外力为零时,该方向上动量守恒。

4. 功和功率

功　$\qquad\qquad\qquad \mathrm{d}A = \boldsymbol{F} \cdot \mathrm{d}\boldsymbol{r}, \quad A = \int_a^b \boldsymbol{F} \cdot \mathrm{d}\boldsymbol{r}$

功率
$$P = \frac{dA}{dt} = \boldsymbol{F} \cdot \boldsymbol{v}$$

5.保守力及势能

保守力:保守力做功与路径无关,只与始末位置有关,即 $\oint \boldsymbol{F}_{保} \cdot d\boldsymbol{r} = 0$

保守力的功
$$A_{保} = \int \boldsymbol{F}_{保} \cdot d\boldsymbol{r} = -\Delta E_p$$

势能:弹性势能
$$E_p = \frac{1}{2} k x^2$$

      重力势能
$$E_p = mgh$$

      引力势能
$$E_p = -G \frac{m_1 m_2}{r}$$

6.功能关系

质点的动能定理
$$A = \frac{1}{2} m v_2^2 - \frac{1}{2} m v_1^2 = \Delta E_k$$

质点系的功能原理
$$\sum A_{外} + A_{非保内} = E_2 - E_1 = \Delta E$$

其中
$$E = E_k + E_p$$

当 $\sum A_{外} + A_{非保内} = 0$ 时,则系统机械能守恒,即 $E_2 = E_1 = $ 常量(或 $\Delta E = 0$)

习　　题

一、选择题

2.1　下列说法中正确的是(　　　)。

A. 物体运动的速率不变,则所受合外力必为零

B. 当质点所受合外力的方向不变时,动量的增量的方向亦不变

C. 一物体所受冲量为零,则动量守恒

D. 物体的动能变了,动量一定变;物体的动量变了,其动能也一定变

2.2　一质点 $m = 1\text{kg}$。在力 $\boldsymbol{F} = 4t\boldsymbol{i}$ 的作用下,在 $t = 0$ 时以 $\boldsymbol{v} = 2\boldsymbol{j}\text{m/s}$ 的速度通过坐标原点。则该质点任意时刻的位置矢量为(　　　)。

A. $2t^2\boldsymbol{i} + 2\boldsymbol{j}\,(\text{m})$ B. $2t^3\boldsymbol{i}/3 + 2t\boldsymbol{j}\,(\text{m})$

C. $\dfrac{3t^4}{4}\boldsymbol{i} + \dfrac{2t^3}{3}\boldsymbol{j}\,(\text{m})$ D. 条件不足不能确定

2.3　如图所示,一根直杆用绳子吊在天花板上,猫抓住杆子,当悬线突然断裂,猫立即沿杆向上爬,以保持它离地面的高度不变。已知猫和杆的质量分别为 m 和 M,则杆下降的加速度应为(　　　)。

A. g B. $(M+m)g/M$
C. mg/M D. $(M+m)g/m$

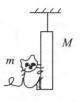 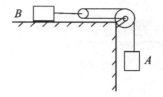

习题 2.3 图　　　　　　　　　　习题 2.4 图

2.4　如图所示,物体 A,B 质量相同,B 在光滑水平桌面上,滑轮与绳的质量以及空气阻力均不计,滑轮与其轴之间的摩擦也不计,系统无初速地释放,则物体 A 下落的加速度是(　　)。

A. g B. $g/2$ C. $g/3$ D. $4g/5$

2.5　如图所示,一不可伸缩的摆线长 L,下挂一质量为 m 的小球,小球静止。今有一质量为 $m/10$,速度沿如图 30° 夹角其大小为 v_0 的子弹射来,则子弹击入小球后二者的速度为(竖直处射入而不复出)(　　)。

A. $v_0/11$ B. $\sqrt{3}v_0/22$ C. $v_0/22$ D. 无法确定

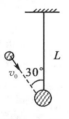 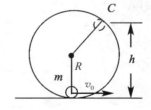

习题 2.5 图　　　　　　　　　　习题 2.6 图

2.6　如图所示,小球位于竖直平面内光滑圆轨道底部,以初速 v_0 沿圆轨道上升,要使小球刚好能到达 C 点,则 v_0 至少应为(　　)。

A. $\sqrt{2gh}$ B. $\sqrt{5gh}$
C. $\sqrt{2gh+g(h-R)}$ D. 无法确定

2.7　如图所示,一弹簧振子质量为 M,原处于水平静止状态,今有一质量为 m 的子弹以水平速度 v 射入振子中,并随之一起运动,如果水平面光滑,此后弹簧最大势能为(　　)。

A. $mv^2/2$ B. $m^2v^2/2(M+m)$
C. $(M+m)m^2v^2/2M^2$ D. $m^2v^2/2M$

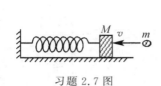

习题 2.7 图

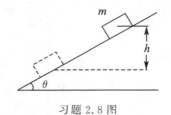

习题 2.8 图

2.8　如图所示,木块 m 沿固定的光滑斜面下滑,当下降 h 高度时,重力的瞬间功率是(　　)。

A. $mg\sqrt{2gh}$ 　　　　　　　　　B. $mg\cos\theta\sqrt{2gh}$

C. $mg\sin\theta\sqrt{1/2gh}$ 　　　　　D. $mg\sin\theta\sqrt{2gh}$

2.9　有一倔强系数为 k 的轻弹簧,原长为 l_0,将它吊在天花板上,当它下端挂托盘平衡时,其长度为 l_1,然后在托盘中放一重物,弹簧长变为 l_2,则由 l_1 伸长至 l_2 的过程中,弹性力所做的功为(　　)。

A. $-\int_{l_1}^{l_2} kx\,\mathrm{d}x$ 　　B. $\int_{l_0}^{l_2} kx\,\mathrm{d}x$ 　　C. $\int_{l_0}^{l_2-l_0} kx\,\mathrm{d}x$ 　　D. $-\int_{l_1-l_0}^{l_2-l_0} kx\,\mathrm{d}x$

2.10　如图所示,水平弹簧连一物体 A,A 静止于弹簧原长处,现有恒力 F(在弹性限度内)向右拉 A,当达到最远处($v=0$)时,系统的弹性势能为(　　)。

A. $k(F-mg\mu)^2/2$

B. $2(F-mg\mu)^2/k$

C. $2F^2/k$

D. $(F-mg\mu)^2/2$

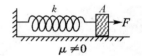

习题 2.10 图

二、填空题

2.11　一质量为 m 的物体,其运动方程为 $x=a+bt^2$(a,b 为常数),则该物体受力为_____。

2.12　一质点受到合力为 $(4\boldsymbol{i}+8\boldsymbol{j})$N 的作用。其加速度的 x 分量为 $2\mathrm{m/s}^2$。则其质量为_____,加速度的 y 分量为_____。

2.13　一质量为 $10\mathrm{kg}$ 的物体沿 x 轴无摩擦地运动,设 $t=0$ 时,物体静止于原点,现物体在力 $F=(3+4t)$ 的作用下运动了 2 秒,则 2 秒末它的速度 $v=$ _____ $\mathrm{m/s}$,加速度 $a=$ _____ $\mathrm{m/s}^2$。

2.14　湖面上一船静止不动,船上有一打鱼人质量为 $60\mathrm{kg}$,如果他在船上向船头走了 $4.0\mathrm{m}$,但相对于湖底只移动了 $3.0\mathrm{m}$(水对船的阻力略去不计),则小船质量为_____。

2.15　粒子A的质量是粒子B的质量的3倍,二者在光滑的桌面上运动,速度$v_A = 3i + 4j, v_B = 2i - 7j$(SI)。则发生完全非弹性碰撞后的速度$v = $_____m/s。

2.16　一个质量为m的小球,在如图所示的坐标系中以速率v在竖直平面内做匀速率圆周运动。在由A点到B点的过程中,向心力给它的冲量是$I = $_____,合外力对小球所做的功为$A = $_____,除重力外其他力对小球所做的功$A' = $_____。

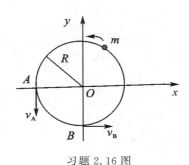

习题 2.16 图

2.17　一个力$F = 3xi$,作用在平行于x轴做一维运动的质点上。质点从$x = -1$m 运动到$x = 3$m 的过程中,这个力对质点所做的功是$A = $_____J。

2.18　力学中常用势能的数学表示式为_____。相应于表示式的势能零点在_____,它们是相对值还是绝对值_____。

2.19　一轻质弹簧原长l_0,倔强系数k_0,上端固定,下端挂一质量为m的物体,先用手托住,使弹簧保持原长,然后突然将物体释放,使物体达最低位置的最大伸长量是_____,弹性力是_____。物体经过平衡位置时速率为_____。

2.20　机械能守恒的条件是_____。

三、计算题

2.21　如图所示,一根软绳长L,质量为m,如图放于桌上,水平桌面与绳之间的摩擦系数为μ,在重力作用下绳由静止开始下滑,在下滑过程中,求:

(1) 下垂部分受到的重力,桌面部分受到的摩擦力;

(2) 绳获得的加速度;

(3) 绳刚完全脱离桌面时的速度。

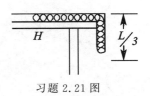

习题 2.21 图

2.22 如图所示为一摆车,它是演示动量守恒的一个装置,摆车由小车和单摆组成,小车质量为 M,摆球质量为 m,摆长为 l。开始时,摆球拉到了水平位置,摆车静止在光滑的水平面上,然后将摆球由静止释放。求当摆球落至与水平方向成 $\alpha = 30°$ 角时,小车移动的距离。

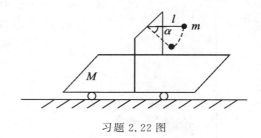

习题 2.22 图

2.23 如图所示,质量 $M = 2.0\text{kg}$ 的笼子,用轻弹簧悬挂起来,静止在平衡位置,弹簧伸长 $x_0 = 0.1\text{m}$,今有 $m = 2.0\text{kg}$ 的油灰由距离笼底高 $h = 0.3\text{m}$ 处自由落到笼子上,与笼底部做完全非弹性碰撞,求笼子向下移动的最大距离。

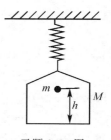

习题 2.23 图

第3章　刚体的定轴转动

前两章讨论的是质点这个理想模型的运动规律,事实上不是任何情况下都可以把物体简化为质点的。例如,机器中转动的飞轮、滚动中的车轮以及转动中的滑轮等,在研究这类物体运动时,其上各点的运动情况均不相同,此时必须考虑物体的形状和大小。一般物体在外力作用下,其形状和大小会发生变化,但如果在外力作用下,物体的形状和大小保持不变,或形状微小的变化对所研究问题的影响可忽略不计时,这种理想化了的物体就叫做**刚体**。刚体是人们抽象出的有别于质点的又一个物理模型。在讨论刚体运动及其规律时,通常把质量连续分布的刚体分成许多部分,每一部分称为刚体的质元,且各个质元间的距离保持不变。本章研究刚体的一种最基本的运动形式,即定轴转动。主要内容有:力矩、转动惯量、角动量和转动动能等概念;转动定律、转动动能定理和角动量守恒定律等规律。

3.1　刚体运动的描述

3.1.1　刚体的平动与转动

刚体有两种基本运动形式:平动和转动,而转动又可分为定轴转动和非定轴转动。如果刚体内任意两点间的连线在运动过程中始终保持平行,则刚体的这种运动称为**平动**,如图3.1所示。电梯的升降,活塞的进退等都属于平动。刚体平动时,其上所有各点的速度和加速度都相等,轨迹一样,知道了刚体任意一点的运动也就知道了刚体整体的运动,因此可以将刚体的平动归结为质点的运动,质点运动的力学规律皆适用于刚体的平动。

当刚体中所有点都绕同一直线做圆周运动,这种运动称为转动,这条直线叫**转轴**。如果转轴的位置或方向随时间变化(如旋转陀螺),这种转动叫非定轴转动。如果转轴的位置或方向相对于给定参照系在空间固定不动,此时刚体的转动为定轴转动。如门窗的开关等。

一般的刚体运动可看成是平动和转动的合成,所以刚体平动和转动的规律是研究刚体复杂运动的基础,本章只研究刚体的定轴转动。

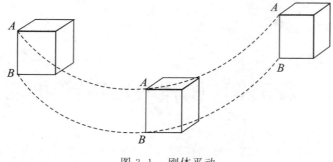

图 3.1　刚体平动

3.1.2　定轴转动的角量描述

我们将一个定轴转动的刚体视做许多个垂直于转轴的平面组成,将此平面称做**转动平面**。刚体上的各个质元都在各自的转动平面上做圆周运动。尽管在转动平面上半径不同的各个质元的位移、速度、加速度各不相同,但所有质元运动的角量,如角位移 $\Delta\theta$、角速度 ω 和角加速度 β 都相同,因此描述刚体整体运动时,用角量最为方便。基于此,在讨论刚体运动时,选取一个转动平面作为参考面研究,即可了解刚体整体的运动情况。

我们选择任意一个转动平面来研究,如图 3.2 所示,从 O 点出发,在此转动平面上任意画一条直线作为参考方向 Ox,参考方向一经选定固定不动。设在 t 时刻,转动平面上某一质元 p 的位矢 r 与参考方向 Ox 的夹角为 θ,角 θ 称为角坐标,它可表征刚体的位置。由于刚体在转动,所以角坐标 θ 随时间 t 而变,即

$$\theta = \theta(t)$$

这就是刚体做定轴转动时的运动方程,它反映了刚体位置随时间变化的关系。

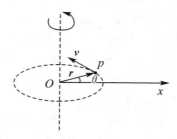

图 3.2　定轴转动角坐标

刚体的角速度为

$$\boldsymbol{\omega} = \frac{\mathrm{d}\boldsymbol{\theta}}{\mathrm{d}t} \tag{3.1}$$

角速度为矢量,用 $\boldsymbol{\omega}$ 表示。它的方向规定为沿转轴的方向,指向与刚体转动方向之间的关系按右手螺旋法则确定,即右手四指绕向与刚体的转动方向一致,这时拇指的指向是角速度矢量的方向。如图 3.3 所示。

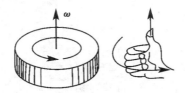

图 3.3 角速度矢量

刚体的角加速度为

$$\boldsymbol{\beta} = \frac{\mathrm{d}\boldsymbol{\omega}}{\mathrm{d}t} = \frac{\mathrm{d}^2\boldsymbol{\theta}}{\mathrm{d}t^2} \tag{3.2}$$

角加速度也是矢量,若刚体加速转动,$\boldsymbol{\beta}$ 与 $\boldsymbol{\omega}$ 方向一致;若刚体减速转动,$\boldsymbol{\beta}$ 与 $\boldsymbol{\omega}$ 方向相反。需要指出,由于定轴转动的特殊性,我们可以用正、负来代替角速度 $\boldsymbol{\omega}$ 及角加速度 $\boldsymbol{\beta}$ 的方向。

从图 3.2 可看出,离转轴距离为 r 的质元的线速度和刚体的角速度的关系为

$$v = r\omega$$

从以上分析看到,第 1 章讨论质点转动时引入的角位移、角速度和角加速度等概念及公式,角量与线量的关系,对刚体的定轴转动都能适用,关于这些量的引入应加以借鉴,如表 3.1 所示。

表 3.1　质点直线运动与刚体定轴转动两组描述量间的对应关系

直线运动描述量及关系(线量)		定轴转动描述量及关系(角量)	
坐标 x,位移 Δx,速度 v,加速度 a		角坐标 θ,角位移 $\Delta\theta$,角速度 ω,角加速度 β	
运动方程	$x = x(t)$	运动方程	$\theta = \theta(t)$
速度	$v = \dfrac{\mathrm{d}x}{\mathrm{d}t}$	角速度	$\omega = \dfrac{\mathrm{d}\theta}{\mathrm{d}t}$
加速度	$a = \dfrac{\mathrm{d}v}{\mathrm{d}t}$	角加速度	$\beta = \dfrac{\mathrm{d}\omega}{\mathrm{d}t}$
匀速直线运动	$x = x_0 + vt$	匀角速转动	$\theta = \theta_0 + \omega t$
匀变速直线运动	$v = v_0 + at$	匀变速角转动	$\omega = \omega_0 + \beta t$
	$x = x_0 + v_0 t + \dfrac{1}{2}at^2$		$\theta = \theta_0 + \omega_0 t + \dfrac{1}{2}\beta t^2$
	$v^2 - v_0^2 = 2a(x - x_0)$		$\omega^2 - \omega_0^2 = 2\beta(\theta - \theta_0)$

例 3.1 一飞轮半径为 $0.2\mathrm{m}$,转速为 $150\mathrm{r}\cdot\mathrm{min}^{-1}$,因受到制动而均匀减速,经 30s 停止转动:求:(1)角加速度和此时间内飞轮所转的圈数;(2)制动开始后 $t=6\mathrm{s}$ 时飞轮的角速度及此时飞轮边缘上一点的线速度。

解 (1)由题意知 $\omega_0=\dfrac{2\pi\times150}{60}=5\pi(\mathrm{rad}\cdot\mathrm{s}^{-1})$,当 $t=30\mathrm{s}$ 时,$\omega=0$因飞轮做匀减速运动,故

$$\beta=\frac{\omega-\omega_0}{t}=\frac{0-5\pi}{30}=-\frac{\pi}{6}(\mathrm{rad}\cdot\mathrm{s}^{-2})$$

上式中"—"号表示 β 的方向与 ω_0 的方向相反,而飞轮在 30s 内转过的角度

$$\theta=\frac{\omega^2-\omega_0^2}{2\beta}=\frac{-(5\pi)^2}{2\times\left(-\dfrac{\pi}{6}\right)}=75\pi(\mathrm{rad})$$

于是,飞轮共转了

$$N=\frac{75\pi}{2\pi}=37.5(\mathrm{r})$$

(2)在 $t=6\mathrm{s}$ 时,飞轮的角速度为

$$\omega=\omega_0+\beta t=5\pi-\frac{\pi}{6}\times6=4\pi(\mathrm{rad}\cdot\mathrm{s}^{-1})$$

飞轮边缘一点的线速度大小为

$$v=r\omega=0.2\times4\pi=2.5(\mathrm{m}\cdot\mathrm{s}^{-1})$$

3.2　刚体的转动定理

上一节我们讨论了刚体的运动学问题,从本节开始,将讨论刚体做定轴转动的动力学问题,即研究刚体获得角加速度的原因。定量描述刚体做定轴转动时遵从的动力学规律。

3.2.1　力矩

在研究质点运动时,牛顿第二定律指出,力使物体产生加速度,即力是改变物体运动状态的原因;那么,刚体定轴转动时,是什么原因使得刚体从静止到转动?为了改变刚体原来的运动状态,必须对刚体施以力的作用,经验表明当力 $\boldsymbol{F}$ 作用在可绕定轴转动的刚体上时,$\boldsymbol{F}$ 对刚体转动产生的效果不仅与力的大小有关,而且还与作用力的方向及力的作用点的位置有关。例如,开关门窗时(见图 3.4),当力 $\boldsymbol{F}$ 的作用线通过转轴或平行于转轴,无论使多大力,都无法使门窗转动。

力的大小、方向和力的作用点相对于转轴的位置,是决定转动效果的几个重要因素,将这几个因素一并考虑,引入力矩这一概念。

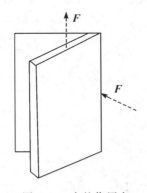

图 3.4　力的作用点

若作用于刚体上 P 点的力 $\boldsymbol{F}$ 在转动平面内,如图 3.5(a) 所示,力的作用点相对于转轴 O(即 Z 轴) 的位矢为 $\boldsymbol{r}$,力臂为 d,$\boldsymbol{r}$ 与 $\boldsymbol{F}$ 之间小于 $180°$ 的夹角为 θ,我们定义:力的大小与力臂的乘积为力对转轴的力矩,用 M 表示,即

$$M = Fd = Fr\sin\theta$$

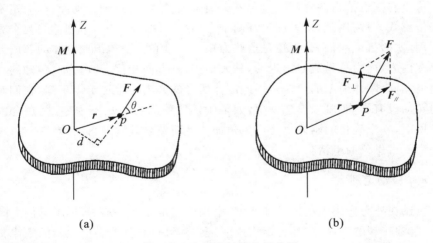

(a)　　　　　　　　　　　　　　　　(b)

图 3.5　力对定轴的力矩分析

在国际单位制中,力矩的单位是 N・m。

若作用于 P 点的力 $\boldsymbol{F}$ 不在转动平面内,如图 3.5(b) 所示,则可把 $\boldsymbol{F}$ 分解为在转动平面内的分力 $F_{/\!/}$ 和垂直于转动平面的分力 $F_\perp$;而垂直于转动平面的分力与转轴平行,对转轴的力矩为零而不改变转动状态。因此,我们只需考虑在转动面上的作用力。

应当指出,力矩不仅有大小,而且有方向,力矩是矢量,如果用矢量表示,我们将矢径 r 和力 F 的矢积定义为 F 对转轴的力矩 M,即

$$M = r \times F \tag{3.3}$$

M 的方向垂直于 r 和 F 所构成的平面,可由图 3.6 所示的右手螺旋法则确定:把右手拇指伸直,其余四指由矢径 r 的方向经小于 $180°$ 的角转向力 F,则拇指所指的方向就是力矩的方向。

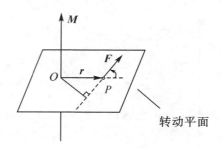

图 3.6　力矩的大小和方向

这里有三点值得注意:其一,尽管力矩是矢量,但对定轴转动而言,力矩不必用矢量形式,只需用正、负来确定其两个方向之一;其二,若一个刚体受几个力矩的作用,实验告诉我们,合力矩是这些力矩的矢量和;其三,组成刚体的各质元之间存在内力,内力总是成对出现的,其大小相等,方向相反,两内力对转轴的力臂又始终相同(刚体模型的要求),因此刚体所受的合内力矩一定等于零,它们对刚体的转动没有影响。可以设想一下,如果刚体所受的合内矩不为零,则在合内力矩作用下,一个静止的刚体也会产生角加速度而莫名其妙地自己转动起来,这将是一个不可思议的事情!

3.2.2　转动定理

质点在外力作用下获得了加速度,牛顿第二定律 $F = ma$ 告诉了它们之间的规律。定轴转动的刚体,在外力矩作用下,会获得角加速度,它们之间的规律又是什么呢?下面我们从牛顿第二定律出发推导出刚体角加速度和外力矩之间的关系。

如图 3.7(a)所示,刚体的固定轴为 OZ 轴(简称 O 轴),在刚体内 P 点处取一质元 Δm_i,它距 O 轴为 r_i,设此质元受到的合外力为 F_i,合内力为 f_i(即刚体内所有其他质元对 P 点处质元的作用力之和),并设外力 F_i 与内力 f_i 均在 P 点的转动平面内,它们与矢径 r_i 的夹角分别为 θ_i 和 φ_i,该质元的加速度为 a_i,根据牛顿第二定律

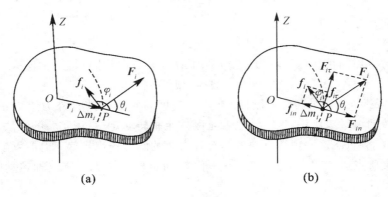

图 3.7　推导转动定理用图

$$\boldsymbol{F}_i + \boldsymbol{f}_i = \Delta m_i \boldsymbol{a}_i$$

如图 3.7(b) 所示,将 $\boldsymbol{F}_i$ 和 $\boldsymbol{f}_i$ 分解为法向力 $\boldsymbol{F}_{in}$ 和切向力 $\boldsymbol{F}_{it}$,将 $\boldsymbol{a}_i$ 分解为法向加速度 $\boldsymbol{a}_{in}$ 和切向加速度 $\boldsymbol{a}_{it}$,由于法向力 $\boldsymbol{F}_{in}$ 和 $\boldsymbol{f}_{in}$ 通过转轴 O,其合力矩为零,不产生角加速度,其对研究的转动不产生影响,这里不加讨论,故只讨论切向分量方程。

$$F_i \sin\theta_i + f_i \sin\varphi_i = \Delta m_i a_{it} \qquad (3.4)$$

$$或 F_{it} + f_{it} = \Delta m_i a_{it}$$

对切向分量式(3.4) 两边同乘以 r_i,并考虑到 $a_{it} = r_i \beta$,则有

$$F_i r_i \sin\theta_i + f_i r_i \sin\varphi_i = \Delta m_i r_i^2 \beta \qquad (3.5)$$

$$或 F_{it} r_i + f_{it} r_i = \Delta m_i r_i^2 \beta$$

我们对刚体的所有质元都可建立同样的关系式,所以,对整个刚体应有

$$\sum_i F_i r_i \sin\theta_i + \sum_i f_i r_i \sin\varphi_i = \left(\sum_i \Delta m_i r_i^2 \right) \beta$$

显然,$\sum_i F_i r_i \sin\theta_i$ 是刚体上所有质元受到的外力的力矩之和(用 M 表示),$\sum_i f_i r_i \sin\varphi_i$ 是所有内力力矩之和,如前所述,刚体内所有内力矩之和恒为零,即

$$\sum_i f_i r_i \sin\varphi_i = 0$$

这样,可得到

$$\sum_i F_i r_i \sin\theta_i = \left(\sum_i \Delta m_i r_i^2 \right) \beta \qquad (3.6)$$

式(3.6) 中的 $\sum_i \Delta m_i r_i^2$ 只与刚体的形状、质量分布和转轴的位置有关,这个表征刚体本身特征的物理量,称为**刚体的转动惯量**,通常用 J 表示

$$J = \sum_i \Delta m_i r_i{}^2 \qquad (3.7)$$

于是(3.6)式可写为

$$M = J\beta$$

因为力矩和角加速度均为矢量,又因 $\boldsymbol{M}$ 与 $\boldsymbol{\beta}$ 方向相同,其矢量表示式为

$$\boldsymbol{M} = J\boldsymbol{\beta} \qquad (3.8)$$

(3.8)式表明,绕定轴转动的刚体,其角加速度与它受到的合外力矩成正比,与刚体的转动惯量成反比。这一结论就是**刚体定轴转动定理**。用实验的方法也能得到这一数学形式。这一规律反映的是合外力矩的瞬时作用规律。如同牛顿第二定律是解决质点运动问题的基本定律一样,转动定理是解决刚体定轴转动问题的基本方程。

3.2.3 转动惯量

将转动定律 $\boldsymbol{M} = J\boldsymbol{\beta}$ 与牛顿第二定律 $\boldsymbol{F} = m\boldsymbol{a}$ 相比较,二者的表达式很相似,合外力距 $\boldsymbol{M}$ 与合外力 $\boldsymbol{F}$ 相对应,角加速度 $\boldsymbol{\beta}$ 与加速度 $\boldsymbol{a}$ 相对应,转动惯量 J 与质量 m 相对应,由此可见,转动惯量是刚体转动时惯性大小的量度。

平动物体有惯性且惯性大小由质量大小决定,质量大则惯性大;不难想象,转动物体也有保持运动状态的特性,转动物体的惯性大小又是由什么来决定的呢?

我们试图通过如下实验寻找结论:当两个半径一样、厚薄一样,质量不同的圆盘,给以同样初角速度 ω_0 让其转动时,质量大的圆盘保持运动状态本领强,即转动惯性的大小与质量有关。又如图 3.8 所示,两个质量相同、半径相同,质量分布不同的轮子,给以同样初角速度 ω_0 让其转动,质量分布在边缘上的轮子保持运动状态的本领强,即转动惯量还与质量的分布有关;这也是制造飞轮时,通常采用大而厚的轮缘,借以增大飞轮的转动惯量,使飞轮转动状态比较平稳的原因之所在(同学们能用此方法判断两个大小相同的鸡蛋,哪一个是熟鸡蛋,哪一个是生鸡蛋吗?)。进一步实验发现,转动惯量大小不仅与质量的大小及质量的分布有关,还与转轴的位置有关,这正与(3.7)式表达的数学思想一致,即转动惯量的定义式为

$$J = \sum_i \Delta m_i r_i{}^2$$

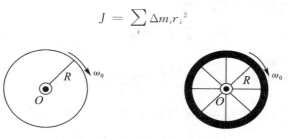

图 3.8 转动惯量分析用图

可表述为刚体的转动惯量等于刚体内各质点的质量与其到转轴距离平方的乘积之和。对于质量离散分布的转动系统,可直接用定义式来计算转动惯量,对于质量连续分布的刚体,转动惯量式中的求和应以积分来代替,即

$$J = \int r^2 \, \mathrm{d}m \tag{3.9}$$

积分式中的 $\mathrm{d}m$ 为质元的质量,r 为质元到转轴的距离。

在国际单位制中,转动惯量的单位是 kg·m²。

计算转动惯量时,可根据刚体质量分布的不同,引入相应的质量密度,建立质元质量 $\mathrm{d}m$ 的具体表达式,然后进行积分运算。下面通过具体的例子来说明。

例 3.2 求长度为 L,质量为 m 且均匀分布的细杆绕下列转轴的转动惯量。(1)转轴通过杆的中心并与杆垂直;(2)转轴通过杆的一端并与杆垂直。

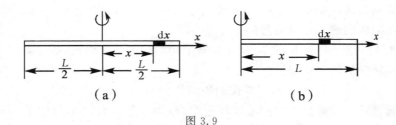

图 3.9

解 引入质量线密度 λ,即单位长度的质量 $\lambda = m/L$。

(1)如图 3.9(a)所示,取杆中心为坐标原点 O,x 轴方向如图,在细杆上任意位置 x 处,取一长度为 $\mathrm{d}x$ 的线元,其元质量 $\mathrm{d}m = \lambda \mathrm{d}x$,该质元绕转轴的转动惯量为

$$\mathrm{d}J = x^2 \, \mathrm{d}m = x^2 \lambda \mathrm{d}x$$

则

$$J_1 = \int_{-\frac{L}{2}}^{\frac{L}{2}} x^2 \lambda \mathrm{d}x = \frac{L^3}{12} \lambda = \frac{1}{12} mL^2$$

(2)对于转轴通过杆端点的轴,如图 3.9(b)所示,此时坐标原点建立在端点,分析同上而只需改变积分上下限,即有

$$J_2 = \int_0^L x^2 \lambda \mathrm{d}x = \frac{L^3}{3} \lambda = \frac{1}{3} mL^2$$

结果表明 $J_1 \neq J_2$,同一刚体对于不同转轴的转动惯量不同,J_1 是通过质心的转动惯量,可以证明,通过质心的转动惯量最小;容易看出,细杆对两个平行轴的转动惯量之间有如下关系 $J_2 = J_1 + m\left(\frac{L}{2}\right)^2$,将关系式可作如下推广:用 m 表示刚体的质量,用 J_C 表示通过其质心 C 轴(ZC 轴)的转动惯量,如果另一个轴 O 轴(ZO 轴)相对质心轴 C 平行且相距为 d,如图 3.10,可以证明,刚体对通过 O 轴

的转动惯量可表示为

$$J_O = J_C + md^2 \tag{3.10}$$

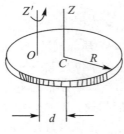

图 3.10　平移轴定理

上述关系叫做转动惯量的**平行轴定理**,平行轴定理不仅有助于计算转动惯量,而且对研究刚体的滚动也很有帮助。

例 3.3　求半径为 R,质量为 m 且质量均匀分布的薄圆盘,通过盘中心并与盘面垂直转轴的转动惯量。

解　引入质量面密度 σ,即单位面积的质量,$\sigma = m/\pi R^2$

薄圆盘可以看做是许多同心圆环的组合,圆盘整体转动惯量应是所有圆环对同一转轴的转动惯量求和。如图 3.11 所示,在圆盘上任取一半径为 r,宽度为 dr 的窄圆环,圆环的面积为 $2\pi r dr$,圆环质元的质量 $dm = \sigma \cdot 2\pi r dr$。此窄圆环上各质元到转轴的距离都为 r,对转轴 O 的转动惯量的贡献都相同,即

$$dJ = r^2 dm = 2\pi \sigma r^3 dr$$

整个圆盘对该轴的转动惯量为

$$J_O = \int_0^R 2\pi \sigma r^3 dr = 2\pi \sigma \int_0^R r^3 dr = \frac{1}{2}\pi \sigma R^4 = \frac{1}{2}mR^2$$

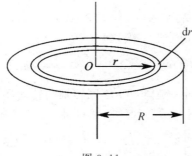

图 3.11

　　实际应用中,经常会遇到由几部分不同形状和大小的物体构成的一个整体,根据转动惯量的定义,其转动惯量应等于各部分物体对同一转轴转动惯量之和。综上所述,对于几何形状对称、质量连续且均匀分布的刚体,可以用积分的方法算出转动惯量。表 3.2 列出了一些形状规则刚体的转动惯量。然而,对不规则物体,计算物体的转动惯量是比较困难的,甚至无法计算,在工程技术和科学研究中,常常用实验方法获得物体的转动惯量。

表 3.2　　　　　　　　　　　　　　**几种刚体的转动惯量**

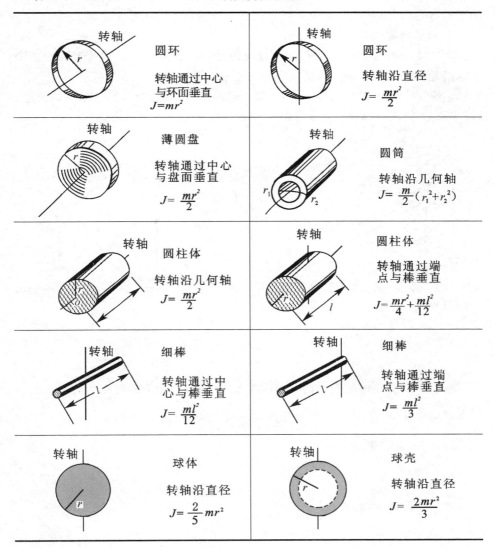

3.2.4　转动定理应用

刚体定轴转动定理定量地反映了物体所受的合外力矩、转动惯量和转动角加速度之间的关系,它在转动中的地位与牛顿第二定律相当。应用转动定理解决的定轴转动问题一般也可分为两类:一类是已知力矩求转动;另一类是已知转动求力矩,在实际问题中常常两者兼有。

在应用转动定理时,要求用隔离法分析其受力情况而得到力矩,然后按定理列出方程求解。在研究问题中大多还会涉及组合物体的平动,这就需要列出相应的平动方程(即牛顿第二定律),然后找出平动与转动的联系来求解。

下面举例说明。

例3.4　如图3.12(a)所示,一轻绳跨过一质量 $m = 0.2$kg,半径 $R = 0.2$m 的定滑轮,绳的一端悬一质量 $m_1 = 0.5$kg 的物体,另一端连接一质量 $m_2 = 0.4$kg 的物体。斜面光滑,其倾角 $\theta = 30°$ 且绳与轮无相对滑动,转轴摩擦忽略不计。求:(1) 物体的加速度 a 及滑轮的角加速度 β;(2) 绳中张力。

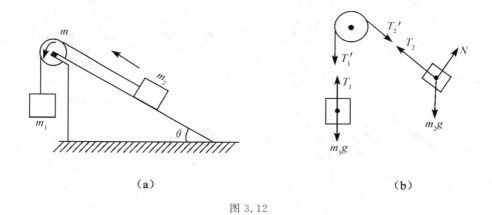

（a）　　　　　　（b）

图 3.12

解　各组合物体的受力情况如图3.12(b)所示。则滑轮可视为均匀圆盘,其转动惯量为 $J = \frac{1}{2}mR^2$。因绳质量忽略不计且不可伸长,应有 $T'_1 = T_1$,$T'_2 = T_2$ 对 m_1,m_2 用牛顿第二定律

$$m_1g - T_1 = m_1a \qquad ①$$
$$T_2 - m_2g\sin\theta = m_2a \qquad ②$$

对轮用转动定理有

$$T'_1R - T'_2R = \frac{1}{2}mR^2\beta \qquad ③$$

轮边缘一点是联系转动与平动的点,有 $a = R\beta$

(1) 加速度 a 和角加速度 β 可由上述方程联立求解,得

$$a = \frac{m_1 - m_2\sin\theta}{m_1 + m_2 + m/2}g$$

代入数据得

$$a = \frac{0.5 - 0.4 \times \sin30°}{0.5 + 0.4 + 0.2/2} \times 9.81 = 2.94(\text{m} \cdot \text{s}^{-2})$$

$$\beta = \frac{a}{R} = \frac{2.94}{0.2} = 14.70(\text{rad} \cdot \text{s}^{-2})$$

(2) 绳中张力可由 ① 式、② 式得

$$T_1 = m_1(g - a) = 0.5(9.81 - 2.94) = 3.44(\text{N})$$

$$T_2 = T_1 - \frac{1}{2}ma = (3.44 - \frac{1}{2} \times 0.2 \times 2.94) = 3.15(\text{N})$$

可见,当考虑滑轮的质量时两边绳中的张力并不相等。

例 3.5 如图 3.13 所示,一根长为 L,质量为 m 的均匀细直杆,可绕通过其一端且与杆垂直的光滑水平轴转动,初始时刻静止于水平位置,求其自由释放至 θ 角时的角速度和角加速度。

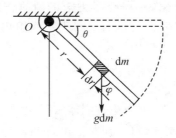

图 3.13

解 细杆的下摆是由于重力对转轴 O 的力矩作用,因重力臂是变量,故重力矩是变力矩。

选垂直于纸面朝里为转轴 O 的正方向(即顺时针方向),细杆转至任意 θ 角时,杆上 $\text{d}r$ 质元所受重力为 $\frac{mg}{L}\text{d}r$,其对 O 轴的力矩为

$$\text{d}M = r\sin\varphi\frac{mg}{L}\text{d}r = r\cos\theta\frac{mg}{L}\text{d}r$$

整个杆所受重力对转动的力矩为

$$M = \int\text{d}M = \int_0^L \frac{mg}{L}r\cos\theta\text{d}r = \frac{1}{2}mgL\cos\theta$$

结果表明,重力对杆的合力矩等于重力作用于质心 C 所产生的力矩。

前面知道杆绕 O 轴的转动惯量是 $J = mL^2/3$，由定轴转动定理 $M = J\beta$ 知

$$\beta = \frac{M}{J} = \frac{(mgL\cos\theta)/2}{mL^2/3} = \frac{3g\cos\theta}{2L}$$

又因为

$$\beta = \frac{\mathrm{d}\omega}{\mathrm{d}t} = \frac{\mathrm{d}\omega}{\mathrm{d}\theta}\frac{\mathrm{d}\theta}{\mathrm{d}t} = \omega\frac{\mathrm{d}\omega}{\mathrm{d}\theta}$$

分离变量，有

$$\omega\mathrm{d}\omega = \beta\mathrm{d}\theta = \frac{3g\cos\theta}{2L}\mathrm{d}\theta$$

两边做定积分，有

$$\int_0^\omega \omega\mathrm{d}\omega = \int_0^\theta \frac{3g\cos\theta}{2L}\mathrm{d}\theta$$

$$\omega = \sqrt{\frac{3g\sin\theta}{L}}$$

3.3　刚体定轴转动中的动能定理

仿照力学中的研究思路，在研究了力矩的瞬时作用规律 —— 转动定理之后，再研究力矩的持续作用，即力矩的空间积累作用规律及时间积累作用规律。本节先讨论力矩的空间积累作用规律。

3.3.1　力矩的功

力矩可使刚体转动起来，即力矩对刚体做了功。如图 3.14 所示，F 表示作用在刚体上 P 点的外力，当刚体绕 Oz 轴发生 $\mathrm{d}\theta$ 的角位移时，P 点的位移为 $\mathrm{d}\boldsymbol{r}$，力 F 所做的元功为

$$\mathrm{d}A = F\cos\alpha \mid \mathrm{d}\boldsymbol{r} \mid$$

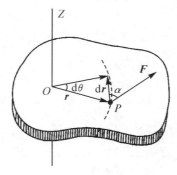

图 3.14　力矩的功

由于 $|\mathrm{d}\boldsymbol{r}|$ 很小,可以认为 $|\mathrm{d}\boldsymbol{r}| = \mathrm{d}s = r\mathrm{d}\theta (\mathrm{d}s$ 是 P 点在 $\mathrm{d}t$ 时间内移动的路程),即 $\mathrm{d}A = F\cos\alpha r \mathrm{d}\theta$,又因 $Fr\cos\alpha$ 是力矩 M,因此有

$$\mathrm{d}A = M\mathrm{d}\theta \tag{3.11}$$

即外力对转动刚体所做的元功等于相应的力矩和角位移的乘积。

当刚体在力矩 M 作用下,从角坐标 θ_1 转到 θ_2 时,外力矩做的功用积分表示

$$A = \int_{\theta_1}^{\theta_2} M\mathrm{d}\theta$$

力矩的功,表述的是力矩对空间的积累作用,从导出力矩做功的过程中可以看到,力矩做功并不是一个新的概念,本质上仍是力做的功。只是在研究转动问题时,用力矩做功的表达式更为方便。需要说明的是:刚体内各质元之间内力矩做功之和始终为零,这里不加赘述(这是为什么)。

力矩做功的功率为

$$P = \frac{\mathrm{d}A}{\mathrm{d}t} = M\frac{\mathrm{d}\theta}{\mathrm{d}t} = M\omega \tag{3.12}$$

即力矩的功率等于力矩与角速度的乘积。在操纵机器时要注意上式的启发,例如在高速切削中由于工件的角速度 ω 大而应使切削力矩 M 小一些。

3.3.2　刚体的转动动能

平动物体的动能为 $E_k = \frac{1}{2}mv^2$,转动物体的动能又怎样表述呢?根据角量与线量的对应关系,转动动能应为 $E_k = \frac{1}{2}J\omega^2$。这个式子的正确性,将从下面分析中得到证明。

刚体可以看成由若干个质元组成。所以,刚体定轴转动时的转动动能应等于所有质元转动时的动能总和,在刚体上任取一小质元 Δm_i,该质元到转轴的距离为 r_i,速度为 v_i,则该质元的动能为 $\frac{1}{2}\Delta m_i v_i^2$。当刚体以角速度 ω 转动时,有 $v_i = r_i\omega$,该质元的转动动能可改写为 $\frac{1}{2}\Delta m_i r_i^2\omega^2$,整个刚体的转动动能为

$$E_k = \sum_i \frac{1}{2}\Delta m_i v_i^2 = \frac{1}{2}\left(\sum \Delta m_i r_i^2\right)\omega^2$$

式中 $\sum_i \Delta m_i r_i^2$ 正是前面所讨论过的刚体的转动惯量 J,所以转动动能可写为

$$E_k = \frac{1}{2}J\omega^2 \tag{3.13}$$

转动动能是描述刚体转动状态的物理量。

3.3.3　定轴转动的动能定理

设在合外力矩 M 的作用下,刚体绕定轴转过角位移 $\mathrm{d}\theta$,合外力矩对刚体所做的元功为

$$\mathrm{d}A = M\mathrm{d}\theta$$

由转动定律 $M = J\beta = J\dfrac{\mathrm{d}\omega}{\mathrm{d}t}$,上式可写为

$$\mathrm{d}A = J\frac{\mathrm{d}\omega}{\mathrm{d}t}\mathrm{d}\theta = J\omega\mathrm{d}\omega$$

如刚体的角速度由 t_1 时刻 ω_1 变为 t_2 时刻的 ω_2,则此过程中外力矩对刚体做的总功为

$$A = \int \mathrm{d}A = \int_{\omega_1}^{\omega_2} J\omega\,\mathrm{d}\omega$$

即

$$A = \frac{1}{2}J\omega_2^2 - \frac{1}{2}J\omega_1^2 \tag{3.14}$$

上式表明,合外力矩对刚体所做的功等于刚体转动动能的增量,这就是**刚体定轴转动的动能定理**。定理告诉我们当刚体受到阻力矩作用时,此力矩的功是负值,此时刚体将以付出转动动能为代价来克服阻力矩所做的功。

在研究与刚体转动问题有关的功能转换问题时,有如下两点应加以注意:

(1)刚体所具有的重力势能就是其所有质元的重力势能之和。如果刚体不太大时,其重力势能就等于它的质量全部集中在质心上时所具有的重力势能。进一步分析可得到重力矩的功与重力势能增量负值相等,这一结论可推广到各种保守力矩的功与势能的关系上,这和前面质点动力学中通常将保守力的功用相应的势能改变量来代替是完全一样的。

(2)当研究的系统既有转动的刚体又有平动的刚体或是由几个转动的刚体组成时,通过上面分析,不难得出,系统机械能守恒的条件和质点动力学中完全一样,即所有外力的功和所有非保守内力功之和为零(这里应将各种保守力视为系统内力),但要注意的是,在写系统某一状态的机械能时,动能应包括所选系统各物体的平动动能和转动动能;而势能应包括系统内各物体的各种势能。

例 3.6　一根质量为 m、长为 l 的匀质细棒 OA,如图 3.15 所示,可绕通过其一端的水平光滑转轴 O 在竖直平面内转动。今使棒从水平位置由静止开始下摆,求:

(1)棒在水平位置及竖直位置的角加速度;

(2)棒从水平处摆到竖直位置重力矩做的功及棒在竖直位置的角速度。

解　分析细棒的受力情况:细棒受到轴的支撑力,但因其通过 O 点,所以对

轴的力矩为零。将细棒所受重力视为作用于质心 C 点,竖直向下。

(1) 棒在水平位置时,受重力矩为 $M = \dfrac{1}{2}mgl$,棒的转动惯量 $J = \dfrac{1}{3}ml^2$。于是,由转动定律可求得此时棒的角加速度

$$\beta = \frac{M}{J} = \frac{\dfrac{1}{2}mgl}{\dfrac{1}{3}ml^2} = \frac{3g}{2l}$$

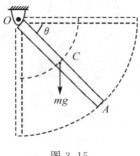

图 3.15

在竖直位置,棒受到的合外力矩为零,故角加速度亦为零。

(2) 棒在与水平位置成 θ 角时,重力矩为 $M = \dfrac{1}{2}mgl\cos\theta$,则在 θ 从 $0 \to \dfrac{\pi}{2}$ 的过程中,重力矩对细棒做功

$$A = \int_0^{\frac{\pi}{2}} M\mathrm{d}\theta = \int_0^{\frac{\pi}{2}} \frac{1}{2}mgl\cos\theta\mathrm{d}\theta = \frac{1}{2}mgl \qquad ①$$

由刚体定轴转动的动能定理有

$$A = \frac{1}{2}J\omega^2 - \frac{1}{2}J\omega_0^2 = \frac{1}{2}J\omega^2 \qquad ②$$

联立 ① 式、② 式有

$$\frac{1}{2}mgl = \frac{1}{2} \times \frac{1}{3}ml^2 \cdot \omega^2 \qquad ③$$

$$\omega = \sqrt{\frac{mgl}{\dfrac{1}{3}ml^2}} = \sqrt{\frac{3g}{l}}$$

上述 ① 式说明重力矩做的功与质心重力势能改变量相等的结论;上述 ② 式说明重力势能与转动动能的转换,即机械能守恒。

例 3.7 如图 3.16 所示,一质量为 m_1,半径为 R 的滑轮可绕通过盘心的水平轴转动,滑轮上绕有一根轻绳,绳的一端悬挂一质量为 m_2 的物体,当物体从静

止下落距离 h 时,物体的速度是多少(滑轮视为圆盘,转轴光滑)?

解 选取物体刚开始下落处为初态,下降 h 距离处为终态,并设终态质心处的重力势能为零点(由于滑轮质心始末状态位置不变,其重力势能不发生变化,这里不加考虑)。则初态:动能为零,重力势能为 m_2gh;终态:动能包括滑轮的转动动能和物体的平动动能。

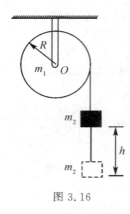

图 3.16

由机械能守恒定律有

$$m_2gh = \frac{1}{2}J\omega^2 + \frac{1}{2}m_2v^2$$

v 是物体下落到终态的速度大小,滑轮的转动惯量 $J = \frac{1}{2}m_1R^2$,由平动与转动的联系可知 $v = R\omega$,则可得

$$v = \sqrt{\frac{m_2gh}{m_1 + 2m_2}}$$

3.4 角动量 角动量守恒定律

在研究物体的转动中,常遇到质点绕一固定点的运动情况,例如,行星绕太阳的转动,原子中电子绕核的转动等。这类运动具有的共同特点是:质点在有心力场中能保持在一定的轨道上做周期性运动。为什么有心力场中质点间不会因相互吸引而合成一体呢?例始行星与太阳间仅有引力,为什么行星不会落到太阳上去?为什么电子与原子核间的静电引力不会使电子落在核上?这些问题,仅用前面的动量守恒和能量守恒定律均无法解释,这表明自然界还存在另外一种守恒量,研究证实,它就是角动量。

在生活中大家看到,一个旋转的陀螺倾斜而不倒地,花样滑冰运动员在收缩身体时转得更快,这是为什么?这些都受到了角动量定理及角动量守恒定律支配。在学完本节知识后,同学们会自行作出回答。

3.4.1 定轴转动刚体的角动量

前面在研究质点的运动时,把 m 和速度 v 的乘积称为动量,其表示为 $p = mv$。

采用类比的方法,把转动惯量 J 和角速度 ω 的乘积称为绕定轴转动刚体的角动量,用符号 L 表示,即

$$L = J\omega \qquad (3.15)$$

角动量是描述物体转动状态的物理量。

3.4.2 定轴转动刚体的角动量定理

在 3.3 节讨论了力矩对空间的积累作用规律,这里将讨论力矩对时间的积累作用所遵循的规律,即角动量定理。由转动定律可知

$$M = J\frac{\mathrm{d}\omega}{\mathrm{d}t} \qquad (3.16)$$

因为刚体对定轴的转动惯量不随时间变化,可以把它移到微分号内,则有

$$M = \frac{\mathrm{d}(J\omega)}{\mathrm{d}t} = \frac{\mathrm{d}L}{\mathrm{d}t} \quad 或 \quad M\mathrm{d}t = \mathrm{d}L$$

如果在 t_0 到 t 时间内,力矩 M 持续地作用在转动刚体上,使物体角动量从 L_0 到 L,则得

$$\int_0^t M\mathrm{d}t = \int_{L_0}^L \mathrm{d}L = J\omega - J\omega_0 \qquad (3.17)$$

式(3.17)中 $\int_0^t M\mathrm{d}t$ 称为冲量矩,又叫角冲量,它表示了合外力矩在 t_0 到 t 时间内的积累作用,(3.17)式表明,作用在刚体上的冲量矩等于其角动量的增量,这一结论叫**角动量定理**,它与质点动力学中的动量定理在形式上相类似。

3.4.3 定轴转动刚体的角动量守恒定律

若物体所受合外力矩为零,由(3.17)式可得

$$J\omega = 常量 \qquad (3.18)$$

式(3.18)表明,当物体所受合外力矩为零时,物体的角动量保持不变,这个结论称为**角动量守恒定律。**

质点可看做简单的刚体,上述角动量守恒定律对质点的运动当然应该适用。例如本节开头提到的行星、电子等在有心力场中运动,它们所受的外力矩恒为零(力指向转动中心),所以它们的运动遵循角动量守恒定律(它们在运动中动量守

恒吗?为什么?)。

角动量守恒定律已远远超出了力学的适用范围,它适用于所有的物理领域,是自然界普遍适用的守恒定律之一。

现在我们来说明应用角动量守恒定律的几种情形:

(1)对刚性结构,刚体转动惯量 J 不变,这时刚体角速度 ω 也不会变化。例如地球基本上是由固体物质组成,可以认为它绕自转轴的转动惯量不变,它受太阳的引力通过了它的自转轴,其合外力矩等于零而角动量守恒,所以地球的自转角速度是不变的,表现为每日的时间间隔基本不变。

(2)对非刚性结构,系统的转动惯量 J 变化,伴随着角速度 ω 的变化,但其乘积保持不变。这一现象可用下述实验演示,如图 3.17 所示,一人站在绕竖直轴转动的转台上,两手各握一个哑铃并伸直,让转台、人与哑铃组成系统以一定角速度转动;然后当人收拢双臂时,人与转台的旋转随即加快,此时转动惯量减少而角速度增大。在日常生活中,利用角动量守恒的例子很多,如跳芭蕾舞、花样滑冰和跳水运动等都是通过改变肢体的动作调整转动惯量来控制转速。

图 3.17   角动量守恒实验

(3)刚体组的角动量守恒。若系统由几部分组成,且绕同一轴转动,每一部分的角动量都可以变化,但总角动量为恒量,这时角动量在系统内相互传递。

(4)小球(质点)与定轴刚体的碰撞,动量不守恒,角动量守恒。

物理沙龙:

下面介绍一个有关刚体组的角动量守恒定律应用的事例。如图 3.18 所示的直升机,开始静止,其总角动量为 0,当直升机螺旋桨转动时,如果没有开动尾翼的螺旋桨,机身将向相反的方向转动,这是角动量守恒的要求,当然这也是人们所不愿意看到的情况。为使直升机不转动,就要开动尾翼的螺旋桨,在尾翼螺旋桨的旋转过程中,给原来静止的空气一定的冲量(作用力)。反之。空气对尾翼也有反作用力,这个反作用力对于机身质心来讲,有一个力矩存在,该力矩会阻止机身的转动,使机身平衡。

实际上,通过控制尾翼螺旋桨的旋转角速度,可以改变空气所给反作用力矩的大小,从而可以使机身获得相反方向的角动量,直升机在空中飞行方向的调整也正是基于上述原理来实现的。

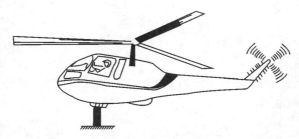

图 3.18　角动量守恒应用实例

这个实例告诉我们,若想使系统的另外部分不转动,必须施以外力矩,这在实际工作中常用到。例如一个未通电的电动机,最初,它的角动量为零。接通电源,转子开始转动。如果定子在地面固定不牢,它将会有相反的转动趋势而使基座移动。同样,正在工作的电机突然停下来,转子转动状态的变化也会对定子机座发生影响。因此,各种电机、有转动部件的机械装置,都应考虑这个因素,对机座采取加固措施。

例 3.8　工程上,两飞轮常用摩擦离合器使它们以相同的转速一起转动。如图 3.19 所示,A 和 B 两飞轮的轴杆在同一中心线上,A 轮的转动惯量为 $J_A = 10\text{kg} \cdot \text{m}^2$,$B$ 轮的转动惯量为 $J_B = 20\text{kg} \cdot \text{m}^2$,开始时 A 轮的速度为 600r · min^{-1},B 轮静止,C 为摩擦离合器。(1)求两轮在离合前后的转速;(2)在离合过程中,两轮的机械能有何变化?

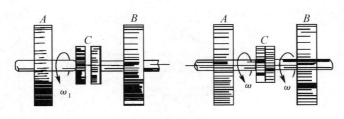

图 3.19

解　(1)把飞轮 A,B 和离合器 C 作为一系统考虑,在离合过程中,系统受到轴的正压力和离合器间的切向摩擦力,前者对转轴的力矩为零,后者为系统的内力矩,系统受到的外力重力也不产生力矩,故系统受到的合外力矩为零,系统的角动量守恒。所以

$$J_A\omega_A + J_B\omega_B = (J_A + J_B)\omega$$

ω 为两轮离合后共同转动的角速度,于是

$$\omega = \frac{J_A\omega_A + J_B\omega_B}{J_A + J_B}$$

把各量的数据代入,得 $\omega = 20.9 \mathrm{rad \cdot s^{-1}}$

或共同转速为 $n = 200\mathrm{r \cdot min^{-1}}$

(2) 在离合过程中,摩擦力矩做功,所以机械能不守恒,部分机械能转化为热能,损失的机械能为

$$\Delta E = \frac{1}{2}J_A\omega_A^2 + \frac{1}{2}J_B\omega_B^2 - \frac{1}{2}(J_A + J_B)\omega^2 = 1.32 \times 10^4 \mathrm{J}$$

例 3.9 一转台质量为 M,半径为 R,可绕竖直的中心轴转动,初角速度为 ω,一人立在转台中心,质量为 m,若他以恒定的相对转台速度 u 沿半径方向走向边缘(图 3.20),试计算人到达转台边缘时,转台的角速度。

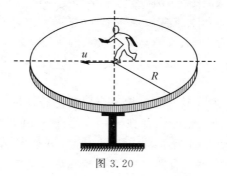

图 3.20

解 选人与转台为系统,则系统的角动量守恒,选人立于台中心为初始状态,t 时刻到达距台中心 ut 处,则有

$$\frac{M}{2}R^2\omega = \left(\frac{M}{2}R^2 + mu^2t^2\right)\omega_t$$

式中,ω_t 是 t 时刻转台的角速度,由上式得

$$\omega_t = \frac{\omega}{1 + \dfrac{2mu^2t^2}{MR^2}}$$

到达转台边缘时刻 $t = \dfrac{R}{u}$,故相应角速度为 $\omega_t = \dfrac{\omega}{1 + 2\dfrac{m}{M}}$

本 章 小 结

1. 定轴转动的描述

运动方程 $\qquad\qquad\theta = \theta(t)$

角速度 $\qquad\qquad\omega = \dfrac{\mathrm{d}\theta}{\mathrm{d}t}$

角加速度 $\qquad\qquad\beta = \dfrac{\mathrm{d}\omega}{\mathrm{d}t} = \dfrac{\mathrm{d}^2\theta}{\mathrm{d}t^2}$

2. 转动定律

力矩 $\qquad\qquad \boldsymbol{M} = \boldsymbol{r} \times \boldsymbol{F}$

转动惯量 $\qquad\qquad J = \sum_i \Delta m_i r_i^2 = \int r^2\,\mathrm{d}m$

平移轴定理 $\qquad\qquad J = J_c + md^2$

转动定理 $\qquad\qquad \boldsymbol{M} = J\boldsymbol{\beta}$

3. 刚体定轴转动的功和能

力矩的功 $\qquad\qquad A = \displaystyle\int_{\theta_1}^{\theta_2} M\mathrm{d}\theta$

转动动能 $\qquad\qquad E_k = \dfrac{1}{2}J\omega^2$

动能定理 $\qquad A = \displaystyle\int_{\theta_1}^{\theta_2} M\mathrm{d}\theta = \int_{w_1}^{w_2} J\omega\,\mathrm{d}w = \dfrac{1}{2}J\omega_2^2 - \dfrac{1}{2}J\omega_1^2$

4. 角动量定理

刚体转动的角动量 $\qquad\qquad \boldsymbol{L} = J\boldsymbol{\omega}$

冲量矩(亦称角冲量) $\qquad\qquad \displaystyle\int_{t_1}^{t_2} M\mathrm{d}t$

角动量定理 $\qquad\qquad \displaystyle\int_{t_1}^{t_2} \boldsymbol{M}\cdot\mathrm{d}t = L - L_0$

5. 角动量守恒定律

如果定轴转动中合外力矩 $\boldsymbol{M} = 0$,则角动量守恒,即总角动量 $\boldsymbol{L} = \boldsymbol{L}_0 =$ 常量。

习　　题

一、选择题

3.1　关于刚体,下列说法中正确的是(　　)。

A. 刚体所受合外力矩等于这几个力的合力对刚体的力矩

B. 刚体的转动动能等于刚体上各质点的动能之和

C. 物体的质量和形状一定,则其转动惯量就是一定值

D. 如图所示,对一个匀质细棒,它绕定轴的转动动能,等于它的质心 C 的动能,即 $I\omega/2 = mv^2/2$

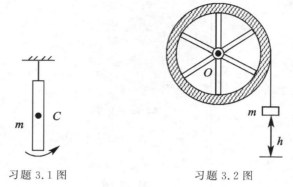

习题 3.1 图　　　　　习题 3.2 图

3.2　一飞轮装置如图所示,飞轮半径为 R,质量为 M,可绕一水平轴无摩擦转动,过飞轮边缘由轻绳系一质量为 m 的物体,绳与轮无相对滑动,m 由静止下落,经过时间 t,下落距离为 h,则飞轮对 O 轴的转动惯量是(　　)。

A. $mR^2(gt^2/2h - 1)$　　　　B. $MR^2/2$

C. $mR^2(1+\pi)/(3+\pi)$　　　D. MR^2

3.3　如图所示,一匀质细棒和一轻绳系的小球均悬于 O 点,质量均为 m,且可绕水平轴无摩擦地转动。当小球偏离铅直方向某一角度时,由静止释放,并在悬点正下方与静止的细棒发生完全弹性碰撞。欲使小球与棒碰撞后小球刚好静止,则绳长 l 应为(　　)。

A. $L/2$　　　　B. $\sqrt{3}L$　　　　C. L　　　　D. $\sqrt{3}L/3$

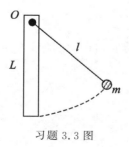　　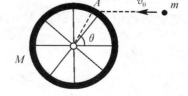

习题 3.3 图　　　　　习题 3.4 图

3.4　如图所示,一自行车轮子的质量为 M(假定其质量集中在轮缘上),半径为 R,水平地安装着,可绕竖直轴无摩擦地转运。一质量为 m 的飞镖以速度 v_0 水平抛出,并扎进处于静止的车胎 A 处,则飞镖扎进后的角速度 ω 是(　　)。

A. mv/MR 　　　　　　　　　　B. $mv_0\sin\theta/MR$

C. $mv_0\sin\theta/(M+m)R$ 　　　D. $mv_0\cos\theta/(M+m)R$

3.5　如图所示,有一个小块物体,置于一光滑的水平桌面上,有一绳其一端连接此物体,另一端穿过桌面中心的小孔,该物体原以角速度 ω 在距孔为 R 的圆周上转动,今将绳从小孔缓缓下拉,则物体(　　　)。

A. 动能不变,动量改变

B. 动量不变,动能改变

C. 角动量不改变,动量不改变

D. 角动量不变,动能、动量都改变

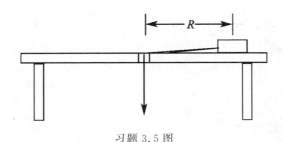

习题 3.5 图

二、填空题

3.6　一质量为 M 的圆盘,半径为 R,可绕过圆心的竖直轴无摩擦匀速转动,角速度为 ω_0,当一人从盘心走到盘边缘时(人的质量为 m),系统转动惯量 $J =$ _____,角速度 $\omega =$ _____,转台受到冲量矩为 _____。

3.7　如图所示,长为 L,质量为 m 的匀质细棒,可绕水平轴无摩擦转动。当它由静止于水平位置向下转动 θ 角时,重力矩 $M =$ _____,角加速度 $\beta =$ _____,动能 $E_k =$ _____,这一过程力矩的功 $A =$ _____。

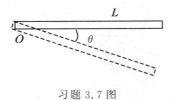

习题 3.7 图

3.8　如图所示一轻绳绕于半径为 R 的飞轮边缘。现以恒力 F 拉绳的一端,使飞轮由静止加速转动。已知飞轮的转动惯量为 J,飞轮与轴摩擦不计,则飞轮转动一周时,动能增量 $\Delta E_k =$ _____,角动量增量 $\Delta L =$ _____。

3.9 刚体角动量守恒的条件是_____。

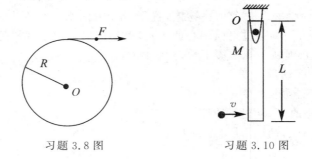

习题 3.8 图   习题 3.10 图

3.10 如图所示,质量为 m 的小球以速度 v 和一可绕水平轴转动的质量为 m 匀质细棒发生碰撞,小球与轴的距离为 l,碰撞后小球速度降为 $v/2$,此碰撞过程_____守恒。具体的守恒关系式是_____。

三、计算题

3.11 一质量为 $M = 15\text{kg}$,半径为 $R = 0.30\text{m}$ 的圆柱体,可绕与其几何轴重合的水平固定轴转动(转动惯量 $J = \frac{1}{2}MR^2$)。现以不能伸长的轻绳绕于柱面,而在绳的下端悬一质量 $m = 8.0\text{kg}$ 的物体,不计圆柱体与轴之间的摩擦,求:

(1)物体自静止下落,5s 内下降的距离;

(2)绳中的张力。

3.12 如图所示,一个质量为 M 的匀质细杆全长 $3L$,可绕水平轴 O 点无摩擦转动,当它由静止于图中所示位置释放后在竖垂位置和一个质量为 m 的小球发生完全非弹性碰撞,求系统碰撞后瞬间的角速度。

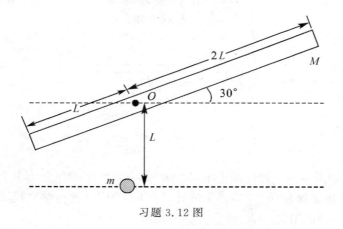

习题 3.12 图

第4章　狭义相对论

在 19 世纪后期,以牛顿力学和麦克斯韦电磁场理论为基础的经典物理学已经建立了严谨的理论体系。当时,人们用这些理论几乎可以解释所有的物理现象,以至物理学泰斗开尔文勋爵在一次物理年会上宣布,物理世界已是晴空万里。正当物理学家们为物理的辉煌胜利陶醉之际,有两个较突出的新的实验事实不能用经典物理理论给出合理解释,使看似晴朗的天空出现了"两朵乌云"。

"第一朵乌云"是指迈克尔逊 - 莫雷实验的零结果与"以太"假说相矛盾。"第二朵乌云"是指瑞利和金斯用经典理论写出的公式去解释热辐射实验结果时,出现了所谓的"紫外灾难"。这些矛盾困扰着 19 世纪和 20 世纪之交的物理界。

为摆脱经典物理学的困难,一些思想敏锐而又不为旧观念所束缚的物理学家们经过艰苦而又曲折的道路,终于迎来了 20 世纪最伟大的两个理论 —— 相对论与量子力学的诞生。它们是近代物理的两大支柱,是科学史上最优美的篇章。它们深刻地改变了人们对物质世界的认识。在本章中我们简要地介绍狭义相对论,而量子力学将在后面介绍。

本章首先阐述狭义相对论的两条基本假设,然后讨论狭义相对论的时空观及与之相适应的洛伦兹变换,再介绍相对论动力学的主要结论,揭示质量与能量的联系,即著名的质能关系式。

4.1　牛顿力学时空观　狭义相对论产生的科学背景

人们能够精确计算人造卫星、飞船及各类探测器在空中的运行,得益于牛顿力学的理论,这是牛顿的绝对时空观的成就所在。然而,19 世纪后半叶,随着电磁理论的发展,人们对牛顿力学的时空观产生了动摇,爱因斯坦的相对论随之而生。对时空性质的研究一直是物理学的一个基本问题,它经历了牛顿的绝对时空观与爱因斯坦的相对论时空观两个认识阶段,为了学好相对论中的时空观,有必要对牛顿力学的时空观加以回顾。

4.1.1　牛顿力学的绝对时空观

牛顿对时空的认识可以从其发表的《自然哲学的数字原理》一书中窥见。他说:"空间,就其本质来说,与任何外界的情况无关,永远保持着相同与不动。""绝对的、纯粹的数学时间,就其本身和本性来说,与任何外界的情况无关,永远均匀地流逝着。"

按牛顿对空间的认识来看,空间像一个能容纳宇宙万物的一个无形的永不动的大容器,它为物体运动提供了一个场所,与存放其中的物体完全无关而独立存在,也就是说:物体放进去也好,取出来也罢,这个空间本身并不会发生什么变化,这种空间就是绝对空间。

按牛顿对时间的认识来看,时间是一条无头无尾、始终如一的河流,没有"源头",也没有涨落和波涛,时间除了均匀流逝的属性之外,没有其他属性。也就是说,在这条川流不息的河流里,有事件发生也好,无事件发生也罢,这种流逝总是独立地、均匀地进行着,从未停止,这种时间就是绝对时间。

总而言之,牛顿时空观认为时间和空间与任何物质的存在和运动都无关,时间就是时间,空间就是空间,它们彼此独立,互不相关。我国唐代诗人李白在他的《春夜宴桃李园序》中写道:"夫天地者,万物之逆旅;光阴者,百代之过客。"这一美妙的诗篇不能不说是对绝对时空的真实写照。

毫无疑问,由牛顿时空观不难看到,两个相对运动的惯性系,不管是哪一个惯性系的人去测量空间两点的距离,所得到的长度都是一样的;不管是哪一个惯性系的人去测量两个事件发生的时间间隔,所记录的时间也会一样,因为这些测量与参考系的运动与否无关。这样的认识同我们日常生活经验是一致的,并且在我们还很小的时候就完成了这种认识,以至于我们长大后,不再花费工夫考虑这些我们认为理所当然的、天经地义的概念。空间的测量、时间的测量与参考系的运动与否果真无关吗?爱因斯坦正是通过对这些看似平凡的时间、空间概念的深度的洞察,而悟出了全新的时空认识,创立了他的相对论的时空理论。

4.1.2 力学相对性原理

一般来说,对所有物理现象的观测和对所有物理规律的描述都是相对于某参考系而言的。从对称性和平权性思想出发,人们相信,在同一类参考系(如均为惯性系)中去观察物理现象,所得的物理规律应是相同的。一切力学规律在所有的惯性系中具有相同的数学形式;或者说,力学规律对一切惯性系都是等价的。这一表述是力学中很重要的一条原理,叫**力学相对性原理**。

力学相对性原理是在力学范围内根据大量实验事实总结出来的一条普遍规律。按照这一原理,我们在研究一个力学现象时,不论取哪一个惯性系,这一现象将按同样的形式发生和演变。例如,静坐在匀速直线运动的轮船内的旅客,如果把船舱四周的窗帘拉上,而且船身又能不摇晃,旅客就感觉不到船在前进,这时竖直上抛一件东西,仍将落回原处;人向后走动并没有感到比向前走动更困难。

船上如果有蝴蝶,它们会自由地四处飞行,它们绝不会因船在前进而向船尾集中。由此可知,在船上发生的一切力学现象与地面上没有什么不同,选择轮船还是地面做参考系来描述运动,是完全一样的。即在某一惯性系内观察者所做的任何力学实验,都不能判断这个惯性系是静止的,还是在做匀速直线运动。所以,力学相对性原理要求:力学规律从一个惯性系换算到另一个惯性系时,定律的表达形式应保持不变。

4.1.3　伽利略坐标变换

我们知道,要描述一个事件(如在某一时刻在空间某点发生一次爆炸)需要四个量(x, y, z, t),称(x, y, z, t)为该事件的时空坐标。

设有两个相互之间有相对运动的惯性参考系 S 和 S',各自建立一定的坐标系 $Oxyz$ 和 $O'x'y'z'$ 以及完全相同的计时系统。为了描述简单起见,假设两个坐标系的 x 与 x' 轴重合在一起,且两个坐标系的其他轴保持平行,S' 参考系相对于 S 参考系以速度 u 沿 x 方向匀速运动,如图 4.1 所示。并设当两个惯性参考系的坐标原点 O 与 O' 重合时,两个参考系中的时钟同时开始计时,即 $t = t' = 0$。同一个物理事件 P 在两个参考系中的时空坐标(x, y, z, t) 和 (x', y', z', t') 之间的关系由**伽利略坐标变换**描述,即

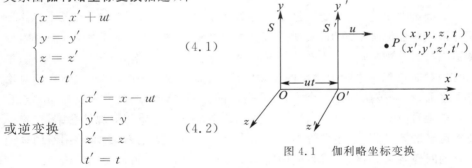

$$\begin{cases} x = x' + ut \\ y = y' \\ z = z' \\ t = t' \end{cases} \quad (4.1)$$

或逆变换
$$\begin{cases} x' = x - ut \\ y' = y \\ z' = z \\ t' = t \end{cases} \quad (4.2)$$

图 4.1　伽利略坐标变换

通过伽利略坐标变换,可以从物理事件在一个惯性参考系中的时空坐标计算出同一物理事件在另一个惯性参考系中的时空坐标,我们通常把不同参考系中对同一物体运动的描述之间的关联叫做变换。顺便指出进行参考系变换会为问题的处理带来方便。

把(4.1)式中的前三个式子的两边对时间求导,可得到经典力学的速度变换关系,称为**伽利略速度变换**式,即

$$\begin{cases} v_x = v_x' + u \\ v_y = v_y' \\ v_z = v_z' \end{cases} \quad (4.3)$$

或用矢量表示则记为

$$v = v' + u \tag{4.4}$$

我们常将(4.4)式称为经典的速度相加定理。

如将(4.4)式对时间再求导,则

$$a = a' \tag{4.5}$$

(4.5)式表明同一物体在不同惯性系中的加速度相同。

应该注意:

(1)由伽利略坐标变换不难得到 $\Delta x = \Delta x'$,$\Delta t = \Delta t'$,可见这种变换表达了牛顿力学空间测量绝对性、时间测量绝对性的思想,即反映了牛顿力学的绝对时空观。而这时的速度相加定理正是这种时空变换的必然结果。

(2)伽利略坐标变换的对称操作能保证力学定律的不变性。

下面我们试着用伽利略变换去操作某力学定律,例如牛顿第二定律,我们在 S 参考系中观察物体,其 F,m,a 之间有 $F = ma$,那么在 S' 参考系中观察,其 F',m',a' 之间是否也应有相同数学形式 $F' = m'a'$ 呢?由伽利略变换不难证明等式成立。因为伽利略变换给出了 $a = a'$,又因经典物理中认为质量是物质之量,一物体所包含物质多少应与其运动状态无关,即 $m = m'$;另外,在经典力学中所见到的质点间的作用力,与惯性系的选取也是无关的,即 $F = F'$,所以由 $F = ma$ 可推得 $F' = m'a'$ 成立。

上例可看出,伽利略变换是力学相对性原理的一个数学表述,或者说它体现了力学相对性原理的思想,实现了力学相对性原理的操作。综上所述,伽利略变换是绝对时空观的产物,体现的是绝对时空观。伽利略变换、力学相对性原理、牛顿的绝对时空观及牛顿力学中的运动定律,彼此已融为一体。经典力学在相对论建立之前,一直被认为是一个完善的、自洽的体系。然而,经典力学及其与之相容的时空观具有一定的局限性,它是物体低速情况下对物质时空观的总结,在物体高速运动的条件下,上述理论与实验将发生不可忽视的偏离,必须要用新的理论和新的时空观去替代,这就是爱因斯坦于 1905 年所创立的狭义相对论。

4.1.4 狭义相对论产生的历史背景

在物体低速运动范围内,伽利略变换和经典力学相对性原理是符合实际情况的。然而,在涉及高速运动问题时,如电磁现象,包括光的传播现象时,它们遇到了不可克服的困难。描述宏观电磁现象规律的麦克斯韦方程组不符合力学相对性原理,即在不同惯性系中方程组的形式是不同的。这就意味着,如果伽利略变换是普遍适用的,那么,麦克斯韦方程只能对某个特定的惯性系是正确的。

19 世纪末,在光的电磁理论发展过程中,有人认为宇宙间充满一种叫做以太的介质,光是靠以太来传播的,相对以太静止的参考系就是绝对参考系。麦克斯韦电磁场理论只在绝对参考系中才成立。根据这个观点,当时的物理学家设计

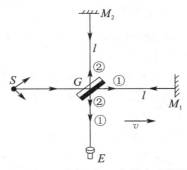

图 4.2　迈克尔逊 — 莫雷实验简图

了各种实验证明以太的存在。其中，以迈克尔逊和莫雷的实验最为著名。根据他们的设想，地球以一定的速度相对以太运动，而光沿不同方向传播时光速是不同的，这样应该在他们所设计的迈克尔逊干涉实验中得到某种预期的结果，从而求得地球相对以太的速度，证明以太参考系的存在。迈克尔逊的实验装置就是迈克尔逊干涉仪，如图 4.2 所示，它的两臂 GM_1 和 GM_2 长度相等，由光源发出的光，入射到半透半反镜 G 后，一部分反射到平面镜 M_2，再由 M_2 反射回来透过 G 到达望远镜 E；另一部分则透过 G 到达 M_1，再由 M_1 和 G 反射到达 E。设图中 v 为地球相对以太的速度，按经典力学时空观，由于两光束相对地球的速度不相同，虽然行经相等的臂长，但所需的时间是不一样的，在干涉仪中将看到干涉条纹。如果将仪器旋转 90°，使两光束相对地球的速度发生变化，这样，光束通过两臂的时间差也随之变化，由光的干涉原理，必然能够观察到干涉条纹的相应移动。

但是，麦克尔逊和莫雷在不同的地理条件、不同季节条件下多次进行实验，却始终观察不到干涉条纹的移动。这样，原本试图探测以太参考系而进行的实验，却成为否定以太参考系存在的证据。

迈克尔逊 - 莫雷实验的结果揭示了电磁理论与力学相对性原理的矛盾。要解决这一难题必须在物理观念上进行变革。

爱因斯坦坚信自然界的统一性和对称性，它在深入研究经典力学和麦克斯韦电磁场理论的基础上，认为力学相对性原理具有普适性，包括电磁现象在内的一切物理现象都应满足相对性原理；此外，他还认为相对以太静止的绝对参考系是不存在的，光速是与惯性系无关的一个常量。1905 年，爱因斯坦摒弃了以太假设和伽利略变换，从一个完全崭新的角度出发，提出了狭义相对论的两条基本原理。

物理沙龙：爱因斯坦的追光梦与其光速不变原理思想的萌发

1905 年是物理学界应该记住的一年，那是爱因斯坦的相对论诞生之年。在那一年，年方 26 岁的爱因斯坦共完成了 4 篇论文，每一篇都足以轰动物理学界，其中一篇关于光的量子论让他获得了诺贝尔奖，而另一篇他取了一个呆板名字的论文《论运动物体的电动力学》就是他的狭义相对论。爱因斯坦的这些理论的创立得益于他敢于与传统观念挑战的勇气与精神，得益于他锲而不舍的追求。从下面爱因斯坦追光的故事不难读出这些。

少年时代的爱因斯坦就萌发相对论的思想，1895 年，当他 16 岁在瑞士阿劳中学念书时，从科普读物中知道光是以高速前进的电磁波，他便联想到一个追光的假想实验，他说："假如一个人能以光的速度和光波一起跑，会看到什么现象呢？既然是电场和磁场不停地振荡且交互变化而推动向前的波，难道那时会看到的只是振荡着而停滞不前的电磁场，这可能吗？"这是与狭义相对论有关的第一个相关的理想实验。

爱因斯坦实际上提出了一个"追光佯谬"。物理学中有不少佯谬，目的是使理论中隐含的矛盾尖锐化，而矛盾只有在充分尖锐时才有希望找到解决的方向，从而可能弄清楚原来的基本概念中出错在什么地方。尽管爱因斯坦当时只有 16 岁，他就一眼看穿了这个"佯谬"的答案是"人永远也追不上光"。

这个佯谬的提出体现了少年时代的爱因斯坦具有非凡的洞察问题的本领。他后来说，这个问题一直使他思考了许多年，经过 10 年沉思，他才透彻地解决了这一难题。

4.2　狭义相对论的基本假设和时空观

4.2.1　狭义相对论的两条基本假设

爱因斯坦于 1905 年提出的狭义相对论是建立在两个基本的假设之上的，这两个基本假设是：

（1）光速不变原理

光在真空中的传播速度与参考系无关，即光速与光源或观察者的运动无关。也就是说，在相对于光源做匀速直线运动的一切惯性参考系中，所测得的真空中的光速都是相同的。

（2）狭义相对性原理

所有物理定律在一切惯性系中都具有相同的数学表达形式，即所有惯性系对于一切物理定律都是等价的。也就是说所有惯性系对于描述物理现象的规律都是等价的。显然，该原理是力学相对性原理的推广。

下面将分别就上述两条假设做些说明。

关于光速不变假设说明：按照麦克斯韦的电磁理论，可以得到电磁波在真空中传播的速度 $c = 1/\sqrt{\varepsilon_0 \mu_0}$，式中的 ε_0, μ_0 是与参考系无关的常量（ε_0 是真空介电常数,μ_0 是真空磁导率),在得到此式时并没提到是相对什么参考系计算得到的,这并不是麦克斯韦理论的破绽,而恰恰反映了光传播的速度与参考系无关这一事实;另外,从 1676 年由丹麦天文学家罗麦开始人类曾用多种方法对真空中的光速进行反复精密测量,迄今为止还没有发现光速与参考系有关的任何迹象,也没有发现光速与观察者的运动速度以及光源的运动速度有什么关系,而真空中光速的近代测定值为

$$c = (2.99792458 \pm 0.00000001) \times 10^8 \, \mathrm{m \cdot s^{-1}}$$

关于狭义相对性原理假设说明:爱因斯坦将牛顿力学相对性原理加以了推广,牛顿力学相对性原理指出,一切力学规律在所有惯性系中具有相同的数学形式。它提出了所有惯性系对于描述力学定律的等效性。在爱因斯坦看来自然界应具有内在的统一性,这种等效性不应只是力学所独有,他认为经典力学相对性原理不仅适用于力学定律,也应适用于包括光学在内的一切物理定理。可见,狭义相对性原理是基于爱因斯坦对自然规律对称性深刻认识的必然产物。

狭义相对论的两个基本假设构成了狭义相对论的基础,并为一些重要的实验事实所证明。从这两个假设出发,可以推出狭义相对论的全部内容。承认了这两个基本假设,必将引起时空观念的新变革,这种变革就意味着要对经典的时空理论进行修改,即修改经典的伽利略变换,寻求更合适、更准确的相对论变换公式。

4.2.2　相对论时空观

1. 同时的相对性

在讲同时的相对性之前,先讲讲在一个参考系中怎样认定该系中两个事件是同时发生及怎样给该系中的两只钟校正(同步),这对后面的学习十分必要。怎样认定两个事件是同时发生的呢?如图 4.3 所示,如果从

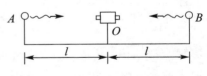

图 4.3　同时发生的认定

A,B 分别发出光信号,这构成同一惯性系中的两个异地事件,若 AB 的中点信号接收器同时接收到这两个信号,则认定 A,B 处的两个事件是同时的,显然这是通过对两光信号接收的同时与否来判断的。反过来,如果将上述 A,B 处换成两只钟,中点 O 是信号发射源,信号以相同速率向 A,B 传播,如图 4.4 所示。A,B 如收到信号瞬间把指针调到同一读数,A,B 处的钟便被校正且同步了,这正是校钟同步的方法。

这样的校钟便于在同一惯性系中的不同地点建立起统一的时间坐标,我们可以用各事件发生处的钟分别记录下事件发生的时刻,并把读数汇集起来判定

事件的先后顺序和时间间隔。在后面讨论中,我们认定各惯性系均已完成布钟、校钟手续。

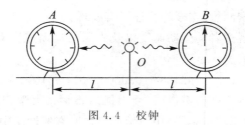

图 4.4　校钟

我们下面开始讨论同时的相对性问题。在一个惯性系看来是同时发生的两个事件,在另一个惯性系看来是否也是同时发生的呢?换言之,同时性是绝对的,还是相对的?

按照经典力学的观点,回答是肯定的。因为这是我们生活中最基本的常识,两个同时发生的事件对任何惯性系来说都是同时发生的。这里的"同时"一说是绝对的概念。

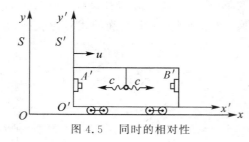

图 4.5　同时的相对性

但是,在狭义相对论看来,答案就不那么简单。我们先做一个爱因斯坦的关于同时性具有相对性的假想实验:设想有一很长车厢在地面上以很大速度 u 匀速行驶(图 4.5),车厢正中有一光源发出一闪光,光信号向车厢两端 A',B' 传去。根据光速不变原理,在车厢上(S' 系)的观测者可以测得光信号同时击中车厢的两端 A' 和 B',即光信号击中车厢两端 A' 和 B' 这两个事件是同时发生的。然而对于地面上的观测者来说,光脉冲离开光源后光仍然以光速 c 向前后传播,光源的运动对光速没有影响(光速不变假设)。由于光抵达车厢两端需要一段时间,在这段时间内车厢向前运动了一段距离,故在地面上(S 系)看来,车厢 A' 端(迎着光)先于 B' 端(背着光)遇到光信号,所以两事件不是同时发生的。

我们还可以用另一个爱因斯坦常引用的例子来说明,设有一列火车以匀速率 u 沿图 4.6 所示方向在轨道上行驶,当列车首尾 A',B' 与地面上的 A,B 两点重合时,该两处发生雷击,如图 4.6 所示。由光速不变原理,闪光在地面参考系 S 和列车参考系 S' 中传播速率均为相同的常数 c。由于两闪光同时传到位于地面上 AB 中点 O 处的观测者甲(或信号接收器)根据同时性定义,S 系认为 $A(A')$,

$B(B')$ 处的雷击是同时发生的。而位于 S' 系上 $A'B'$ 中点 O' 处的观测者乙(或信号接收器)因其随列车以速率 u 前进,这样,车头 $A'(A)$ 处发出的光信号到达 O',通过的距离比车尾 $B'(B)$ 处发出的光信号到达 O' 通过的距离短,乙将先接收到车头的光信号,后接收到车尾的光信号。于是,在 S' 系看来,两处的雷击不是同时发生的。

图 4.6　同时的相对性假想实验

上述分析表明:**在一个惯性系的不同地点同时发生的两个事件,在另一个惯性系看来是不同时的,这就是说同时性也是相对的,不是绝对的**。所以对同时性的判断必须指明对哪个参考系而言,否则毫无意义。爱因斯坦对同时性这一看似简单的概念,提出了与经典力学完全不同的观点,是基于他对时间深刻的认识。爱因斯坦说过,凡是时间在里面起作用的一切判断,都是同时性的判断,由此可见对"同时性"认识的重要性与必要性,比如我们说"那火车 7 点钟到达这里,这大概是说我的表指向 7 点钟与火车到达是同时的事件",这一句话指明了时间的测量与同时性之间的密切关系。

必须指出,同时的相对性应是光速不变假设的必然结果,并且在相对速度 u 不太大时(低速运动),这种同时的相对性就不再那么显著了,这是人们对同时绝对性的认识。

2. 时间间隔测量的相对性 —— 时间膨胀

前面刚讨论"同时性"具有相对性,那时间间隔测量是否随惯性系的不同而不同,而也具有相对性呢?下面回答这个问题。

如图 4.7 所示,两个参考系 S 和 S',两者的坐标分别相互平行,而且 x 轴和 x' 轴重合在一起。S' 相对于 S 沿 x 轴方向以速度 u 运动。设在 S' 系中 A' 点有一光信号发射器与接收器,它近旁有一只钟 C'。在平行于 y' 轴方向离 A' 距离为 d 处放置一反射镜 M'。在 O 与 O' 重合时,光源 A' 发出光信号(此时光源对应 S 系 A 处亦即 O 处),经 M' 镜反射回 A'(接收器)。下面讨论发射到接收这两个事件在两个参考系中对应的时间间隔,在 S' 系中看光走的是直线,如图 4.7(a),其距离为 $2d$,光传播速度为 c,则该系中的钟(C')走过的时间为:

$$\Delta t' = \frac{2d}{c} \tag{4.6}$$

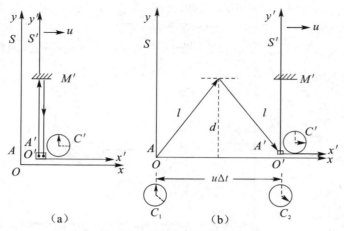

图 4.7 时间测量的相对性

在 S 系中测量,由于 S' 系的运动,光线由发出到返回并不沿同一直线进行,而是沿一条折线,如图 4.7(b)。这两个事件并不发生在 S 系中的同一地点,以 Δt 表示在 S 系中测得的闪光由 A 发出到返回 A' 所经过的时间,则在这段时间内 A' 沿 x 方向移动距离为 $u\Delta t$,如果在 S 系中测量沿 y 方向从 A' 到镜面的距离也是 d,则在 S 系中测得的斜线 l 的长度为

$$l = \sqrt{d^2 + \left(\frac{u\Delta t}{2}\right)^2} \tag{4.7}$$

由于光速不变,所以有

$$\Delta t = \frac{2l}{c} = \frac{2}{c}\sqrt{d^2 + \left(\frac{u\Delta t}{2}\right)^2}$$

由此式解出

$$\Delta t = \frac{\dfrac{2d}{c}}{\sqrt{1 - \left(\dfrac{u^2}{c^2}\right)}}$$

和(4.6)式比较可得

$$\Delta t = \frac{\Delta t'}{\sqrt{1 - \left(\dfrac{u^2}{c^2}\right)}} \tag{4.8}$$

式中 $\Delta t'$ 是在 S' 系中发生在同一地点的两个事件之间的时间间隔,是用静止于此参考系中的一只钟(C')测出的,称之为原时。由(4.8)式可知,由于 $\sqrt{1 - (u^2/c^2)} < 1$,故 $\Delta t' < \Delta t$,即原时最短。原时又称为当地时或固定时,用 τ_0

表示。在 S 系中的 Δt 是在不同地点测得的同样两个事件之间的时间间隔,是用静止于此参考系中的两只钟(C_1、C_2) 测出的,称为两地时,用 τ 表示,它比原时长。两者的关系为

$$\tau = \frac{\tau_0}{\sqrt{1 - (u^2/c^2)}} \tag{4.9}$$

对于原时最短的现象,即 $\tau_0 < \tau$,可以作如下说明:它表明一个物理过程的时间相对于运动的观察者来说延长了,称此为时间膨胀效应。换句话说,如果用钟走的快慢来说明,就是 S 系中的观察者把相对他运动的那只 S' 系中的钟和自己许多同步的钟对比,发现那只钟慢了,我们把运动钟比静止的钟走得慢的这种效应也叫做钟慢效应。

应该明确:

(1) $\Delta t \neq \Delta t'$ 表明,时间间隔的测量与参考系有关,时间间隔测量具有相对性。

(2) 这里的运动钟变慢并不限于运动参考系中的计时装置,可指其中发生的一切物理、化学过程,乃至观察者自己的生命节奏都变慢了,真可谓运动让人"延年益寿"。注意,这里变慢是 S 系中观测者才能得到的结论。还应当进一步明确,运动钟变慢与时钟的内部结构无关,不是时钟出了毛病,是由时空本身的基本属性决定的。

(3) 时间膨胀(或运动钟变慢)是一种相对效应。也就是说对 S' 系的观测者来说,静止于 S 系中的时钟是运动的,因此他认为相对于自己的钟,S 系中的钟走得要慢(两个参考系上的人都认为对方的钟变慢了,这矛盾吗?)。

(4) 当 $u \ll c$ 时 $\Delta t = \Delta t'$,即时间间隔测量与参考系无关,这又回到牛顿力学的绝对时间观上。可见绝对时间概念是这里相对论时间概念低速情况下的近似。

物理沙龙:孪生子佯谬

在讨论时间测量的相对性时,我们得到了动钟变慢的结论,并强调钟慢效应是相对的。甲看乙的钟,认为乙的钟慢了;乙看甲的钟,则认为甲的钟慢了,这一相对论效应引发了"运动使人长寿"或"孪生子佯谬"的争论。

在讲"孪生子佯谬"之前,我们先对寿命变长作如下解读。假定一个人的寿命由心跳总次数所决定,心脏跳动 N 次后,人就死了。一次心跳等效于我们前面讨论的一个物理过程(即信号发射与接收),如果人静止时每一次跳动所用的时间为 τ_0,则人静止的寿命就等于 $N\tau_0$。

下面来讨论"孪生子佯谬"假想实验。设有一对孪生兄弟,哥哥告别弟弟乘宇宙飞船去太空旅行,身在家中的弟弟看来,发现哥哥因运动而心跳变慢,如果每次时间为 τ,则弟弟认为哥哥的寿命为 $N\tau$,根据前面所指出 $\tau > \tau_0$,$N\tau > N\tau_0$,即弟弟认为哥哥的寿命比自己要长,或者说自己老得比哥哥快,哥哥活得更年轻

了。而飞船上的哥哥认为弟弟在运动,会得出弟弟寿命要长或弟弟比自己年轻的结论。假如飞船返回地球兄弟相见,本来同样年轻的孪生子,到底谁年轻就成了难以回答的问题,这就是通常所说的"孪生子佯谬"。

对于这个佯谬的讨论,有两个层次。首先在狭义相对论层次,兄弟两人的观念都正确。之所以好像得出矛盾的结论,是因为两人处于不同的惯性系中,各用各的钟,哥哥的时间观念不等于弟弟的,弟弟的时间观念也不等于哥哥的。

在更深一层的讨论中佯谬已超出狭义相对论范畴。狭义相对论要求飞船、地球同为惯性系,哥哥和弟弟就只能永别,不可能面对面的比较谁更年轻。要比飞船就得掉头减速回到地面,已不是惯性系问题,飞船立刻变成一个"非惯性参考系",我们必须用广义相对论来讨论问题。

例 4.1　宇宙射线在大气层上能产生大量的称为 μ 子的基本粒子。μ 子是一种不稳定的粒子,在其相对静止的参考系中观察,它的平均寿命为 $\Delta t' = 2 \times 10^{-6}\,\text{s}$,过后就自发地衰变为电子和中微子。大气层上产生的 μ 子的速率为 $\mu = 0.998c$,μ 子可穿透 9km 厚的大气层到达地面实验室。理论计算与这些实验观测结果是否一致呢?

解　若用经典理论计算,μ 子在平均寿命的时间里所能经过的距离为
$$u\Delta t' = 0.998 \times 3 \times 10^8 \times 2 \times 10^{-6} \approx 600(\text{m})$$
这和实验观测结果明显不符,这样的运动距离地面上是检测不到 μ 子的。若考虑相对论时间膨胀效应,$\Delta t'$ 是一个原时,它等于静止 μ 子的平均寿命,那么以地面为参考系时 μ 子的"运动寿命"应该是
$$\Delta t = \frac{\Delta t'}{\sqrt{1 - (u^2/c^2)}} = \frac{2 \times 10^{-6}}{\sqrt{1 - 0.998^2}} = 3.17 \times 10^{-5}(\text{s})$$
因此,在地面实验室测得 μ 子在衰变前通过的平均距离应该是
$$u\Delta t = 0.998 \times 3 \times 10^8 \times 3.17 \times 10^{-5} \approx 9.5(\text{km})$$
这就与实验观测结果很好地符合。由此可得出如下结论:同一种不稳定粒子,其运动寿命要比静止寿命长,这一理论的预言已在高能物理实验中得到了证实。

3. 空间间隔测量的相对性 —— 长度收缩

以上讨论的是时间测量的相对性问题,下面讨论空间长度测量的相对性,即在不同参考系中测得的同一物体的长度之间的关系。通常,在某个参考系内,一个静止物体的长度可以由一个静止的观测者用尺去量;但要测量一个运动物体的长度就不能用这样的办法了。合理的办法是:测量它的两端点在同一时刻所对应位置的坐标,则其坐标差值就代表其物长。

下面介绍在不同参考系中测量同一杆长所得到的结论。如图 4.8 所示,有两个参考系 S 和 S'。有一杆 $A'B'$ 固定在 x' 轴上,在 S' 系中测得它的长度为 l'。为了求出它在 S 系中的长度 l,我们假想在 S 系中某时刻 t_1,B' 端经过 x_1;在其后

$t_1 + \Delta t$ 时刻，A' 经过 x_1。由于杆的运动速度为 u，在 $t_1 + \Delta t$ 时刻，B' 端的位置一定在 $x_2 = x_1 + u\Delta t$ 处。根据上面所说长度测量的规定，这里的 x_1, x_2 是指在 S 系中 $t + \Delta t$ 时刻同时测量所得到的杆的坐标值，因此，在 S 系中测出的杆长就应该是

$$l = x_2 - x_1 = u\Delta t \tag{4.10}$$

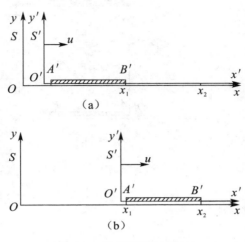

图 4.8　长度测量的相对论

再看 Δt，我们可以理解它是 B' 端和 A' 端相继通过 x_1 点这两个事件之间的时间间隔，由于 x_1 是 S 系中一个固定地点，所以 Δt 是这两个事件之间的原时（当地时）。

从 S' 系看来，杆是静止的，由于 S 系向左运动，x_1 这一点相继经过 B' 端和 A' 端（见图 4.9）。由于杆长为 l'，所以 x_1 经过 B' 和 A' 这两个事件之间的时间间隔 $\Delta t'$ 在 S' 系中测量为

$$\Delta t' = \frac{l'}{u} \tag{4.11}$$

现在再看 $\Delta t'$，它代表的仍是上述两个相遇事件的时间间隔（即 x_1 遇到 A' 与 x_1 遇到 B' 两事件），只不过在 S' 系看来，它是不同地点先后发生的两事件的时间间隔，它应是两地时，由于 Δt 与 $\Delta t'$ 记录的是同样的两个事件的时间间隔，根据前面所讲，原时和两地时的关系，有

$$\Delta t = \Delta t' \sqrt{1 - (u^2/c^2)} = \frac{l'}{u} \sqrt{1 - (u^2/c^2)}$$

将此式代入（4.10）式即可得

$$l = l' \sqrt{1 - (u^2/c^2)} \tag{4.12}$$

式（4.12）中的 l' 是静止时测得的杆的长度，称为杆的静长或原长（或固有长），

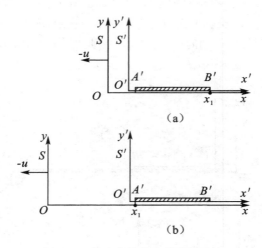

图 4.9　长度收缩的定量分析实验

用 l_0 表示,则上式可写成

$$l = l_0 \sqrt{1 - (u^2/c^2)} \qquad (4.13)$$

上式表示,$l < l_0$,即原长最长。杆沿着运动方向放置时长度缩短,这种效应叫做运动的棒的长度收缩。如果将此杆换成一根尺,将能解释尺缩效应这一说法。

应该说明:

(1)式中 $l \neq l'$,说明空间长度测量是相对的,同一杆在不同的参考系中有不同的测量结果。

(2)长度收缩效应是相对的。以上说明了在 S 参考系中观测者测量固定于 S' 系中的物体长度缩短了;同样,在 S' 参考系中的观测者测得固定于 S 系中的物体长度也是缩短的。

(3)和运动时钟变慢效应一样,运动物体长度缩短也是时空的基本属性决定的,与物体内部结构无关,与在热胀冷缩现象中发生的那种实在的收缩,是完全不同的两件事情。

(4)当 $u \ll c$ 时,则 $l = l'$,又回到牛顿力学空间间隔测量的绝对性上。

(5)长度收缩是指物体在相对运动方向上的缩短,由此可以推断,物体形状会随着参考系不同而不同。

物理沙龙：火车钻山洞的佯谬

关于垂直运动方向长度不收缩可以由下述火车钻山洞的假想实验来说明。

设在山洞外停有一列火车,车厢高度与洞顶高度相等。现在使火车匀速地向山洞开去,这时它的高度是否和洞顶高度相等呢?或者说,高度是否和运动有关呢?假设高度由于运动而变小了,这样在地面上观察,由于运动的车厢高度减小,它当然能顺利地通过山洞。如果在车厢上观察,则山洞是运动的,由相对性原理,洞顶的高度应减小,这样车厢势必在山洞外被阻住。这就发生了矛盾。但车厢能否穿过山洞是一个确定的物理事件,应该和参考系的选择无关。因而上述矛盾不应该发生,这说明上述假设是错误的。因此,在满足相对性原理的条件下,车厢和洞顶的高度不因运动而减小。这也就是说,垂直于运动方向上的高度是不变的。

例 **4.2**　原长为5m的飞船以 $u = 9 \times 10^3$ m/s 速率相对于地面匀速飞行,从地面上测量它的长度是多少?

解　$l = l'\sqrt{1 - \left(\dfrac{u}{c}\right)^2}$

$$= 5\sqrt{1 - \left(\frac{9 \times 10^3}{3 \times 10^8}\right)^2} \approx 4.999999998(\text{m})$$

这个结果与原长差别是难以测出的。

4.3　洛伦兹变换

伽利略变换与狭义相对论的基本原理不相容,因此需要寻找一个满足狭义相对论基本原理的变换式,这就是洛伦兹变换式。该变换式最初是由荷兰物理学家洛伦兹为弥合经典理论所暴露的缺陷而建立起来的,但洛伦兹并未给出变换式的正确解释。爱因斯坦根据狭义相对论的两条基本原理导出了这个变换式,并赋予变换式深刻的时空观。基于洛伦兹写出此式在先,此变换式仍以洛伦兹命名。

4.3.1　洛伦兹坐标变换

实验结果表明,经典的伽利略变换已不再适用于高速运动,同时,狭义相对论的两个基本假设又彻底地否定了经典的时空理论,那么新的时空理论如何?而满足狭义相对论的两个基本假设的新的时空变换形式又将如何?

需要明确指出,这一新的变换式必须满足一些合理的要求:① 由于伽利略变换在低速情况下是成功的,所以新的时空变换方式在低速情况下必须能够转化为伽利略变换式;② 新的时空变换中必须能够体现光速 c 为一常量的思想;③ 新的时空变换对于不同的惯性系应该等价、平权,符合相对性原理的要求。

如图 4.10 所示,设有 S,S' 两惯性参考系,x 轴与 x' 轴重合,S' 系相对 S 系以速度 u 沿 x 轴方向运动,当原点 O 和 O' 重合时,$t = t' = 0$。一般地,对于某一

事件 P，在 S 系中的时空坐标为 (x,y,z,t)，在 S' 系中为 (x',y',z',t')，这两组时空坐标的关系可由洛伦兹变换给出（推导从略）：

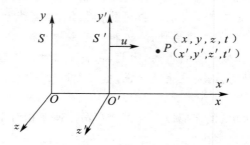

图 4.10　洛伦兹坐标变换

从 S 系的时空坐标导出 S' 的时空坐标，有

$$\begin{cases} x' = \dfrac{x - ut}{\sqrt{1 - u^2/c^2}} \\ y' = y \\ z' = z \\ t' = \dfrac{t - ux/c^2}{\sqrt{1 - u^2/c^2}} \end{cases} \tag{4.14}$$

从 S' 系的时空坐标导出 S 系的时空坐标（逆变换），有

$$\begin{cases} x = \dfrac{x' + ut'}{\sqrt{1 - u^2/c^2}} \\ y = y' \\ z = z' \\ t = \dfrac{t' + ux'/c^2}{\sqrt{1 - u^2/c^2}} \end{cases} \tag{4.15}$$

(4.14)式及(4.15)式即狭义相对论的时空变换式 —— **洛伦兹变换**。在洛伦兹变换中，不仅 x' 是 x,t 的函数，而且 t' 也是 x,t 的函数，并且还都与两个惯性系之间的相对速度 u 有关，这样洛伦兹变换就集中地反映了相对论关于时间、空间和物质运动三者紧密联系的新概念。而在经典力学中，时间、空间和物质运动三者是相互独立、彼此无关的。

我们用 γ 表示 $(1 - u^2/c^2)^{-1/2}$，称其为相对论因子，从式(4.14)和式(4.15)可以看出，当 $u \ll c$ 时，γ 趋近于 1，则洛伦兹变换式又变成了伽利略变换式，这说明经典的牛顿力学是相对论力学的一个极限情形，只有在物体的运动速度远小于光速时，经典的牛顿力学才是正确的。由于日常所遇到的现象中，物体的速度大多比光速小得多,所以牛顿定律仍能准确地应用。如果 $u > c$,则 γ 变为虚数,这显然是没有物理意义的,所以物体的运动速度不能超过真空中的光速。需要着重指出的是,式(4.14)和式(4.15)两组时空坐标 (x, y, z, t) 和 (x', y', z', t') 是对于同一物理事件而言的,所以在讨论变换关系时,必须核实两组坐标是否代表同一事件。

例 4.3 设北京和上海直线相距 1000km,在某一时刻从两地同时各开出一列火车。现有一艘飞船沿北京到上海的方向直线飞行,速率恒为 $u = 9\text{km/s}$。求宇航员测得的两列火车开出时刻的间隔,哪一列先开出?

解 取地面为 S 系,坐标原点在北京,从北京到上海的方向为 x 轴正方向,北京和上海的位置分别是 x_1 和 x_2。现已知 $\Delta x = x_2 - x_1 = 10^6\text{m}$。两列火车开出的时间间隔 $\Delta t = t_2 - t_1 = 0$。取飞船为 S' 系,若以 t'_1 和 t'_2 分别表示在飞船上测得的从北京发车的时刻和从上海发车的时刻,则由洛伦兹变换可知

$$\Delta t' = \frac{\Delta t - u\Delta x/c^2}{\sqrt{1-(u^2/c^2)}} = \frac{u\Delta x}{c^2\sqrt{1-(u^2/c^2)}} \approx -10^{-7}(\text{s})$$

亦即 $t'_2 - t'_1 = -10^{-7}\text{s}$,这就是说,飞船上的宇航员发现从上海发车的时刻比从北京发车的时刻早 10^{-7}s(由于这一时间非常微小,我们难以判断这一差异)。

例 4.4 从洛伦兹变换式出发,导出时间延缓和长度收缩效应。

解 (1)时间延缓效应:设在 S' 系中有同地不同时的两事件发生,相应的时空坐标分别为 (x', t'_1) 和 (x', t'_2),t'_1, t'_2 是由 S' 系中同一地点 x' 处的钟 M' 测出的。则在 S 系中两事件的时空坐标分别为 (x_1, t_1) 和 (x_2, t_2),t_1, t_2 为 x_1, x_2 两地同步钟 M_1, M_2 测出的。按洛伦兹变换式有

$$t_1 = \frac{t'_1 + c^2 x'/u}{\sqrt{1-u^2/c^2}}, \quad t_2 = \frac{t'_2 + c^2 x'/u}{\sqrt{1-u^2/c^2}},$$

$$\Delta t = t_2 - t_1 = (t'_2 - t'_1)/\sqrt{1-u^2/c^2} = \Delta t'/\sqrt{1-u^2/c^2}$$

所以有 $\Delta t = \gamma \Delta t'$,即在 S 系中看来,$\Delta t > \Delta t'$,这就是时间延缓效应的结论。

(2)长度收缩效应:设在 S' 中有长为 $l' = x'_2 - x'_1$ 的杆,在 S 系中长为 $l = x_2 - x_1$(根据测量要求,x_1, x_2 须在同一时间 t 测出)。由洛伦兹变换式有

$$x'_2 = \frac{x_2 - ut}{\sqrt{1-u^2/c^2}}, \quad x'_1 = \frac{x_1 - ut}{\sqrt{1-u^2/c^2}},$$

$$x'_2 - x'_1 = \frac{x_2 - x_1}{\sqrt{1-u^2/c^2}}, \quad x_2 - x_1 = (x'_2 - x'_1)\sqrt{1-u^2/c^2}$$

所以有 $l = \dfrac{1}{\gamma}l'$。即在 S 系中看来,$l < l'$,这就是长度收缩效应的结论。

例 4.5 若在 S' 系中发生两个事件 A 和 B,B 事件是由 A 事件引起的,即 A 是因,B 是果,例如在 S' 系中 t'_1 时刻在 x'_1 点开枪,在 t'_2 时刻击中 x'_2 点,试证

明 S 系中观察 A 先 B 后的时序不会颠倒。

解 由

$$t_1 = \frac{t'_1 + ux'_1/c^2}{\sqrt{1-u^2/c^2}}, \quad t_2 = \frac{t'_2 + ux'_2/c^2}{\sqrt{1-u^2/c^2}}$$

得到

$$t_2 - t_1 = \frac{t'_2 - t'_1}{\sqrt{1-u^2/c^2}} + \frac{(x'_2 - x'_1)u/c^2}{\sqrt{1-u^2/c^2}}$$

$$= \frac{t'_2 - t'_1}{\sqrt{1-u^2/c^2}}\left[1 + \frac{u}{c^2}\frac{(x'_2 - x'_1)}{(t'_2 - t'_1)}\right]$$

可见,只要子弹的飞行速度 $(x'_2 - x'_1)/(t'_2 - t'_1)$ 小于光速 c,则不管 $x'_2 < x'_1$,还是 $x'_2 > x'_1$,在 $t'_2 > t'_1$ 时总有 $t_2 > t_1$。可见,光速 c 是一切实际物体运动速度极限的假设,保证了时序的不能颠倒。

例 4.6 如图 4.11 所示,在地面上有一跑道长 100m,运动员从起点跑到终点,用时 10s。有一飞船以 $0.08c$ 速度相对地面飞行,则飞船中的人观察:

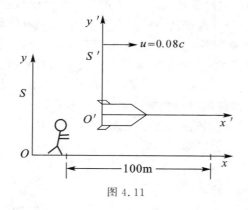

图 4.11

(1) 跑道有多长?

(2) 运动员跑过的距离和所用的时间分别为多少?

解 以地面为 S 系,飞船参考系为 S' 系。

(1) 跑道固定在 S 系中,固有长度 $l_0 = 100$m,而在 S' 系中,按长度收缩效应公式算得

$$l' = l_0\sqrt{1-u^2/c^2} = 60(\mathrm{m})$$

(2) 运动员起跑和到达终点是既不同地也不同时的两事件,已知 $\Delta t = 10$s,这里不能应用长度收缩效应公式或时间延缓公式,只能用洛伦兹变换式来计算。由

$$\Delta x' = \frac{\Delta x - u\Delta t}{\sqrt{1-u^2/c^2}}, \quad \Delta t' = \frac{\Delta t - c^2\Delta x/u}{\sqrt{1-u^2/c^2}}$$

将 $\Delta x = 100\mathrm{m}, \Delta t = 10\mathrm{s}$ 和 $u = 0.08c$ 代入以上两式,计算得到 $\Delta x' = -0.4 \times 10^9 (\mathrm{m})$。

计算结果中的负号表示在 S' 系中观察,运动员是沿 x' 负方向后退。

S' 系中观察运动员跑 $\Delta x'$ 距离的时间为 $\Delta t' = 16.6\mathrm{s}$。

大家可思考一下,这里的 $l' \neq \Delta x'$,为什么呢?

4.3.2　洛伦兹速度变换

在讨论速度变换时,应注意各速度分量的如下定义:

在 S 系中,

$$v_x = \frac{\mathrm{d}x}{\mathrm{d}t}, \quad v_y = \frac{\mathrm{d}y}{\mathrm{d}t}, \quad v_z = \frac{\mathrm{d}z}{\mathrm{d}t}$$

在 S' 系中

$$v'_x = \frac{\mathrm{d}x'}{\mathrm{d}t'}, \quad v'_y = \frac{\mathrm{d}y'}{\mathrm{d}t'}, \quad v'_z = \frac{\mathrm{d}z'}{\mathrm{d}t'}$$

在洛伦兹变换公式(4.14)中,对 t' 求导,可得

$$\frac{\mathrm{d}x'}{\mathrm{d}t'} = \frac{\frac{\mathrm{d}x'}{\mathrm{d}t}}{\frac{\mathrm{d}t'}{\mathrm{d}t}} = \frac{\frac{\mathrm{d}x}{\mathrm{d}t} - u}{1 - \frac{u}{c^2}\frac{\mathrm{d}x}{\mathrm{d}t}}$$

$$\frac{\mathrm{d}y'}{\mathrm{d}t'} = \frac{\frac{\mathrm{d}y'}{\mathrm{d}t}}{\frac{\mathrm{d}t'}{\mathrm{d}t}} = \frac{\frac{\mathrm{d}y}{\mathrm{d}t}}{1 - \frac{u}{c^2}\frac{\mathrm{d}x}{\mathrm{d}t}}\sqrt{1 - (u^2/c^2)}$$

$$\frac{\mathrm{d}z'}{\mathrm{d}t'} = \frac{\frac{\mathrm{d}z'}{\mathrm{d}t}}{\frac{\mathrm{d}t'}{\mathrm{d}t}} = \frac{\frac{\mathrm{d}z}{\mathrm{d}t}}{1 - \frac{u}{c^2}\frac{\mathrm{d}x}{\mathrm{d}t}}\sqrt{1 - (u^2/c^2)}$$

利用 S, S' 系中速度分量的定义公式,上述式子可写为

$$\begin{cases} v'_x = \dfrac{v_x - u}{1 - \dfrac{uv_x}{c^2}} \\[2mm] v'_y = \dfrac{v_y}{1 - \dfrac{uv_x}{c^2}}\sqrt{1 - (u^2/c^2)} \\[2mm] v'_z = \dfrac{v_z}{1 - \dfrac{uv_x}{c^2}}\sqrt{1 - (u^2/c^2)} \end{cases} \tag{4.16}$$

在(4.15)式中,将带撇的量和不带撇的量互相交换,同时把 u 换成 $-u$,可得速度的逆变换式如下:

$$\begin{cases} v_x = \dfrac{v'_x + u}{1 + \dfrac{uv'_x}{c^2}} \\[4mm] v_y = \dfrac{v'_y}{1 + \dfrac{uv'_x}{c^2}} \sqrt{1 - (u^2/c^2)} \\[4mm] v_z = \dfrac{v'_z}{1 + \dfrac{uv'_x}{c^2}} \sqrt{1 - (u^2/c^2)} \end{cases} \qquad (4.17)$$

式(4.17)就是相对论速度变换。当 $u \ll c, v_x \ll c$ 时,式(4.16)回到伽利略速度变换。可以看出,在 S' 系中观测到的 v'_y 和 v'_z 并不等于 v_x 和 v_y,这是因为虽然 $\mathrm{d}y' = \mathrm{d}y, \mathrm{d}z' = \mathrm{d}z$,但由于 $\mathrm{d}t' \neq \mathrm{d}t$,所以它们也发生了变化。

例 4.7 在如图 4.12 所示坐标的情形下,在 S 系中沿 x 轴负方向发出一光信号,速率为 c。问在 S' 系中测得的光速多大?

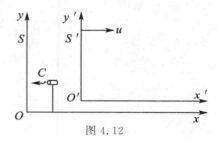

图 4.12

解 按式(4.16)的第一式求得 S' 中的光速为

$$v' = \frac{-c - u}{1 - \dfrac{u}{c^2}(-c)} = -c$$

这与光速不变原理一致,且符合实验结果。如果按伽利略速度变换,将得出超光速的错误结果为 $-(c + u)$。洛伦兹速度变换可解释许多现象,如星球的光行差现象和多普勒现象等。

4.4 狭义相对论动力学基础

前面讨论过的内容都属于相对论中的运动学问题。本节开始讨论相对论中有关动力学的基本概念和原理。

一切物理定律必须符合爱因斯坦的狭义相对性原理,而且应在经过洛伦兹变换时保持定律形式不变。牛顿运动定律仅在伽利略变换下保持不变,而伽利略变换是洛伦兹变换在 $u \ll c$ 时的近似,可见牛顿运动定律也必然是在 $u \ll c$ 情况下的近似理论。这样就需要建立一种普遍的力学理论。当从一个惯性系按洛伦兹变换到另一惯性系中时应保持定律的形式不变,它能适用于高速运动的情况,而以牛顿运动定律作为它的低速近似,这种力学是相对论力学。

4.4.1 质量、动量和力

1. 相对论中的质量

在经典力学中,物体的质量为一恒量,与物体的速率无关。若物体受一恒力作用,沿此力的方向做匀加速直线运动,其速度最终一定会超过光速,这显然与相对论认为物体速度不能超过光速相抵触。设想物体在高速运动时,其质量随速率的增大而增大,当速度趋近于光速时质量亦趋近于无限大,亦即速率越大,加速越难,这样速率的极限就不会超过光速。因此,狭义相对论认为物体的质量并非恒量而是随速率而变化的,理论分析与实验都表明,质量 m 与速度 v 有如下的关系:

$$m = \frac{m_0}{\sqrt{1 - \left(\dfrac{v}{c}\right)^2}} \qquad (4.18)$$

式(4.18)就是狭义相对论的质量表达式,又称为质速关系。式中 m_0 是物体静止时的质量,称为静质量,m 为物体相对于观察者以速度 v 运动时,观察者测出的质量,叫相对论质量或动质量。不难看出,当物体的速率趋近于零($v \to 0$)时,物体的相对论质量趋近于静质量;当物体的速率 v 接近于 c($v \to c$)时,物

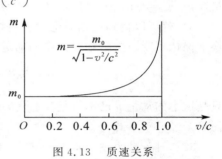

图 4.13 质速关系

体质量变化尤为显著。图 4.13 表示了质量与其运动速率的这种关系。1909 年法国物理学家布赫勒研究了从放射源中逸出的高能电子射线,发现实验曲线与图 4.13 符合得很好,从而证实了质速关系。

要强调的是:① 质速关系再一次揭示了物质与运动的不可分割性;② 静质量不为零的物体当 $v \to c$ 时,$m \to \infty$;当 $v > c$ 时,m 为虚数,这都没有意义,故静质量不为零的物体的速率不能等于或大于光速 c;③ 由于光子、中微子等粒子它们以光速在运动,则其静质量只能为零。

下面两个实例的计算可以看到 m 的变化情况。例如,地球公转的速率高达 $v = 30 \text{km} \cdot \text{s}^{-1}$,但与光速 $c = 3 \times 10^8 \text{m} \cdot \text{s}^{-1}$ 相比仍然甚小,其质量的变化极其微小。即

$$m = \frac{m_0}{\sqrt{1 - \left(\dfrac{v}{c}\right)^2}} = \frac{m_0}{\sqrt{1 - \left(\dfrac{30 \times 10^3}{3 \times 10^8}\right)^2}}$$

$$= \frac{m_0}{\sqrt{1 - \dfrac{1}{10^8}}} = 1.000000005 m_0$$

显然,这样的变化很难观测,但对电子等微观粒子,现代加速器可以将它加速到接近光速,其质量的变化就非常显著。不难计算,速率为 $v = 2.7 \times 10^8 \text{m} \cdot \text{s}^{-1}$ 的电子,其质量是静质量的 2.3 倍。

2. 相对论中的动量

相对论质量的提出,首先是为了解决相对论中关于动量守恒定律的困难。因为,无论物体是处在低速运动还是处在高速运动,动量守恒定律总是成立的;在经典力学意义下,用数学形式 $\boldsymbol{p} = m\boldsymbol{v}$ 表示的物体的动量,在伽利略变换下具有不变的形式,而在洛伦兹变换下将不能够保持原来的数学形式。力学中一条这么重要的基本定律却不能与相对论的第一条基本假设相容,说明或者是相对论的假设,或者是动量的经典定义必须修改,或者是"质量不随运动状态改变"的看法必须放弃,三者必有其一。理论分析和观测实验都证明,可以在形式上仍把动量写成 $\boldsymbol{p} = m\boldsymbol{v}$,但需引入静止质量和相对论质量的概念,并使它们满足式(4.18),就可以得到在相对论中满足相对性原理的动量守恒定律,并在洛伦兹变换下保持不变。这样,相对论中的动量自然应写成

$$\boldsymbol{p} = m\boldsymbol{v} = \frac{m_0}{\sqrt{1 - v^2/c^2}}\boldsymbol{v} \tag{4.19}$$

只是这里的动量 $\boldsymbol{p}$ 已不再是与速度 $\boldsymbol{v}$ 成正比了。当然,在 $v \ll c$ 时,相对论动量式便趋于经典动量式。

3. 相对论动力学的基本方程

相对论动力学的基本方程为

$$\boldsymbol{F} = \frac{\mathrm{d}\boldsymbol{p}}{\mathrm{d}t} = \frac{\mathrm{d}}{\mathrm{d}t}\left(\frac{m_0\boldsymbol{v}}{\sqrt{1 - v^2/c^2}}\right) \tag{4.20}$$

或等价形式

$$\boldsymbol{F} = \frac{\mathrm{d}}{\mathrm{d}t}(m\boldsymbol{v}) = m\frac{\mathrm{d}\boldsymbol{v}}{\mathrm{d}t} + \boldsymbol{v}\frac{\mathrm{d}m}{\mathrm{d}t} \tag{4.21}$$

这便是相对论动力学方程。上式表明,物体在恒力作用下,不会有恒定的加速度,且加速度 $\dfrac{\mathrm{d}\boldsymbol{v}}{\mathrm{d}t}$ 与力 $\boldsymbol{F}$ 的方向一致。随着物体速率的增加,加速度量值不断减小。当 $v \rightarrow c$ 时,$m \rightarrow \infty$,则 $\dfrac{\mathrm{d}v}{\mathrm{d}t} \rightarrow 0$,这表明,无论使用多大的力,力持续时间多长,都不可能把物体加速到等于或大于光速。在 $v \ll c$ 时式(4.18)转化为 $m = m_0$,式(4.19)转化为 $\boldsymbol{p} = m_0\boldsymbol{v}$,式(4.21)转化为 $\boldsymbol{F} = m_0\boldsymbol{a}$。这表明经典力学是相对论力学在低速时的近似与特例。

4.4.2 相对论中的能量

1. 动能

在经典力学中,一个速度为 v 的物体的动能为 $\dfrac{1}{2}m_0v^2$,那么相对论的动能应如何表述呢?利用相对论中力的表达式和动能定理可以导出相对论中的动能,并

能得出狭义相对论中另一很重要的质量与能量的关系式(简称质能关系)。

如同经典力学那样,元功的定义仍为 $dA = \boldsymbol{F} \cdot d\boldsymbol{r}$。为简便起见,设一质点在变力作用下,由静止开始沿 x 轴正方向运动,当它的速度达到 v 时,合外力所做的功为

$$
\begin{aligned}
A &= \int_{x_0}^{x} F \mathrm{d}x = \int_{x_0}^{x} \frac{\mathrm{d}}{\mathrm{d}t}\left(\frac{m_0 v}{\sqrt{1 - v^2/c^2}}\right) \mathrm{d}x \\
&= \int_{0}^{v} v d\left(\frac{m_0 v}{\sqrt{1 - v^2/c^2}}\right) \\
&= \frac{m_0 v^2}{\sqrt{1 - v^2/c^2}} + m_0 c^2 \sqrt{1 - v^2/c^2} \,\Big|_{0}^{v} \\
&= mc^2 - m_0 c^2
\end{aligned}
$$

根据动能定律,外力做功等于质点的动能增加,即 $A = E_k - 0 = E_k$,因此,速度为 v 的质点的相对论动能为

$$
E_k = mc^2 - m_0 c^2 \tag{4.22}
$$

这就是相对论的动能表达式。这里的 E_k 是静质量为 m_0 的物体以速率 v 运动时具有的动能,称为相对论动能。这个表述在数学形式上与经典的动能式完全不同!当 $v \ll c$ 时,相对论动能能否化成经典动能的形式呢?

因为 $v \ll c$,即 $\dfrac{v^2}{c^2} \ll 1$,将 $\dfrac{1}{\sqrt{1 - v^2/c^2}}$ 作二级展开,式(4.22)可化为

$$
\begin{aligned}
E_k &= (m - m_0)c^2 = \left(\frac{1}{\sqrt{1 - v^2/c^2}} - 1\right) m_0 c^2 \\
&= \left[1 + \frac{1}{2}\left(\frac{v}{c}\right)^2 + \frac{3}{8}\left(\frac{v}{c}\right)^4 + \cdots - 1\right] m_0 c^2 \\
&= \frac{1}{2} m_0 v^2 + \frac{3}{8} m_0 \frac{v^4}{c^2} + \frac{6}{15} m_0 \frac{v^6}{c^4} + \cdots \\
&\approx \frac{1}{2} m_0 v^2
\end{aligned}
$$

可见,相对论动能在 $v \ll c$ 时确能化成经典动能的形式。

2. 相对论中能量、静能

在(4.22)式中,因 E_k 等于 mc^2 与 $m_0 c^2$ 两项之差,由量纲分析知 mc^2 和 $m_0 c^2$ 均具有能量的含义,故定义

$$
E_0 = m_0 c^2 \tag{4.23}
$$

称为物体静止时的能量,简称静能;而 $mc^2 = m_0 c^2 + E_k$ 为物体的静能和动能之和,爱因斯坦称其为物体的(相对论)总能,表示为

$$
E = mc^2 \tag{4.24}
$$

式(4.24)便是著名的爱因斯坦质能关系,我们知道,质量和能量是反映物

质的两个重要属性,历史上,质量守恒和能量守恒是分别发现的两条相互独立的自然规律,质量是通过物质的惯性和万有引力现象显示出来的;能量则是通过物质系统状态变换时对外做功,传递热量显示出来。而爱因斯坦的质能关系将二者紧密联系起来了,它揭示了物质的两个基本属性 —— 质量和能量之间不可分割的联系和对应关系:自然界中不存在没有质量的能量,也不存在没有能量的质量;物质具有质量 m,必然同时具有相应的能量 E;如果质量发生变化,则能量也伴随着发生相应的变化,事实上,如果一物体的速率由 v 增大到 $v+\Delta v$,相应地它的质量就由 m 增大到 $m+\Delta m$,它的总能量由 E 增大到 $E+\Delta E$,由式(4.24)有

$$E + \Delta E = (m + \Delta m)c^2$$

即质量的变化 Δm 伴随着能量的变化 ΔE:

$$\Delta E = \Delta m c^2 \tag{4.25}$$

同样,任何能量的改变,也伴随着质量的改变,当物体的能量增加 ΔE 时,它的质量也必增加 Δm,$\Delta m = \dfrac{\Delta E}{c^2}$。

反之,当物体质量减少 Δm 时,就意味着它释放出 $\Delta E = \Delta m c^2$ 的巨大能量,这正是原子能(核能)利用的理论依据。原子弹、氢弹技术都是狭义相对论质能关系的应用,而它们的成功也成为狭义相对论正确性的有力佐证。

要说明的两点是:(1)系统质量减少(称质量亏损),即静能减少,必然是总动能的增加,这是能量守恒的表现。对于一个有着内部结构和内部运动的系统来说,在系统的总能量 $E = E_k + m_0 c^2$ 中,E_k 应指系统随质心平动的动能,而静能 $m_0 c^2$ 则代表系统在其质心系中的能量,实际上就是系统的内部能量,它包括系统各部分相对运动的动能,相互作用势能,分子、原子、原子核中包含的动能和势能,以及电子、质子和中子的静能,等等。(2)由质能关系可导出系统质量守恒,但这与经典力学的静质量守恒是不同的。

例4.8 试计算氢弹爆炸时核聚变过程中热核反应所释放的能量。

其聚变反映为

$$_1^2\mathrm{H} + {}_1^3\mathrm{H} \rightarrow {}_2^4\mathrm{He} + {}_0^0\mathrm{n}$$

各种粒子的静质量分别为氘核($_1^2\mathrm{H}$),$m_D = 3.3437 \times 10^{-27}\,\mathrm{kg}$,氚核($_1^3\mathrm{H}$),$m_T = 5.0049 \times 10^{-27}\,\mathrm{kg}$,氦核($_2^4\mathrm{He}$),$m_{He} = 6.6425 \times 10^{-27}\,\mathrm{kg}$,中子(n),$m_n = 1.675 \times 10^{-27}\,\mathrm{kg}$。

解 这一反应的质量亏损为

$$\begin{aligned}
\Delta m_0 &= (m_D + m_T) - (m_{He} + m_n) \\
&= [(3.347 + 5.0049) - (6.6425 + 1.6750)] \times 10^{-27} \\
&= 0.0311 \times 10^{-27}\,(\mathrm{kg})
\end{aligned}$$

相应释放的能量

$$\Delta E_k = \Delta m_0 c^2 = 0.311 \times 10^{-27} \times 9 \times 10^{16}$$
$$= 2.799 \times 10^{-12} (\text{J})$$

1kg 的这种燃料所释放的能量为

$$\frac{\Delta E_k}{m_D + m_T} = \frac{2.799 \times 10^{-12}}{8.3486 \times 10^{-27}}$$
$$= 3.34 \times 10^{14} (\text{J/kg})$$

这相当于 1.145×10^4 吨标准煤燃烧时放出的热量,可见,核聚变为我们提供了获取巨大静能的途径,且是比较清洁的能源,这正是目前世界各国发展核能之所在。

4.4.3　能量和动量的关系

在经典力学中物体的动量和能量的关系是 $E_k = \dfrac{p^2}{2m_0}$,那么,在相对论中动量和相对论总能量的关系是怎样的呢?

将相对论能量公式 $E = mc^2$ 与动量公式 $p = mv$ 相比可得 $v = \dfrac{c^2}{E} p$,然后代入质速关系(4.19)式中,整理后可得

$$E^2 = p^2 c^2 + m_0^2 c^4 = p^2 c^2 + E_0^2 \tag{4.26}$$

这就是相对论动量和能量关系式。式(4.26)可用图 4.14 表示为直角三角形的关系。可以证明,在 $v \ll c$ 的情况下,式(4.26)退化为经典力学的 $p^2 = 2m_0 E_k$。

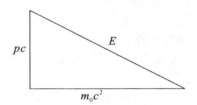

图 4.14　动量与能量三角函数关系图

物理沙龙:关于光子质量与动量的讨论

光子是以速率 c 运动的基本粒子,对于其质量和动量可作如下讨论:

(1) 光子质量:由质速关系 $m = \dfrac{m_0}{\sqrt{1 - \dfrac{v^2}{c^2}}}$ 知,当 $v = c$ 时,只有 $m_0 = 0$,m 的

取值才为有限值。所以按相对论观点,一切以光速运动的微观粒子的静质量必须为零。光子的静质量为零意味着光子在任何参考系中永远以光速运动,找不到与

光子相对静止的参考系。一切 $m_0 \neq 0$ 的实物粒子永远不能达到光速。

光子静质量为零，只具有动质量。由质能关系，光子的质量为 $m = \dfrac{E}{c^2}$。光子具有质量，它在大星体附近通过时，就会由于受到万有引力作用而形成可观测的光线弯曲。这已经被实验证明。

（2）光子动量：由（4.26）式知，当 $m_0 = 0$ 时，有 $E = pc$，即光子的动量 $p = \dfrac{E}{c}$。光子具有动量已经由光压现象得到证明。太阳照到地球表面的辐射能流会产生一定的光压，由于压强较小而不会引起明显的效应。但是彗星的"尾巴"是十分稀疏的物质，太阳光对它产生的光压不能忽略，其效果就是彗星在靠近太阳时，其"尾巴"总是朝向远离太阳的一边。

例 4.9 太阳单位时间内垂直射到地球大气层边缘单位面积上的能量约为 $1.4 \times 10^3 \, \mathrm{J \cdot m^{-2} \cdot s^{-1}}$，已知太阳到地球的平均距离为 $1.5 \times 10^{11} \, \mathrm{m}$，求每秒钟太阳因辐射失去的总能量。

解 单位时间内太阳辐射的总能量
$$\Delta E = 1.4 \times 10^3 \times 4\pi \times (1.5 \times 10^{11})^2 \approx 4 \times 10^{26} \, (\mathrm{J})$$
由质能关系，每秒钟太阳因辐射失去的质量为
$$\Delta m = \frac{\Delta E}{c^2} = \frac{4 \times 10^{26}}{9 \times 10^{16}} \approx 4.4 \times 10^9 \, (\mathrm{kg})$$

由于太阳总质量 $M \approx 2 \times 10^{30} \, \mathrm{kg}$，经过 50 年，太阳辐射而减少的质量也只不过是太阳本身质量的三万亿分之一，其影响是微不足道的。

例 4.10 两个静质量均为 m_0 的粒子，其中一个静止，另一个以 $u = 0.6c$ 的速度运动，求它们完全非弹性正碰后形成的复合粒子的静质量。

解 设复合粒子速率为 v，质量为 M，由相对论中的动量守恒定律和能量守恒定律有
$$\begin{cases} mu = Mv & \text{①} \\ m_0 c^2 + mc^2 = Mc^2 & \text{②} \end{cases}$$

又
$$m = \frac{m_0}{\sqrt{1 - \dfrac{u^2}{c^2}}} = \frac{m_0}{\sqrt{1 - 0.6^2}} = \frac{m_0}{0.8} \qquad \text{③}$$

联立 ① 式、② 式、③ 式解得
$$M = m_0 + \frac{m_0}{0.8} = \frac{9}{4} m_0$$

$$v = \frac{mu}{M} = \frac{\dfrac{m_0}{0.8} \times 0.6c}{\dfrac{9}{4} m_0} = \frac{1}{3} c$$

又由
$$M = \frac{M_0}{\sqrt{1 - \dfrac{v^2}{c^2}}}$$

得
$$M_0 = \sqrt{1 - \frac{v^2}{c^2}}\, M = \frac{9}{4} m_0 \sqrt{1 - \left(\frac{1}{3}\right)^2} \approx 2.12 m_0$$

在本例中,请注意复合粒子的静质量不是 $2m_0$,而是更大。还要注意,在经典力学中所遇到的完全非弹性碰撞问题机械能不守恒,但是在相对论中,能量是指总能,它包括所有运动形式能量的总和,必然是守恒的。

通过上述对狭义相对论的全面学习,我们不难意识到相对论的建立是物理学的巨大进步,具有划时代的意义。它揭示了时间、空间和运动三者间的联系,比经典物理学更客观、更真实地反映了自然界的规律。狭义相对论不仅已被大量实验证实,而且还在许多前沿学科(粒子物理学、宇宙学等)和尖端技术(宇航、激光、核动力、高能物理等)中得到广泛应用。

物理沙龙:爱因斯坦建立广义相对论的历史背景

爱因斯坦在建立狭义相对论之后,有两个问题一直困扰着他,其一是狭义相对论只适用于惯性系,通常我们以地球作为惯性系,然而地球有自转和公转,严格讲它不是惯性系,或者说,自然界中根本不存在严格的惯性系。从逻辑上说,一切自然规律不应只局限于惯性系,必须考虑非惯性系。狭义相对论很难解释所谓的"双生子佯谬",那是因为狭义相对论只能处理匀速直线运动,而"双生子佯谬"中分别的兄弟二人若想再相逢,必须经过一个变速运动过程,这是狭义相对论无法处理的。其二是引力问题,狭义相对论的基本思想之一是否定物质或能量以无限速度传递的可能,即否定一切超越时空的相互作用,而牛顿的万有引力却带有超距作用的烙印(两个物体之间的引力作用在瞬间传递,即以无限的速度传递)。爱因斯坦认为应该用引力场理论代替牛顿的引力理论,应该类似于电磁场方程建立引力场方程,并从实验中探测引力波是否存在。爱因斯坦发现在狭义相对论基础上是无法建立引力场理论的。

正在人们忙于理解狭义相对论时,爱因斯坦的思想踏上了新的征程,在构思他的广义相对论。

在 1907 年,爱因斯坦撰写了关于广义相对论的长篇文章《关于相对性原理和由此得出的结论》,在这篇文章中爱因斯坦第一次提到了等效原理。此后,爱因斯坦关于等效原理的思想又不断发展。他以惯性质量和引力质量成正比的自然规律作为等效原理的根据,提出了等效原理:在无限小的体积中均匀的引力场完全可以代替加速运动的参考系,即引力场同参考系相当的加速度在物理上完全等价。爱因斯坦还提出了封闭箱的想法:在一封闭箱中的观察者,不管用什么方法也无法确定他究竟是静止于一个引力场中,还是处在没有引力场却在做加速运动的空间中,这是解释等效原理最常用的说法,这里所叙述的等效原理又称为弱等效原理,只涉及均匀引力场和均匀加速参考系的力学规律。它实质上就是引力质量与惯性质量相等的一个推论。

1915 年 11 月,爱因斯坦先后向普鲁士科学院提交了四篇论文,在这四篇论文中,他提出了新的看法,证明了水星近日点的进动,并给出了正确的引力场方程。至此,广义相对论的基本问题都解决了,广义相对论诞生了。1916 年,爱因斯坦完成了长篇论文《广义相对论的基础》。在这篇文章中,爱因斯坦首先将以前适用于惯性系的相对论称为狭义相对论,将对于惯性系物理规律成立的原理称为狭义相对性原理,并进一步表述了广义相对性原理:物理学的定律必须对于无论哪种运动着的参考系都成立。

爱因斯坦的广义相对论认为,由于有物质的存在,空间和时间会发生弯曲,而引力场实际上是一个弯曲的时空。爱因斯坦用太阳引力使空间弯曲的理论,很好地解释了水星近日点进动中一直无法解释的 43 秒。广义相对论的第二大预言是引力红移,即在强引力场中光谱向长波端移动,20 世纪 20 年代,天文学家在天文观测中证实了这一点。广义相对论的第三大预言是引力场使光线偏转,最靠近地球的大引力场是太阳引力场,爱因斯坦预言,遥远的星光如果掠过太阳表面将会发生 1.7 秒的偏转。1919 年,在英国天文学家爱丁顿的鼓励下,英国派出了两支远征队分赴两地观察日全食,经过认真的研究得出最后的结论是:星光在太阳附近的确发生了 1.7 秒的偏转。英国皇家学会和皇家天文学会正式宣读了观测报告,确认广义相对论的结论是正确的。会上,著名物理学家、皇家学会会长 J.J. 汤姆孙说:"这是自从牛顿时代以来所取得的关于万有引力理论的最大的成果","爱因斯坦的相对论是人类思想最伟大的成果之一"。爱因斯坦被公认为 20 世纪最伟大的科学家之一。

本 章 小 结

1.狭义相对论的两个基本假设

狭义相对性原理:物理定律在一切惯性系中都具有相同的数学形式。也就是说,所有惯性参考系都是等价的。

光速不变原理:在一切惯性系中,光在真空中的传播速率恒为 c,光速 c 与观测者或光源的运动无关。

2.狭义相对论的时空观

同时性是相对的:在一个惯性系中不同地点同时发生的事件,在其他惯性系中观测可能不是同时发生的。

长度测量的相对性:$l = l_0 \sqrt{1 - u^2/c^2}$($l_0$ 为原长)。

时间测量的相对性：$\Delta t = \dfrac{\tau}{\sqrt{1 - u^2/c^2}}$（$\tau$ 为原时）。

3.狭义相对论的时空变换式 —— 洛伦兹变换

S 系 → S' 系
坐标变换
$$\begin{cases} x' = \dfrac{x - ut}{\sqrt{1 - u^2/c^2}} \\ y' = y \\ z' = z \\ t' = \dfrac{t - ux/c^2}{\sqrt{1 - u^2/c^2}} \end{cases}$$

S' 系 → S 系
坐标变换
$$\begin{cases} x = \dfrac{x' + ut'}{\sqrt{1 - u^2/c^2}} \\ y = y' \\ z = z' \\ t = \dfrac{t' + ux'/c^2}{\sqrt{1 - u^2/c^2}} \end{cases}$$

S 系 → S' 系
速度变换
$$\begin{cases} v'_x = \dfrac{v_x - u}{1 - uv_x/c^2} \\ v'_y = \dfrac{v_y}{y(1 - uv_x/c^2)} \\ v'z = \dfrac{v_z}{y(1 - uv_x/c^2)} \end{cases}$$

S' 系 → S 系
速度变换
$$\begin{cases} v_x = \dfrac{v'_x + u}{1 + uv'_x/c^2} \\ v_y = \dfrac{v'_y}{y(1 + uv'_x/c^2)} \\ v_z = \dfrac{v'_y}{y(1 + uv'_x/c^2)} \end{cases}$$

4.相对论质量和相对论动量：$m = \dfrac{m_0}{\sqrt{1 - v^2/c^2}}$，$\boldsymbol{p} = m\boldsymbol{v} = \dfrac{m_0 \boldsymbol{v}}{\sqrt{1 - v^2/c^2}}$。

相对论动力学方程：$\boldsymbol{F} = \dfrac{\mathrm{d}\boldsymbol{p}}{\mathrm{d}t} = m\dfrac{\mathrm{d}\boldsymbol{v}}{\mathrm{d}t} + \boldsymbol{v}\dfrac{\mathrm{d}m}{\mathrm{d}t}$。

5.相对论中的能量
总能：$E = mc^2$。
动能：$E_k = mc^2 - m_0 c^2$。
静能：$E_0 = m_0 c^2$。
质量亏损：$\Delta E_k = \Delta m_0 c^2$。
质能守恒定律：在一个孤立系统内，$\sum (E_{ik} + m_{i0} c^2) = $ 恒量。

相对论质量守恒定律：在一个孤立系统内，$\sum m_i = $ 恒量。

6.动量和能量关系：$E^2 = p^2 c^2 + m_0^2 c^4$。

习　　题

一、选择题

4.1　下列几种说法

（1）所有惯性系对物理基本规律都是等价的

（2）在真空中，光的速度与光的频率、光源的运动状态无关

（3）在任何惯性系中，光在真空中沿任何方向的传播速度都相同

其中正确的是（　　　）。

A. 只有（1）、（2）是正确的　　　　B. 只有（1）、（3）是正确的

C. 只有（2）、（3）是正确的　　　　D. 三种说法都是正确的

4.2　把一个静止质量为 m_0 的粒子，由静止加速到 $v = 0.6c$（c 为真空中光速）需做的功等于（　　　）。

A. $0.18m_0c^2$　　　　B. $0.25m_0c^2$　　　　C. $0.36m_0c^2$　　　　D. $1.25m_0c^2$

4.3　边长为 a 的正方形薄板静止于惯性系 K 的 XOY 平面内，且两边分别与 X, Y 轴平行，今有惯性系 K' 以 $0.8c$（c 为真空中光速）的速度相对 K 系沿 X 轴做匀速直线运动，则从 K' 系测得薄板的面积为（　　　）。

A. a^2　　　　B. $0.6a^2$　　　　C. $0.8a^2$　　　　D. $a^2/0.6$

4.4　宇宙飞船相对于地面以速度 v 做匀速直线飞行，某一刻飞船头部的宇航员向飞船尾部发出一个光信号，经过 Δt（飞船上的钟）时间后，被尾部的接收器收到，则由此可知飞船的固有长度为（　　　）。

A. $c\Delta t$　　　　　　　　　　　　　B. $v\Delta t$

C. $c\Delta t\sqrt{1-(v/c)^2}$　　　　　　　D. $c\Delta t/\sqrt{1-(v/c)^2}$

4.5　α 粒子在加速器中被加速，当其质量为静止质量的 3 倍时，其动能为静止能量的（　　　）。

A. 2 倍　　　　B. 3 倍　　　　C. 4 倍　　　　D. 5 倍

4.6　μ 子是在大气层上层产生的，静止 μ 子的平均寿命只有 2.2×10^{-6} s，μ 子的速度接近光速，$v = 0.998c$，μ 子在衰变前可穿越的大气层厚度为（　　　）。

A. 6.58×10^2 m　　　B. 2.63 m　　　C. 1.04×10^4 m　　　D. 4.54×10^5 m

4.7　两飞船在自己静止的参照系中测得各自的长度均为 100m，飞船 1 上的仪器测得飞船 1 的前端驰完相当于飞船 2 的全长距离需时为 $(5/3) \times 10^{-7}$ s，已知光速 $c = 3 \times 10^8$ m·s^{-1}，两飞船的相对速度的大小为（　　　）。

A. $0.408c$　　　　B. $0.5c$　　　　C. $0.707c$　　　　D. $0.894c$

4.8　正负电子对撞机中的正负电子在对撞前的一瞬间的速率都是 2×10^8 m·s^{-1}，正负电子的相对速率为（　　　）。

A. 4×10^8 m·s^{-1}　　　　　　　B. 3×10^8 m·s^{-1}

C. 2×10^8 m·s^{-1}　　　　　　　D. 2.77×10^8 m·s^{-1}

4.9　μ 子的静止质量约为 $106\text{MeV}/c^2$，动能为 4MeV，则 μ 子的速度为（　　　）。

A. $0.27c$　　　　B. $0.56c$　　　　C. $0.75c$　　　　D. $0.18c$

二、填空题

4.10　一列高速火车以速度 u 驶过车站时，固定在站台上的两只机械手在

车厢同时划出两个痕迹,静止在站台上的观察者同时测出两痕迹之间的距离 1m,则车厢上的观察者应测出这两个痕迹之间的距离为_____。

4.11　(1) 在速度 $v =$ _____情况下粒子的动量等于非相对论动量的两倍。

(2) 在速度 $v =$ _____情况下粒子的动能等于它的静止能量。

4.12　质子在加速器中被加速。当其动能为静止能量的 3 倍时,其质量为静止质量的_____倍。

4.13　一观察者测得一沿米尺长度方向匀速运动者的米尺的长度为 0.5m,则此米尺以速度 $v =$ _____ m·s^{-1} 接近观察者。

4.14　已知一静止质量为 m_0 的粒子,其固有寿命为实验室测量到的寿命的 $1/n$,则此粒子的动能是_____。

4.15　一张宣传画长 5m,贴在平行于铁路两旁的墙上,一列高速火车以 2×10^8 m·s^{-1} 的速度接近此宣传画,在司机看来,此画长度是_____。

4.16　在 S 系中观察到在同一地点发生的两个事件,第二个事件发生在第一事件之后两秒钟。在 S' 系中观察到第二个事件发生在第一事件之后 3 秒钟发生,则在 S' 系中这两事件的空间间隔 $\triangle x' =$ _____。

4.17　某人测得一静止棒长为 L,质量为 m,则棒的线密度 $\rho = m/L$,当此棒以速度 v 沿棒长方向运动时,则此人再测得棒的线密度 $\rho =$ _____。

三、计算题

4.18　海上一艘轮船以 $v = 100$m/s 的速率从 A 岛驶往 B 岛,A 岛和 B 岛相距 300km。此时一飞船以速度 $u = 0.8c$ 的速度沿 BA 连线方向的上空飞行。问在飞船上的观察者所观测到的轮船的航程、时间、航速各是多少?

第 2 篇　机械振动与波

　　振动是自然界和工程技术领域常见的一种运动形式,广泛存在于机械运动、电磁运动、热运动、原子运动等运动形式之中。广义地说,任何一个物理量在某一数值附近做周期性的变化,都称为**振动**。**机械振动**是最直观的振动,它是物体在一定位置附近的来回往复的运动,如活塞的运动、钟摆的摆动等都是机械振动。不同类型的振动虽然有本质的区别,但仅就振动的过程而言,振动量随时间的变化关系,往往遵循相同的数学规律,从而使得不同类型的振动具有相同的描述方法,研究机械振动的规律也对研究其他各种形式的振动有普遍意义。

　　振动的传播就是波。宏观世界中的波动可以分为两类:机械波和电磁波。微观粒子也具有波动性,称为物质波。各类波虽然其本源不同,但都具有波动的共同特性,并遵从相似的规律。

　　振动和波动这两种不同的运动形式之间有着极其密切的联系,在理论研究和实际应用中都占有很重要的地位。

第5章　机械振动

简谐振动是最简单最基本的振动形式,实际的复杂振动都可以看成是若干不同简谐振动的合成。本章主要介绍简谐振动的特征、描述和规律,进而讨论振动的合成和分解,也简单介绍阻尼振动、受迫振动和共振。

5.1　简谐振动

简谐振动的位移按余弦函数或正弦函数的规律随时间变化,本节以弹簧振子为例讨论简谐振动的特征及其运动规律。

5.1.1　简谐振动的基本特征

如图 5.1 所示,轻质弹簧一端固定,另一端系一质量为 m 的物体,置于光滑的水平面上。设在 O 点弹簧没有形变,此处物体所受的合力为零,称 O 点为**平衡位置**。系统一经触发,就绕平衡位置做来回往复的周期性运动,这样的运动系统叫做**简谐振子**,它是一个理想化的模型。

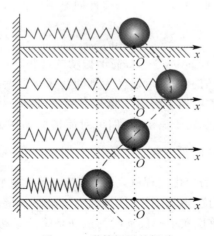

图 5.1　弹簧振子的振动

分析弹簧振子的受力情况。取平衡位置 O 点为坐标原点,通过 O 点的水平线为 x 轴。由胡克定律可知,物体 m 在相对于 O 点坐标为 x 的位置时所受的弹性力

$$f = -kx \tag{5.1}$$

式中,比例系数 k 为弹簧的劲度系数,负号表示弹性力 f 的方向与位移的方向相反,始终指向平衡位置。离平衡位置越远力越大;在平衡位置力为零,物体由于惯性继续运动。这种始终指向平衡位置的力称为**回复力**。

根据牛顿第二定律,物体的运动方程为

$$f = ma = m\frac{\mathrm{d}^2 x}{\mathrm{d}t^2} \tag{5.2}$$

将式(5.1)代入式(5.2),得

$$\frac{\mathrm{d}^2 x}{\mathrm{d}t^2} + \frac{k}{m}x = 0$$

对于给定的弹簧振子,m 和 k 均为正值常量,令 $\omega^2 = \dfrac{k}{m}$,则上式可改写为

$$\frac{\mathrm{d}^2 x}{\mathrm{d}t^2} + \omega^2 x = 0 \tag{5.3}$$

这就是简谐振动的微分方程,其解具有余弦函数或正弦函数形式。我们采用余弦函数形式,即

$$x = A\cos(\omega t + \varphi) \tag{5.4}$$

这就是简谐振动的运动学方程,式中 A 和 φ 是积分常数,其物理意义和确定方法在后面讨论。

弹簧振子的振动是典型的简谐振动,它表明了简谐振动的基本特征。从分析可以看出,物体只要在形如 $f = -kx$ 的线性回复力的作用下运动,描写该运动物体位置的物理量 x 必定满足微分方程 $\dfrac{\mathrm{d}^2 x}{\mathrm{d}t^2} + \omega^2 x = 0$,而这个方程的解就一定是时间的余弦函数 $x = A\cos(\omega t + \varphi)$。简谐振动的这些基本特征在机械运动范围内是等价的,其中的任何一项都可以作为判断物体是否做简谐振动的依据。

振动的概念已经扩展到了物理学的各个领域,任何一个物理量在某定值附近做往返变化的过程,都属于振动。我们可对简谐振动作如下的普遍定义:任何物理量 x 的变化规律若满足方程式 $\dfrac{\mathrm{d}^2 x}{\mathrm{d}t^2} + \omega^2 x = 0$,并且 ω 是取决于系统自身性质的常量,则该物理量的变化过程就是简谐振动,不管这物理量是位移、角位移等机械量,还是电流强度、电场强度、磁场强度等电磁学量。

例 5.1 试证明单摆在小幅摆动时的运动是简谐振动,单摆的摆长为 $l(\theta < 5°)$。

证 如图 5.2 所示,单摆摆锤所受的力有重力 mg,绳的拉力 T。摆锤沿切线

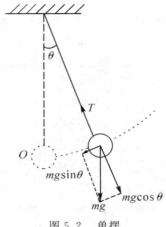

图 5.2　单摆

方向所受的合力为重力在切线方向的分力,根据牛顿第二定律可知

$$- mg \sin\theta = ml\,\frac{\mathrm{d}^2\theta}{\mathrm{d}t^2}$$

取逆时针方向为角位移的正方向,负号说明切向加速度与角位移的方向相反,当 θ 很小时, $\sin\theta \approx \theta$,所以上式可变形为

$$\frac{\mathrm{d}^2\theta}{\mathrm{d}t^2} + \frac{g}{l}\theta = 0$$

令 $\dfrac{g}{l} = \omega^2$,则上式可改写为

$$\frac{\mathrm{d}^2\theta}{\mathrm{d}t^2} + \omega^2\theta = 0$$

故单摆在小幅摆动时的运动是简谐振动。

5.1.2　简谐振动的运动学描述

简谐振动的运动学方程

$$x = A\cos(\omega t + \varphi) \tag{5.5}$$

表明了做简谐振动的物体位移随时间的变化关系,运动学方程分别对时间求一阶导数和二阶导数,可得简谐振动的速度和加速度

$$v = \frac{\mathrm{d}x}{\mathrm{d}t} = -\omega A \sin(\omega t + \varphi) \tag{5.6}$$

$$a = \frac{\mathrm{d}^2 x}{\mathrm{d}t^2} = -\omega^2 A\cos(\omega t + \varphi) = -\omega^2 x \tag{5.7}$$

由此可见,物体在做简谐振动时,其位移、速度和加速度都是周期性变化的,加速

度和位移成正比但方向相反。图 5.3 画出了位移、速度和加速度与时间的关系。

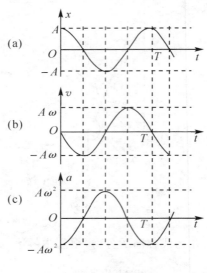

图 5.3 简谐振动图解

5.1.3 描述简谐振动的特征量

振幅、周期(或频率)和相位是描述简谐振动的三个重要物理量,若知道了某简谐振动的这三个量,该简谐振动的规律就完全确定了,故称这三个量为描述简谐振动的特征量。

（1）**振幅** 振动物体离开平衡位置的最大位移的绝对值 A 叫做**振幅**,单位为米(m)。振幅限定了振动的范围,大小与振动系统的能量有关,由系统的初始条件确定。

（2）**周期与频率** 振动物体做一次完全振动所需的时间称为**周期**,常用 T 表示,单位为秒(s)。每隔一个周期,振动状态就重复一次

$$x = A\cos(\omega t + \varphi) = A\cos[\omega(t + T) + \varphi]$$

考虑到余弦函数的周期性,有 $\omega T = 2\pi$,所以

$$T = \frac{2\pi}{\omega}$$

单位时间内物体所做的完全振动的次数,称为**振动频率**,用 ν 表示,单位为赫兹(Hz)。

$$\nu = \frac{1}{T} = \frac{\omega}{2\pi}, \ \omega = 2\pi\nu = \frac{2\pi}{T}$$

所以,ω 表示物体在 2π 秒时间内所做的完全振动的次数,称为振动的**角频率**,单

位为弧度・秒$^{-1}$(rad・s^{-1})。

对于弹簧振子，$\omega = \sqrt{\dfrac{k}{m}}$，所以弹簧振子的周期和频率分别为

$$T = 2\pi\sqrt{\frac{m}{k}}, \quad \nu = \frac{1}{2\pi}\sqrt{\frac{k}{m}}$$

由于弹簧振子的 m 和 k 是其本身固有的性质，所以周期和频率完全由振动系统本身的性质决定，常称之为固有周期和固有频率。

利用 T 和 ν，简谐振动的运动学方程可以改写为

$$x = A\cos(\omega t + \varphi) = A\cos\left(\frac{2\pi}{T}t + \varphi\right) = A\cos(2\pi\nu t + \varphi) \qquad (5.8)$$

(3) **相位**　在振幅 A 和角频率 ω 已知的简谐振动中，任意时刻 t 物体的运动状态(位置和速度)完全由 $\omega t + \varphi$ 来确定，即 $\omega t + \varphi$ 是确定简谐振动状态的参量，称为**相位**。φ 是 $t = 0$ 时的相位，称为**初相位**，简称**初相**，它是决定初始时刻物体运动状态的参量。不同的相位表示不同的运动状态，凡是位移和速度都相同的运动状态，它们所对应的相位相差 0 或 2π 的整数倍。

相位体现了周期性的特征，在振动合成和波的叠加中起着重要作用。相位概念的重要性还在于比较两个简谐振动之间在步调上的差异，设有两个同频率简谐振动

$$x_1 = A_1\cos(\omega t + \varphi_1), \quad x_2 = A_2\cos(\omega t + \varphi_2)$$

相位差为

$$\Delta\varphi = (\omega t + \varphi_2) - (\omega t + \varphi_1) = \varphi_2 - \varphi_1$$

即两个同频率的简谐振动在任意时刻的相位差是恒定的，且始终等于它们的初相位差。当 $\Delta\varphi$ 等于 0 或 2π 的整数倍时，这时两振动物体将同时到达各自同方向的位移的最大值，同时通过平衡位置而且朝相同方向运动，步调完全相同，我们称这样的两个振动为同相；当 $\Delta\varphi$ 等于 π 或 π 的奇数倍时，则一个物体到达正的最大位移时，另一物体到达负的最大位移处，它们同时通过平衡位置但向相反方向运动，步调完全相反，我们称这样的两个振动为反相。

当 $\Delta\varphi$ 为其他值时，如果 $\varphi_2 - \varphi_1 > 0$，称质点 2 的振动超前质点 1 的振动 $\Delta\varphi$；如果 $\varphi_2 - \varphi_1 < 0$，称质点 2 的振动落后质点 1 的振动 $|\Delta\varphi|$。

简谐振动运动学方程 $x = A\cos(\omega t + \varphi)$ 中的角频率 ω 由系统本身的性质所决定。在角频率已经确定的条件下，由初始时刻 $t = 0$ 时物体的初位移 x_0 和初速度 v_0，就可确定出振动的振幅 A 和初相 φ。由式(5.5)和式(5.6)可得

$$x_0 = A\cos\varphi, \quad v_0 = -\omega A\sin\varphi \qquad (5.9)$$

由此可解得

$$A = \sqrt{x_0^2 + \left(\frac{v_0}{\omega}\right)^2}, \quad \varphi = \arctan\left(-\frac{v_0}{\omega x_0}\right) \qquad (5.10)$$

在 $-\pi$ 和 π 之间有两个 φ 的正切函数值相同,所以由式(5.10)得到的 φ 值,还须代回初始条件(5.9)中以判定取舍。

例 5.2 一个运动质点的位移与时间的关系为 $x = 0.1\cos\left(\dfrac{5}{2}\pi t + \dfrac{\pi}{3}\right)$,其中 x 的单位是 m, t 的单位是 s。试求:(1)周期、角频率、频率、振幅和初相位;(2)$t = 2\text{s}$ 时质点的位移、速度和加速度。

解 (1)将位移与时间的关系同简谐振动的一般形式 $x = A\cos(\omega t + \varphi)$ 相比较,可以得到

角频率 $\omega = \dfrac{5}{2}\pi\text{rad}\cdot\text{s}^{-1}$,频率 $\nu = \dfrac{\omega}{2\pi} = \dfrac{5}{4}\text{Hz}$,周期 $T = \dfrac{1}{\nu} = \dfrac{4}{5}\text{s}$,振幅 $A = 0.1\text{m}$,初相位 $\varphi = \dfrac{\pi}{3}$.

(2)$t = 2\text{s}$ 时质点的位移

$$x = 0.1\cos\left(\frac{5\pi}{2}\times 2 + \frac{\pi}{3}\right) = 0.1\cos\left(\pi + \frac{\pi}{3}\right) = -0.1\cos\frac{\pi}{3} = -5.0\times 10^{-2}(\text{m})$$

$t = 2\text{s}$ 时质点的速度

$$v = \frac{\mathrm{d}x}{\mathrm{d}t} = -0.25\pi\sin\left(\frac{5\pi}{2}t + \frac{\pi}{3}\right) = \frac{\sqrt{3}}{8}\pi = 0.68(\text{m}\cdot\text{s}^{-1})$$

$t = 2\text{s}$ 时质点的加速度

$$a = \frac{\mathrm{d}^2 x}{\mathrm{d}t^2} = -\omega^2 x = \frac{5\pi^2}{16} = 3.1(\text{m}\cdot\text{s}^{-2})$$

5.1.4 简谐振动的旋转矢量表示

简谐振动除了用运动学方程和位移时间曲线来表示外,还可用旋转矢量表示。这种几何图示法可帮助我们形象直观地理解简谐振动的各个特征量,并为讨论简谐振动的叠加提供简单的方法。

如图 5.4 所示,自 Oxy 平面的原点 O 作一矢量 $\boldsymbol{A}$,使矢量 $\boldsymbol{A}$ 的模等于振动的振幅,并使矢量 $\boldsymbol{A}$ 在 Oxy 平面内绕 O 点做逆时针方向的匀角速转动,其角速度与振动角频率 ω 相等,这个矢量就是**旋转矢量**。当旋转矢量以匀角速 ω 逆时针转动时,它的端点在 x 轴上的投影 P 就在原点 O 附近来回往复地运动。设在 $t = 0$ 时矢量 $\boldsymbol{A}$ 与 x 轴的夹角为 φ,经过时间 t 后,矢量 $\boldsymbol{A}$ 沿逆时针方向转过了角度 ωt,与 x 轴的夹角为 $\omega t + \varphi$,$\boldsymbol{A}$ 的矢端 M 在 x 轴上的投影

$$x = A\cos(\omega t + \varphi)$$

恰好是沿 Ox 轴做简谐振动的物体在 t 时刻相对于原点的位移。

所以,简谐振动可以用一旋转矢量表示,旋转矢量的大小就表示简谐振动的振幅,旋转矢量的角速度就表示简谐振动的角频率,$t = 0$ 时矢量 $\boldsymbol{A}$ 与 Ox 轴的夹

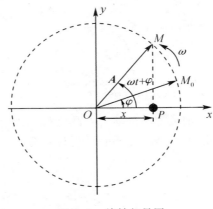

图 5.4　旋转矢量图

角 φ 表示简谐振动的初相位。旋转矢量 $\boldsymbol{A}$ 旋转一周,相当于物体在 x 轴上做一次全振动。在旋转矢量的转动过程中,矢端做匀速圆周运动,此圆称为参考圆。

例 5.3　一个质点沿 x 轴做简谐振动,振幅 $A = 0.06\mathrm{m}$,周期 $T = 2\mathrm{s}$,初始时刻质点位于 $x_0 = 0.03\mathrm{m}$ 处且向 x 轴负方向运动。求:(1) 初相位;(2) 在 $x = -0.03\mathrm{m}$ 处且向 x 轴负方向运动时物体的速度和加速度以及质点从这一位置回到平衡位置所需要的最短时间。

解　(1) 取平衡位置为坐标原点,质点的运动方程可写为

$$x = A\cos(\omega t + \varphi)$$

依题意有,$A = 0.06\mathrm{m}$,$T = 2\mathrm{s}$,则 $\omega = \dfrac{2\pi}{T} = \pi(\mathrm{rad \cdot s^{-1}})$

在 $t = 0$ 时,$x_0 = A\cos\varphi = 0.06\cos\varphi = 0.03(\mathrm{m})$

$$\varphi = \pm\frac{\pi}{3}$$

因为　　　　　　　　　　　　$v_0 = -A\omega\sin\varphi < 0$

所以　　　　　　　　　　　　$\varphi = \dfrac{\pi}{3}$

故振动方程为

$$x = 0.06\cos\left(\pi t + \frac{\pi}{3}\right)$$

用旋转矢量法,如图 5-5(a) 所示则初相位在第一象限,故 $\varphi = \dfrac{\pi}{3}$。

(2) $t = t_1$ 时,$x_1 = 0.06\cos\left(\pi t_1 + \dfrac{\pi}{3}\right) = -0.03\mathrm{m}$

且 $\left(\pi t_1 + \dfrac{\pi}{3}\right)$ 为第二象限角,故 $\pi t_1 + \dfrac{\pi}{3} = \dfrac{2\pi}{3}$

得 $t_1 = 1\mathrm{s}$,因而速度和加速度分别为

$$v = \frac{\mathrm{d}x}{\mathrm{d}t}\bigg|_{t=1\mathrm{s}} = -0.06\pi\sin\left(\pi t_1 + \frac{\pi}{3}\right) = -0.16(\mathrm{m}\cdot\mathrm{s}^{-1})$$

$$a = \frac{\mathrm{d}^2 x}{\mathrm{d}t^2}\bigg|_{t=1\mathrm{s}} = -0.06\pi^2\cos\left(\pi t_1 + \frac{\pi}{3}\right) = 0.30(\mathrm{m}\cdot\mathrm{s}^{-2})$$

从 $x = -0.03\mathrm{m}$ 处且向 x 轴负方向运动到平衡位置,意味着旋转矢量从 M_1 点转到 M_2 点,如图 5.5(b) 所示因而所需要的最短时间满足

$$\omega\Delta t = \frac{3}{2}\pi - \frac{2}{3}\pi = \frac{5}{6}\pi$$

故

$$\Delta t = \frac{\frac{5}{6}\pi}{\pi} = \frac{5}{6} = 0.83(\mathrm{s})$$

可见用旋转矢量方法求解是比较简单的。

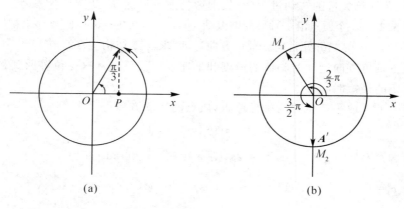

图 5.5

5.1.5　简谐振动的能量

从机械运动的观点看,在振动过程中,若振动系统不受外力和非保守内力的作用,则其动能和势能的总和是恒定的,动能与势能相互转化。下面我们以弹簧振子为例,研究简谐振动中能量的转换和守恒问题。

弹簧振子在 t 时刻的位移和速度分别由下式给出

$$x = A\cos(\omega t + \varphi),\ v = -\omega A\sin(\omega t + \varphi)$$

则系统动能

$$E_k = \frac{1}{2}mv^2 = \frac{1}{2}m\omega^2 A^2 \sin^2(\omega t + \varphi) \qquad (5.11)$$

对于弹簧振子而言,系统的势能就是弹性势能

$$E_p = \frac{1}{2}kx^2 = \frac{1}{2}kA^2 \cos^2(\omega t + \varphi) \qquad (5.12)$$

由式(5.11)和式(5.12)可见,弹簧振子的动能和势能都随时间做周期性变化。当位移最大时,速度为零,动能也为零,而势能达到最大值 $\frac{1}{2}kA^2$;当在平衡位置时,势能为零,而速度为最大值,所以动能也达到最大值 $\frac{1}{2}m\omega^2 A^2$。弹簧振子的总能量为动能和势能之和,即

$$E = E_k + E_p = \frac{1}{2}mA^2\omega^2 \sin^2(\omega t + \varphi) + \frac{1}{2}kA^2 \cos^2(\omega t + \varphi)$$

考虑到 $\omega^2 = \frac{k}{m}$,所以上式可化为

$$E = \frac{1}{2}kA^2 \qquad (5.13)$$

由上式可见,尽管在振动中弹簧振子的动能和势能都在随时间做周期性变化,但总能量是恒定不变的,并与振幅的平方成正比。

由能量守恒关系可得

$$E = \frac{1}{2}mv^2 + \frac{1}{2}kx^2 = \frac{1}{2}kA^2$$

解之即得

$$v = \pm\sqrt{\frac{k}{m}(A^2 - x^2)} = \pm\omega\sqrt{(A^2 - x^2)}$$

此式明确地表示了弹簧振子中物体的速度与位移的关系:在平衡位置处,$x = 0$,速度为最大;在最大位移处,$x = \pm A$,速度为零。

在忽略阻力的条件下,做简谐振动的系统只有动能和势能(弹性势能和重力势能),且二者之和保持不变,因而有

$$\frac{d}{dt}(E_k + E_p) = 0 \qquad (5.14)$$

将具体问题中的动能与势能表达式代入式(5.14),经过简化后,即可得到简谐振动的微分方程及振动周期和频率。这种方法在工程实际中有着广泛的应用,对于研究非机械振动非常方便。

5.2　简谐振动的合成

在实际问题中,振动系统常常参与多个振动,这时系统的运动实际上是多个振动的合成。振动的合成在声学、光学、无线电技术与电工学中有着广泛的应用,

下面讨论几种简单的情况。

5.2.1 两个同方向同频率简谐振动的合成

设一个物体同时参与了在同一直线(如 x 轴)上的两个频率相同的简谐振动,并且这两个简谐振动分别表示为

$$x_1 = A_1\cos(\omega t + \varphi_1)$$
$$x_2 = A_2\cos(\omega t + \varphi_2)$$

物体所参与的合振动就一定也处于这同一条直线上,合位移 x 应等于两个分位移 x_1 和 x_2 的代数和,即

$$x = x_1 + x_2 = A_1\cos(\omega t + \varphi_1) + A_2\cos(\omega t + \varphi_2)$$

现在用矢量图解法求物体所参与的合振动。如图 5.6 所示,旋转矢量 A_1 和 A_2 分别与上述两个分振动相对应,两个振动的合成反映在矢量图上是两个旋转矢量的合成,所以合振动应该是矢量 A_1 和 A_2 的合矢量 A 的末端在 x 轴上的投影点沿 x 轴的振动。由于 A_1,A_2 大小不变,且以相同的角速度 ω 绕点 O 逆时针旋转,它们的夹角 $(\varphi_2 - \varphi_1)$ 在旋转过程中保持不变,合矢量 A 的大小也必定是恒定的,并以相同的角速度 ω 绕 O 做逆时针旋转。合振动是角频率仍为 ω 的简谐振动

$$x = A\cos(\omega t + \varphi)$$
$$A = \sqrt{A_1^2 + A_2^2 + 2A_1 A_2 \cos(\varphi_2 - \varphi_1)} \tag{5.15}$$
$$\varphi = \arctan\frac{A_1\sin\varphi_1 + A_2\sin\varphi_2}{A_1\cos\varphi_1 + A_2\cos\varphi_2}$$

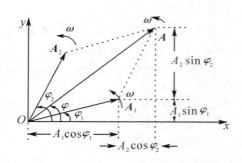

图 5.6 两个同方向同频率简谐振动的合成

由式(5.15)可见,合振动的振幅与两个分振动的振幅以及它们的相位差 $(\varphi_2 - \varphi_1)$ 有关。下面我们讨论两种特殊情况。

(1)若两个分振动的相位差 $\varphi_2 - \varphi_1 = 2k\pi, k = 0, \pm 1, \pm 2, \cdots$,则

$$A = \sqrt{A_1^2 + A_2^2 + 2A_1 A_2} = A_1 + A_2$$

即当两个分振动的相位相同或相位差为 2π 的整数倍时,合振动的振幅等于两个分振动的振幅之和,合成结果为互相加强。

(2) 若两个分振动的相位差 $\varphi_2 - \varphi_1 = (2k+1)\pi, k = 0, \pm 1, \pm 2, \cdots$,则

$$A = \sqrt{A_1^2 + A_2^2 - 2A_1 A_2} = |A_1 - A_2|$$

即当两个分振动的相位相反或相位差为 π 的奇数倍时,合振动的振幅等于两个分振动振幅之差的绝对值,合成结果为互相减弱。

一般情况下,相位差 $(\varphi_2 - \varphi_1)$ 可取任意值,合振动的振幅则处在 $|A_1 - A_2|$ 与 $A_1 + A_2$ 之间。

上述结论可以推广到多个同方向同频率简谐振动的合成,即

$$x_i = A_i \cos(\omega t + \varphi_i), \ i = 1, 2, \cdots, n$$

的合振动 $x = \sum_{i=1}^{n} x_i$ 也是简谐振动 $x = A\cos(\omega t + \varphi)$,$A$ 和 φ 也可以用一般矢量求和的方法得到。

5.2.2 两个同方向不同频率简谐振动的合成

当两个同方向、不同频率的简谐振动合成时,由于这两个分振动的频率不同,因而它们的相位差随时间而改变,合振动一般不再是简谐振动了。这里只讨论两个简谐振动的频率 ν_1, ν_2 都比较大,而两频率之差很小的情况。

如图 5.7 所示,两个分振动分别对应于旋转矢量 $\boldsymbol{A}_1$ 和 $\boldsymbol{A}_2$。由于这两个矢量绕 O 点转动的角速度不同,它们之间的夹角随时间而变化,由合矢量所对应的合振动的振幅也随时间变化。合振动是一种振幅随时间变化的复杂振动。如果分振动的频率 $\nu_2 > \nu_1$,那么每秒钟旋转矢量 $\boldsymbol{A}_2$ 比 $\boldsymbol{A}_1$ 多转 $(\nu_2 - \nu_1)$ 圈。$\boldsymbol{A}_2$ 比 $\boldsymbol{A}_1$ 每多转一圈,就会出现一次两者方向相同和一次两者方向相反的机会,所以在 1s 内应出现 $(\nu_2 - \nu_1)$ 次同方向的机会和 $(\nu_2 - \nu_1)$ 次反方向的机会。$\boldsymbol{A}_1$ 与 $\boldsymbol{A}_2$ 同方向时,合振动的振幅为 $\boldsymbol{A}_1 + \boldsymbol{A}_2$;$\boldsymbol{A}_1$ 与 $\boldsymbol{A}_2$ 反方向时,合振动的振幅为 $|\boldsymbol{A}_1 - \boldsymbol{A}_2|$。这样便形成了当两个频率较大而频率之差很小的同方向简谐振动合成时,其合振动的振幅时而加强、时而减弱的拍现象。合振动在 1s 内加强或减弱的次数称为**拍频**,显然

$$\nu = |\nu_2 - \nu_1| \tag{5.16}$$

图 5.8 画出两个分振动以及合振动位移 — 时间曲线,图中虚线表示合振动的振幅随时间做周期性缓慢变化。

拍现象在技术上有重要的应用。例如,管乐器中的双簧管就是利用两个簧片振动频率的微小差别产生颤动的拍音;调整乐器时,使它和标准音叉出现的拍音消失来校准乐器;拍还可以用来测量频率,如果已知一个高频振动的频率,使它和另一频率相近但未知的振动叠加,测量合成振动的拍频,就可以求出未知频率。在无线电技术中,拍可以用来测定无线电波频率以及调制波形。

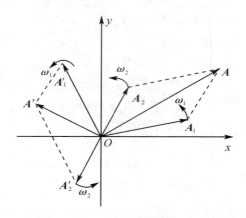

图 5.7　两个同方向不同频率简谐振动的合成

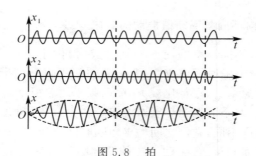

图 5.8　拍

*5.2.3　两个相互垂直的简谐振动的合成

当一个物体同时参与两个不同方向的振动时,物体的位移是这两个振动位移的矢量和。在一般情形下,物体将在平面上做曲线运动。轨道的形状由两个振动的周期、振幅和相位差决定。

我们先来讨论两个互相垂直的、同频率的简谐振动的合成。设两个振动分别在 Ox 轴和 Oy 轴上进行,并表示为

$$x = A_x \cos(\omega t + \varphi_x), \quad y = A_y \cos(\omega t + \varphi_y)$$

两式联立消去时间 t,得出物体在 Oxy 平面内的轨迹方程为

$$\frac{x^2}{A_x^2} + \frac{y^2}{A_y^2} - \frac{2xy}{A_x A_y}\cos(\varphi_y - \varphi_x) = \sin^2(\varphi_y - \varphi_x) \tag{5.17}$$

一般情况下,式(5.17)为椭圆方程,椭圆的具体形状由相位差 $\Delta\varphi$ 决定。下面分析几种特殊情形。

(1)$\Delta\varphi = \varphi_y - \varphi_x = 0$,即两个分振动的相位相同时,这时式(5.17)变为

$$y = \frac{A_y}{A_x} x$$

物体的轨迹为一条通过坐标原点的直线,其斜率为这两个分振动的振幅之比,如图 5.9(a) 所示。在任一时刻 t,质点离开平衡位置的位移

$$s = \sqrt{x^2 + y^2} = \sqrt{A_x^2 + A_y^2} \cos(\omega t + \varphi_0)$$

所以合振动也是简谐振动,频率与分振动频率相同,振幅 $A = \sqrt{A_x^2 + A_y^2}$。

如果 $\Delta\varphi = \varphi_y - \varphi_x = \pi$,即两个分振动反相,那么物体在另一条直线 $y = -\frac{A_y}{A_x} x$ 上做同频率的简谐振动。

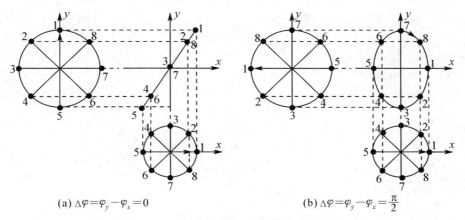

(a) $\Delta\varphi = \varphi_y - \varphi_x = 0$　　　　(b) $\Delta\varphi = \varphi_y - \varphi_x = \frac{\pi}{2}$

图 5.9　两个相互垂直的简谐振动的合成

(2) 两个分振动的相位差 $\Delta\varphi = \varphi_y - \varphi_x = \frac{\pi}{2}$ 时,式(5.17)变为

$$\frac{x^2}{A_x^2} + \frac{y^2}{A_y^2} = 1$$

合振动的轨迹是以坐标轴为主轴的正椭圆,如图 5.9(b) 所示。如果 $\Delta\varphi = \varphi_y - \varphi_x = \frac{\pi}{2}$,$y$ 方向的振动相位比 x 方向超前 $\frac{\pi}{2}$,当质点在 x 方向达到最大位移时,在 y 方向质点正通过原点向负方向运动,因此物体沿椭圆轨道运动的方向是顺时针的,或者说是右旋的。如果 $\Delta\varphi = \varphi_y - \varphi_x = -\frac{\pi}{2}$,这时物体沿椭圆轨道运动的方向是逆时针的或者说是左旋的。

如果两个分振动的相位差 $\Delta\varphi = \varphi_y - \varphi_x$ 不为上述数值,那么合振动的轨迹为处于边长分别为 $2A_x$(x 方向)和 $2A_y$(y 方向)的矩形范围内的任意确定的椭圆。椭圆的方位及物体沿椭圆的运动方向完全取决于相位差的数值。

　　如果两个相互垂直的分振动的频率不同,但两频率成简单整数比,则其合振动的轨迹是规则的稳定、封闭图形,称为李萨如(J. A. Lissajous)图形。图 5.10 表示了两个分振动的频率之比 $\omega_x : \omega_y = 2:1, 3:1$ 和 $3:2$ 情况下的李萨如图形。利用李萨如图形,可以由一个频率已知的振动,求得另一个振动的频率,这是无线电技术中常用的测定频率的方法。

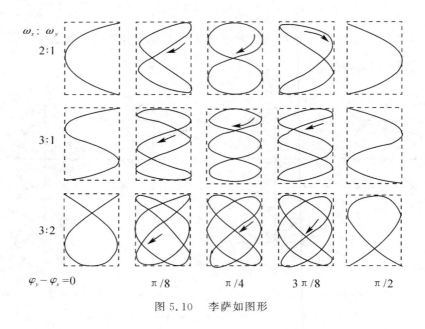

图 5.10　李萨如图形

5.3　阻尼振动　受迫振动　共振

　　简谐振动的振幅不随时间变化,这就是说,振动一经发生,就能够永远不停地以不变的振幅振动下去,这是一种理想的情况。实际的振动都会受到阻力的作用,振动系统的能量将因不断克服阻力做功而损耗,振幅将逐渐减小,这种振幅随时间减小的振动称为阻尼振动。为了获得所需的稳定振动,必须克服阻力的影响而对系统施以周期性外力的作用,这种振动称为受迫振动。

5.3.1　阻尼振动

　　在阻尼振动中,振动系统所具有的能量将在振动过程中逐渐减少,能量损失的原因主要有两种:一种是系统与周围介质或系统内部的摩擦,使系统的能量逐渐转变为热能;另一种是由于振动系统引起邻近介质质点的振动,使振动系统的能量逐渐向四周辐射出去,转变为波动的能量。

当物体在流体中以不太大的速度运动时,所受的阻力与物体运动的速率 v 成正比

$$f = -\gamma v = -\gamma \frac{\mathrm{d}x}{\mathrm{d}t}$$

其中,γ 是阻尼系数,根据牛顿第二定律,物体的运动方程为

$$m \frac{\mathrm{d}^2 x}{\mathrm{d}t^2} = -\gamma \frac{\mathrm{d}x}{\mathrm{d}t} - kx$$

令 $\omega_0^2 = \frac{k}{m}$,$\beta = \frac{\gamma}{2m}$,则上式可写成

$$\frac{\mathrm{d}^2 x}{\mathrm{d}t^2} + 2\beta \frac{\mathrm{d}x}{\mathrm{d}t} + \omega_0^2 x = 0 \tag{5.18}$$

其中,ω_0 是系统的固有角频率;β 表征阻尼的强弱,称为**阻尼常量**,β 越大,阻力的影响越大。

由于阻尼大小的不同,阻尼振动有三种情形。

(1)弱阻尼   在阻尼较小的情形,$\beta^2 < \omega_0^2$,式(5.18)的解为

$$x = A_0 \mathrm{e}^{-\beta t} \cos(\omega t + \varphi) \tag{5.19}$$

A_0 和 φ 是由初始条件决定的积分常数,$\omega = \sqrt{\omega_0^2 - \beta^2}$ 是阻尼振动的角频率。图 5.11 中曲线 a 表示的是阻尼振动的位移 — 时间曲线,由图可以看出,阻尼振动不是严格的周期运动,位移不能在每一个周期后恢复原值,是一种准周期性运动。与无阻尼的情况相比较,阻尼振动的周期可表示为

$$T' = \frac{2\pi}{\omega} = \frac{2\pi}{\sqrt{\omega_0^2 - \beta^2}}$$

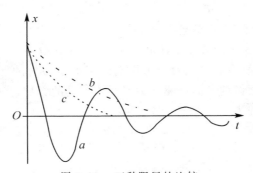

图 5.11   三种阻尼的比较

可见,由于阻尼的存在,周期变长了,频率变小了,即振动变慢了。

(2)过阻尼   在阻尼较大的情形,$\beta^2 > \omega_0^2$,式(5.19)不再是方程(5.18)的解,这时运动已完全不是周期性的了。由于阻尼足够大,偏离平衡位置的振子只能

缓慢地回到平衡位置,是一种非周期运动,如图 5.11 中曲线 b 所示。

(3)临界阻尼　若阻尼作用满足 $\beta^2 = \omega_0^2$,偏离平衡位置的振子刚好能在一个周期内平滑地回到平衡位置,这种情况称为临界阻尼。与弱阻尼和过阻尼比较,在临界阻尼情况下,振子回到平衡位置而静止下来所需的时间最短。如图 5.11 中曲线 c 所示。

在工程技术上,常根据需要控制阻尼的大小。例如,各类机器,为了减震,都要加大振动时的摩擦阻尼。各种乐器,总希望它辐射足够大的声能,这就要加大它的辐射阻尼,各种弦乐器上的空气箱就能起到这种作用。在灵敏电流计等精密仪表中,为使指针尽快回到平衡位置进行读数测量,常使电流计的偏转系统处在临界阻尼状态下工作。

5.3.2　受迫振动

在实际的振动系统中,阻尼都是存在的。要使振动能够维持下去,须对系统不断地补充能量。通常是对系统施加一周期性外力。物体在周期性外力作用下发生的振动称为**受迫振动**,这种周期性的外力称为驱动力。为简单起见,假设驱动力

$$F = F_0 \cos \omega_p t$$

则物体的运动方程为

$$m \frac{\mathrm{d}^2 x}{\mathrm{d}t^2} = -kx - \gamma \frac{\mathrm{d}x}{\mathrm{d}t} + F_0 \cos \omega_p t$$

仍令 $\omega_0^2 = \dfrac{k}{m}$,$\beta = \dfrac{\gamma}{2m}$,则上式可写成

$$\frac{\mathrm{d}^2 x}{\mathrm{d}t^2} + 2\beta \frac{\mathrm{d}x}{\mathrm{d}t} + \omega_0^2 x = \frac{F_0}{m} \cos \omega_p t$$

在阻尼较小的情况下,方程的解为

$$x = A_0 \mathrm{e}^{-\beta t} \cos(\omega t + \varphi) + A \cos(\omega_p t + \varphi) \tag{5.20}$$

其中,第一项随时间逐渐衰减,对受迫振动的影响是短暂的,经过足够长时间后将不起作用;第二项体现了简谐驱动力对受迫振动的影响,当受迫振动达到稳定状态时,其运动方程为

$$x = A \cos(\omega_p t + \varphi)$$

稳定振动的振幅

$$A = \frac{F_0}{m \sqrt{(\omega_0^2 - \omega_p^2) + 4\beta^2 \omega_p^2}} \tag{5.21}$$

应该注意,稳定状态下受迫振动的角频率不是振动系统的固有角频率,而是驱动力的角频率。振幅 A 并不取决于系统的初始状态,而是依赖于系统的性质、阻尼的大小和驱动力的特性。

5.3.3　共振

在稳定状态下,受迫振动的振幅随驱动力的角频率而改变,图 5.12 画出了不同阻尼时振幅和驱动力的角频率之间的关系曲线。从图 5.12 可以看出,当驱动力的角频率 ω_p 与固有角频率 ω_0 相差较大时,受迫振动的振幅 A 是很小的;当 ω_p 接近 ω_0 时,A 迅速增大;当 ω_p 为某一特定值时,A 达到最大值。我们把当驱动力的角频率接近系统的固有角频率时,受迫振动的振幅迅速增大的现象称为**共振**。用求极值的方法,将式(5.21)对 ω_p 求导数,并令 $\dfrac{\mathrm{d}A}{\mathrm{d}\omega_p}=0$,可求得共振角频率

$$\omega_r = \sqrt{\omega_0^2 - 2\beta^2} \tag{5.22}$$

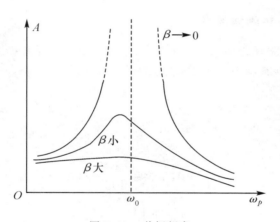

图 5.12　共振频率

在式(5.21)中令 $\omega_p = \omega_r$,将式(5.22)代入式(5.21),可求得共振时振幅的峰值 A_r 与阻尼常量 β 的关系

$$A_r = \frac{F_0}{2m\beta\sqrt{\omega_0^2 - \beta^2}} \tag{5.23}$$

共振现象极为普遍,在声、光、无线电、原子物理、核物理以及工程技术领域都会遇到。钢琴、小提琴等乐器利用共振来提高音响效果,收音机利用电磁共振进行选台,核磁共振被用来进行物质结构的研究和医疗诊断,等等,这些都是共振的应用。

在实际应用中,也应注意避免共振带来的危害。例如共振时振动系统的振幅过大,建筑物、机器设备等就会受到严重的破坏。1940 年美国华盛顿州建成不到一年的塔科马港悬索桥就因一场大风引起桥的共振而坍塌。不同频率的振动可能激起人体不同部位的共振,对人体造成危害,表 5.1 给出了共振频率和相应的

人体共振部位。

表 5.1   人体的共振频率

人体部位	共振频率 /Hz
胸—腹	$3 \sim 6$
头—颈—肩	$20 \sim 30$
眼球	$60 \sim 90$
下颚—头盖骨	$100 \sim 120$

物理沙龙:非线性系统

线性系统只是理想的或者说是近似的,绝大多数实际系统是非线性的,比如大角度摆。非线性系统会有些什么特点呢?

以大角度摆为例

$$\frac{\mathrm{d}^2\theta}{\mathrm{d}t^2} + \omega_0^2 \sin\theta = 0 \tag{5.24}$$

近似解为

$$\theta = A\cos\omega t + \frac{A^3}{192}\cos3\omega t \tag{5.25}$$

$$\omega = \omega_0\left(1 - \frac{A^2}{16}\right)$$

此时摆的运动是一种较为复杂的振动。若用振动学的术语来说,它是由两种振动组成的合振动,即由一个以 ω 为角频率的简谐振动与一个以 3ω 为角频率的振动叠加而成的合振动,并且初始条件将会影响摆的运动形式。

图 5.13 示出了三种不同的起始能量所导致的摆的三种不同运动,图(a)是起始能量较小的情况,摆在偏离一定角度 θ 后,摆锤将沿原路摆回做往复性运动;图(b)所示的起始能量较大,摆锤将不会沿原路返回,运动将不再具有往复性;图(c)表示起始能量更大时,摆锤将在竖直平面内做圆周运动,而这已不是通常意义上的摆动了。

对于非线性系统可能还会出现更复杂的"混沌"运动状态。这是在确定性动力学系统中存在的一种随机运动,其特征是:由于初始条件的微小差异就会导致极不相同的后果,使系统的未来运动状态无法预料而呈现为随机的行为。

归纳起来,非线性系统具有如下特征:

(1)叠加原理不再成立;

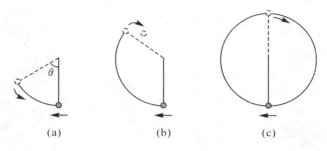

图 5.13　起始能量不同导致大角度摆的三种不同运动

(2) 初始条件的不同,会导致很不相同的运动形式;

(3) 可能出现完全随机的混沌行为。

应当指出,对于多数显示出混沌的非线性系统来说,要给它精确选定初始条件并确定其结果,实际上是办不到的,因为这种系统的运动具有显著的随机性。例如地球表面附近的大气层就是个相当复杂的非线性系统,而大气环流、海洋潮汐、太阳活动等因素的某些偶然变化,都会使仅仅靠求解气象方程来精确预报天气成为不可能和不现实的事。

本 章 小 结

1. 简谐振动

回复力：$f = -kx$

微分方程：$\dfrac{\mathrm{d}^2 x}{\mathrm{d}t^2} + \omega^2 x = 0$

运动方程：$x = A\cos(\omega t + \varphi)$

2. 描述简谐振动的物理量

(1) 振幅 A：$A = \sqrt{x_0^2 + \left(\dfrac{v_0}{\omega}\right)^2}$

(2) 频率 ω,周期 T,频率 ν

其关系为：$\omega = \dfrac{2\pi}{T} = 2\pi\nu$, $\nu = \dfrac{1}{T}$

(3) 初相位 φ_0：$\tan\varphi_0 = -\dfrac{v_0}{\omega x_0}$

3. 旋转矢量法

4. 简谐振动的能量

$$E = \frac{1}{2}kA^2 = \frac{1}{2}mA^2\omega^2$$

5. 简谐振动的合成

(1) 同方向同频率两简谐振动的合成:

$$A = \sqrt{A_1^2 + A_2^2 + 2A_1A_2\cos(\varphi_2 - \varphi_1)}$$

$$\varphi = \arctan\frac{A_1\sin\varphi_1 + A_2\sin\varphi_2}{A_1\cos\varphi_1 + A_2\cos\varphi_2}$$

(2) 同方向不同频率简谐振动的合成。

拍 $\Delta\omega \ll \omega_1$,拍频 $\nu = |\nu_2 - \nu_1|$

习　　题

一、选择题

5.1　一弹簧振子,物体的质量为 m,弹簧的劲度系数为 k,该振子做振幅为 A 的简谐振动。当物体通过平衡位置且向规定的正方向运动时开始计时,则其振动方程为(　　)。

A. $x = A\cos\left(\sqrt{k/m}\,t + \frac{1}{2}\pi\right)$　　B. $x = A\cos\left(\sqrt{k/m}\,t - \frac{1}{2}\pi\right)$

C. $x = A\cos\left(\sqrt{m/k}\,t - \frac{1}{2}\pi\right)$　　D. $x = A\cos\sqrt{k/m}\,t$

5.2　已知一简谐振动 $x_1 = 4\cos\left(10t + \frac{3}{5}\pi\right)$,另有一同方向简谐振动 $x_2 = 6\cos(10t + \varphi)$,若令两振动合成的振幅最大,则 φ 的取值应为(　　)。

A. $\frac{1}{3}\pi$　　　　B. $\frac{7}{5}\pi$　　　　C. $\frac{3}{5}\pi$　　　　D. $\frac{8}{5}\pi$

5.3　物体做简谐运动时,下列叙述中正确的是(　　)。

A. 在平衡位置加速度最大　　B. 在平衡位置速度最小

C. 在运动路径两端加速度最大　　D. 在运动路径两端加速度最小

二、填空题

5.4　一弹簧振子,弹簧的劲度系数为 k,重物的质量为 m,则此系统的固有振动周期为_____。

5.5　一物体同时参与同一直线上的两个简谐振动,其分振动的表达式分别为：

$$x_1 = 0.05\cos\left(4\pi t + \frac{1}{3}\pi\right), \quad x_2 = 0.03\cos\left(4\pi t - \frac{2}{3}\pi\right)$$

则合成振动的振幅为_____。

5.6　一质点沿 x 轴做简谐振动，振动范围的中心点为 x 轴的原点。已知周期为 T，振幅为 A。若 $t = 0$ 时质点处于 $x = \frac{1}{2}A$ 处且向 x 轴正方向运动，则振动方程为 $x =$ _____。

三、计算题

5.7　一物体沿 x 轴做简谐振动，振幅 $A = 0.12\text{m}$，周期 $T = 2\text{s}$。当 $t = 0$ 时，物体的位移 $x = 0.06\text{m}$，且向 x 轴正向运动。求：

（1）此简谐振动的表达式；

（2）$t = T/4$ 时物体的位置、速度和加速度；

（3）物体从 $x = -0.06\text{m}$ 向 x 轴负方向运动第一次回到平衡位置所需的时间。

5.8　质量为 $10 \times 10^{-3}\text{kg}$ 的小球与轻弹簧组成的系统，按 $x = 0.1\cos\left(8\pi t + \frac{2\pi}{3}\right)$ 的规律做振动，式中 t 以秒（s）计，x 以米（m）计。

（1）求振动的角频率、周期、振幅、初相位；

（2）求振动的速度、加速度的最大值；

（3）求最大回复力、振动能量、平均动能和平均势能；

（4）画出此振动的旋转矢量图，并在图上指明 t 为 1s，2s，10s 等时刻的矢量位置。

5.9　如图所示，质量为 10g 的子弹以速度 $v = 10^3\text{m·s}^{-1}$ 水平射入木块，并陷入木块中，使弹簧压缩而做简谐振动。设弹簧的倔强系数 $k = 8 \times 10^3\text{N·m}^{-1}$，木块的质量为 4.99kg，不计桌面摩擦，试求：

（1）振动的振幅；

（2）振动方程。

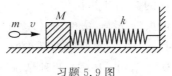

习题 5.9 图

5.10 如图所示,一匀质细圆环质量为 m,半径为 R,绕通过环上一点而与环平面垂直的水平光滑轴在铅垂面内做小幅度摆动,求摆动的周期。

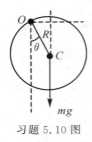

习题 5.10 图

5.11 质量为 0.25kg 的物体,在弹性力作用下做简谐振动,倔强系数 $k = 25\text{N} \cdot \text{m}^{-1}$。如果开始振动时具有势能 0.6J,动能 0.2J,求:(1)振幅;(2)位移多大时,动能恰等于势能;(3)经过平衡位置时的速度。

5.12 两个频率和振幅都相同的简谐振动的 x-t 曲线如图所示,求:

(1)两个简谐振动的相位差;

(2)两个简谐振动的合成振动的振动方程。

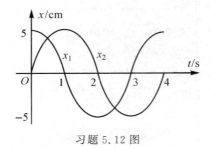

习题 5.12 图

5.13 已知两个同方向简谐振动如下: $x_1 = 0.05\cos\left(10t + \dfrac{3}{5}\pi\right)$,$x_2 = 0.06\cos\left(10t + \dfrac{1}{5}\pi\right)$。

(1)求它们的合成振动的振幅和初相位;

(2)另有一同方向简谐振动 $x_3 = 0.07\cos(10t + \varphi)$,问 φ 为何值时,$x_1 + x_3$ 的振幅为最大?φ 为何值时,$x_2 + x_3$ 的振幅为最小?

(3)用旋转矢量图示法表示(1)和(2)两种情况下的结果。x 以米计,t 以秒计。

5.14 将频率为 384Hz 的标准音叉振动和一待测频率的音叉振动合成,测得拍频为 3.0Hz,在待测音叉的一端加上一小块物体,则拍频将减小。求待测音叉的固有频率。

5.15　三个同方向、同频率的简谐振动分别为

$$x_1 = 0.08\cos\left(314t + \frac{\pi}{6}\right),$$

$$x_2 = 0.08\cos\left(314t + \frac{\pi}{2}\right),$$

$$x_3 = 0.08\cos\left(314t + \frac{5\pi}{6}\right)。$$

求:(1) 合振动的角频率、振幅、初相位及振动表达式;

(2) 合振动由初始位置运动到 $x = \frac{\sqrt{2}}{2}A$ 所需最短时间(A 为合振动振幅)。

第 6 章　机械波

　　波动是自然界常见的一种物质运动形式。振动状态的传播就是**波动**,简称**波**。在宏观世界中,有两类波:一类是机械振动在弹性介质中的传播,称为**机械波**,如水波、声波、地震波等;另一类是变化的电磁场在空间的传播,称为**电磁波**,如无线电波、光波等。近代物理研究还表明,波动是一切微观粒子乃至任何物质都具有的共同属性。各类波动在本质上虽然不同,但它们都具有波动的共同特征。例如,机械波和电磁波都具有一定的传播速度,都伴随着能量的传播,都能产生干涉、衍射等现象,因此可将它们统一起来加以阐述。机械波比较形象直观,我们将通过对机械波的研究来揭示各类波动的共同性质和规律。

6.1　机械波的产生和传播

6.1.1　机械波的形成

　　机械振动在弹性媒质(固体、液体和气体)内传播就形成了机械波。弹性介质内各质元间由弹性力相联系,一旦某质元偏离平衡位置,邻近质元作用的弹性回复力就会迫使它返回平衡位置,同时也迫使此邻近质元偏离平衡位置而参与振动。另外,组成弹性介质的质元都具有一定的惯性,当质元在弹性力的作用下返回平衡位置时,不可能突然停止,而要越过平衡位置继续运动。这样,介质中一个质元的振动引起邻近质元的振动,邻近质元的振动又引起较远质元的振动,振动就以一定的速度在介质中由近及远地传播开去,形成波动。弹性介质的弹性和惯性决定了机械波的产生和传播过程。

　　机械波实际上是介质中大量质元参与的集体振动,波源的振动状态或波动能量在介质中传播,而参与波动的各质元并没有随之远离,只是在自己的平衡位置附近振动。当波源做周期性振动时,介质中各质元都随时间做周期性振动,而一系列的质元之间又表现出空间周期性。若波源只有一个短暂的扰动,这时产生的波就不一定具有周期性了。

6.1.2　横波和纵波

　　在波动中,振动状态是沿某方向传播的,这个方向称为波的传播方向。按介质质元振动方向和波的传播方向之间的关系,可将机械波分为两种,即质元振动方向与波的传播方向垂直的**横波**以及质元振动方向与波的传播方向平行的**纵波**。横波的传播表现为波峰、波谷沿波的传播方向移动。纵波的传播则表现为疏、密状态沿波的传播方向移动,如图 6.1 所示。

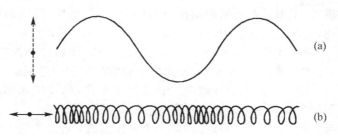

图 6.1　机械波的产生

产生横波需要介质内部有垂直于波的传播方向的切向弹性力,通常在气体和液体内部不能产生这种切向弹性力,所以只能传播纵波。在固体内部则既能传播横波又能传播纵波。在一般情况下,一个波源在介质中可同时产生横波和纵波,例如地震波。有的波既不是纯粹的横波,也不是纯粹的纵波,例如水面波,质元沿一椭圆轨道运动,水的质元既有平行于波传播方向的运动,又有垂直于波传播方向的运动。这种运动的复杂性,是由于液面上液体质元受到重力和表面张力共同作用的结果。

6.1.3　波线和波面

波线和波面都是为了形象地描述波在空间的传播而引入的概念。通常用有向直线表示波的传播路径和方向,称为**波线**。波在传播过程中,所有振动相位相同的点连成的面,称为**波面**。显然,波在传播过程中波面有无穷多个。在各向同性的均匀介质中,波线与波面垂直。如图 6.2 所示。

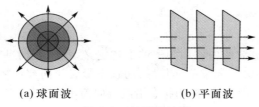

(a) 球面波　　　　　　(b) 平面波

图 6.2　波面和波线

波面有不同的形状,波面为球面的波,称为**球面波**;波面为平面的波,称为**平面波**。一个点波源在各向同性的均匀介质中激发的波,其波面是一系列同心球面。当球面波传播到足够远时,若观察的范围不大,波面近似为平面,可以认为是平面波。图 6.2(a) 和图 6.2(b) 分别表示了球面波的波面和平面波的波面,图中带箭头的直线表示波线。

6.1.4 描述波动的物理量

波动传播时,不但具有时间周期性,还具有空间周期性。时间周期性用周期和频率来描述,空间周期性则用波长来描述。

1. 波长 同一波线上两个相邻的振动状态相同,即相位差为 2π 的振动质元之间的距离,称为**波长**,用 λ 表示。波长可形象地想象为一个完整的波的长度,横波中相邻两个波峰之间或相邻两个波谷之间的距离,纵波中相邻两个密部中心之间或相邻两个疏部中心之间的距离,都是一个波长。

2. 周期与频率 一个完整的波(即一个波长的波)通过波线上某点所需要的时间,称为**波的周期**,用 T 表示。周期的倒数叫做**波的频率**,即波动在单位时间内前进的距离中所包含的完整的波的数目,用 ν 表示。

$$\nu = \frac{1}{T}$$

由于波源做一次完全振动,波就前进一个波长的距离,因而波的周期等于波源振动的周期,只与振源有关,而与传播介质无关。

3. 波速 波速是单位时间内振动状态传播的距离,用 u 表示。由于振动状态的传播也即相位的传播,因而这里的波速也称为相速。实验表明,固体内横波和纵波的传播速度 u 的大小分别为

$$u = \sqrt{\frac{G}{\rho}} \qquad (横波)$$

$$u = \sqrt{\frac{Y}{\rho}} \qquad (纵波)$$

式中,G 和 Y 分别为固体的剪切模量和弹性模量,ρ 是固体的密度。在液体和气体中纵波的传播速度为 $u = \sqrt{\frac{B}{\rho}}$,$B$ 为体变模量,即流体发生单位体变需要增加的压强,$B = -\frac{\Delta P}{\frac{\Delta V}{V}}$。

根据波速、波长、波的周期和频率的上述定义,我们不难想象,每经过一个周期,介质质元完成一次完全振动,同时振动状态沿波线向前传播了一个波长的距离。在 1s 内,质元振动了 ν 次,振动状态沿波线向前传播了 ν 个波长的距离,即波速

$$u = \lambda\nu = \frac{\lambda}{T}$$

机械波的波速取决于介质的弹性和密度,而与振源无关。在同一介质中各种频率和振幅的机械波均以相同的速度传播,在不同的介质中波速则不同。例如声

波,在空气中,波速为 331m/s;在氢气中,波速为 1263m/s。由于波速与介质有关,而频率与介质无关,故当波在不同介质中传播时,其波长也因介质的不同而不同。

例 6.1 在室温下,已知空气中的声速为 $u_1 = 340\text{m/s}$,水中的声速为 $u_2 = 1450\text{m/s}$,求频率为 200Hz 的声波在空气和水中的波长。

解 由 $\lambda = \dfrac{u}{\nu}$,得

$$空气中,\lambda_1 = \frac{u_1}{\nu} = \frac{340}{200} = 1.7(\text{m})$$

$$水中,\lambda_2 = \frac{u_2}{\nu} = \frac{1450}{200} = 7.25(\text{m})$$

6.2 简谐波

一般的波动过程是比较复杂的,我们只讨论最简单的情况,即波源做简谐振动的情况,因为波动所到之处的各个质元也在做简谐振动,相应的波也称为**简谐波**。任何一种复杂的波都可以表示为若干不同频率、不同振幅的简谐波的合成。因此,研究简谐波具有特别重要的意义。

6.2.1 平面简谐波的波函数

为了定量描述波在空间的传播,需要用数学函数来表示介质中各 x 处质元在任意时刻 t 的位移 $y(x,t)$,称为**波函数**。一般写成

$$y = y(x,t) \tag{6.1}$$

波函数反映了任一时刻振动着的物理量在空间的分布情况。

先来讨论沿 Ox 轴正方向传播的简谐波,在原点 O 处有一质点做简谐振动,其运动方程为

$$y_0 = A\cos(\omega t + \varphi) \tag{6.2}$$

式中,y_0 是质点在 t 时刻相对于平衡位置的位移。假定介质是均匀、无吸收的,那么各点的振幅将保持不变。对于 x 轴上距点 O 的距离为 x 的任一点 P,显然,当振动从 O 点传到 P 点时,P 处的质点将以相同的振幅和频率重复 O 点的振动,但是在时间上要晚 $t_0 = \dfrac{x}{u}$,或者说 P 处振动的相位要比 O 处落后 ωt_0。因此在时刻 t,P 处的相位应为 $\omega(t - t_0) + \varphi$,相应的位移为

$$y = A\cos[\omega(t - t_0) + \varphi] = A\cos\left[\omega\left(t - \frac{x}{u}\right) + \varphi\right] \tag{6.3}$$

式(6.3)适用于描述 Ox 轴上所有质点的振动,称为**平面简谐波的波函数**。应用 $u = \dfrac{\lambda}{T} = \lambda\nu$ 和 $\omega = 2\pi\nu = \dfrac{2\pi}{T}$,该方程又可以表示为

$$y = A\cos\left[2\pi\left(\frac{t}{T} - \frac{x}{\lambda}\right) + \varphi\right] \tag{6.4}$$

$$y = A\cos\left[2\pi\left(\nu t - \frac{x}{\lambda}\right) + \varphi\right] \tag{6.5}$$

把波函数式(6.3)对时间求导,则可以得到 x 处质点振动的速度和加速度

$$v = \frac{\partial y}{\partial t} = -A\omega\sin\omega\left(t - \frac{x}{u}\right) \tag{6.6}$$

$$a = \frac{\partial^2 y}{\partial t^2} = -A\omega^2\cos\omega\left(t - \frac{x}{u}\right) \tag{6.7}$$

注意质点振动的速度和波动的传播速度有区别: v 是质元振动的速度,它是时间的函数; u 是波速,相对于特定介质而言,它是一个与时间无关的常量。

如果波沿 Ox 轴负方向传播,则点 P 的振动比点 O 早开始一段时间 $t_0 = \dfrac{x}{u}$,即 P 点的相位比原点 O 的相位超前 ωt_0,式(6.3)中的负号应改为正号,波函数为

$$y = A\cos\omega\left[\left(t + \frac{x}{u}\right) + \varphi\right] = A\cos\left[2\pi\left(\frac{t}{T} + \frac{x}{\lambda}\right) + \varphi\right] = A\cos\left[2\pi\left(\nu t + \frac{x}{\lambda}\right) + \varphi\right]$$

6.2.2　波函数的物理意义

在简谐波波函数式(6.3)中,包含 x 和 t 两个自变量,为进一步理解它的物理意义,下面分三种情况讨论。

(1)当 x 一定时,则位移仅为时间 t 的周期函数。波函数表示距原点 O 为 x 的质点在不同时刻的位移,即 O 点的振动情况。以 y 为纵坐标, t 为横坐标,就得到一条位移时间图像。

(2)当 t 一定时,即对于某一确定瞬间,位移 y 仅为 x 的周期函数,波函数表示了在该瞬间线上所有质元的振动情况 —— 各个质元相对于各自平衡位置的位移所构成的波形。

(3)当 x 和 t 都变化,这时波函数表示波线上各个质元在不同时刻的位移。如图 6.3 所示,实线表示 t 时刻的波形,虚线表示 $t + \Delta t$ 时刻的波形,从图中可以看出,振动状态(即相位)沿波线传播的距离为 $\Delta x = u\Delta t$,整个波形也传播了 Δx 的距离,因而波速就是波形向前传播的速度,波函数也描述了波形的传播,这种波称为**行波**。

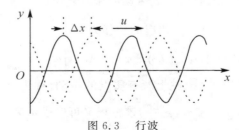

图 6.3　行波

由此还可以得到波程差与相位差的关系

$$\Delta\varphi = \varphi_2 - \varphi_1 = 2\pi\frac{x_2 - x_1}{\lambda} = 2\pi\frac{\Delta x}{\lambda}$$

总之，波函数反映了波的时间和空间双重周期性。周期 T 代表了波的时间周期性，从质元运动来看，每个质元的振动周期均为 T；从整个波形看，t 时刻的波形曲线与 $t + T$ 时刻的波形曲线完全重合。波长 λ 代表了波在空间的周期性，从质元来看，相隔波长 λ 的两个质元其振动规律完全相同（两质元为同相点）；从波形来看，波形在空间以波长 λ 为周期分布着。

例 6.2　波源做简谐振动，位移与时间的关系为 $y = (4.00 \times 10^{-3})$ $\cos 240\pi t\,(\mathrm{m})$，它所激发的波以 $30.0\mathrm{m \cdot s^{-1}}$ 的速率沿一直线传播。求波的周期和波长，并写出波函数。

解　设波函数为

$$y = A\cos\omega\left(t - \frac{x}{u}\right)$$

已知 $A = 4.00 \times 10^{-3}\mathrm{m}$，$\omega = 240\pi\mathrm{rad \cdot s^{-1}}$，$u = 30.0\mathrm{m \cdot s^{-1}}$，根据这些数据可以分别求得波的周期和波长。

波的频率为

$$\nu = \frac{\omega}{2\pi} = \frac{240\pi}{2\pi} = 120\,(\mathrm{Hz})$$

波的周期和波长分别为

$$T = \frac{1}{\nu} = 8.33 \times 10^{-3}\,(\mathrm{s})$$

$$\lambda = \frac{u}{\nu} = 2.50 \times 10^{-1}\,(\mathrm{m})$$

于是，波函数可以表示为

$$y = 4.00 \times 10^{-3}\cos 240\pi\left(t - \frac{x}{30.0}\right)(\mathrm{m})$$

6.3　波的能量

机械波在介质中传播时，波动传到之处的各质元都在各自的平衡位置附近振动，因而具有动能；同时因介质产生形变，它们还具有弹性势能。所以波的传播过程也是能量的传播过程。本节以棒中传播的纵波为例来讨论波的能量。

6.3.1　波动能量的传播

波源能量随波动的传播，可以用平面简谐纵波沿直棒传播为例来加以说明。如图 6.4 所示，一细棒沿 x 轴放置，其质量密度为 ρ，截面积为 S，弹性模量为 Y。

当平面纵波以波速 u 沿 x 轴正方向传播时,棒上每一小段将不断受到压缩和拉伸。设棒中波函数

$$y = A\cos\omega\left(t - \frac{x}{u}\right)$$

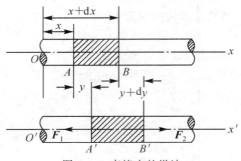

图 6.4　直棒中的纵波

在棒中任取一个体元 $\mathrm{d}V$,棒中无波动时两端面的坐标分别为 x 和 $x + \mathrm{d}x$,则体元 $\mathrm{d}V$ 的自然长度为 $\mathrm{d}x$,质量为 $\mathrm{d}m = \rho\mathrm{d}V = \rho S\mathrm{d}x$。当有波传到该体元时,其振动速度为

$$v = \frac{\mathrm{d}y}{\mathrm{d}t} = -A\omega\sin\omega\left(t - \frac{x}{u}\right)$$

因而这段体元的振动动能为

$$\mathrm{d}E_k = \frac{1}{2}(\mathrm{d}m)v^2 = \frac{1}{2}(\rho\mathrm{d}V)A^2\omega^2\sin^2\omega\left(t - \frac{x}{u}\right)$$

设在时刻 t 该体元正在被拉伸,截面 A 的位移为 y,截面 B 的位移为 $y + \mathrm{d}y$,分别到达图中 A', B' 处,则体元 $\mathrm{d}V$ 的实际伸长量为 $\mathrm{d}y$。体元由于形变而产生的弹性回复力为

$$F = F_2 - F_1 = YS\frac{\partial y}{\partial x}$$

和胡克定律比较可得 $k = \dfrac{YS}{\mathrm{d}x}$,因而该体元的弹性势能为

$$\mathrm{d}E_p = \frac{1}{2}k(\mathrm{d}y)^2 = \frac{1}{2}\frac{YS}{\mathrm{d}x}(\mathrm{d}y)^2 = \frac{1}{2}Y\mathrm{d}V\left(\frac{\partial y}{\partial x}\right)^2$$

根据波函数的表示式

$$\frac{\partial y}{\partial x} = \frac{A\omega}{u}\sin\omega\left(t - \frac{x}{u}\right)$$

固体中的波速为 $u = \sqrt{\dfrac{Y}{\rho}}$,因而

$$\mathrm{d}E_p = \frac{1}{2}(\rho\mathrm{d}V)A^2\omega^2\sin^2\omega\left(t - \frac{x}{u}\right) \tag{6.8}$$

所以体元的总能量为

$$dE = dE_k + dE_p = (\rho dV)A^2\omega^2\sin^2\omega\left(t - \frac{x}{u}\right) \tag{6.9}$$

由此可见,在波的传播过程中,介质中任一体元的动能和势能是同步变化的,二者同时达到最大,又同时减小到零。体元中的总能量随时间做周期性的变化,不守恒。这表明,沿着波的传播方向,每一体元都在不断地从后方体元获得能量,使能量从零逐渐增大到最大值,又不断把能量传递给前方的介质,使能量从最大变为零。如此周期性地重复,能量就随着波动过程,从介质的一部分传给另一部分,故波动是能量传递的一种方式。

波动中动能和势能的同步变化,可从波动过程实际观察到。正在通过平衡位置的那些体元,不仅有最大的振动速度,而且由于所在处的体元间的相对形变(即 $\partial y/\partial x$)也最大,因而势能也最大。而处于最大振动位移处的那些体元,不仅振动动能为零,而且由于所在处的质元间的相对形变也为零(即 $\partial y/\partial x = 0$),所以势能也为零。

6.3.2　能流与能流密度

介质中单位体积的波动能量,称为**波的能量密度**,可以表示为

$$w = \frac{dE}{dV} = \rho A^2\omega^2\sin^2\omega\left(t - \frac{x}{u}\right)$$

显然,波的能量密度是随时间做周期性变化的,通常取其在一个周期内的平均值,这个平均值称为**平均能量密度**

$$\bar{w} = \frac{1}{T}\int_0^T \rho A^2\omega^2\sin^2\omega\left(t - \frac{x}{u}\right)dt = \frac{1}{2}\rho A^2\omega^2 \tag{6.10}$$

能量是随着波的进行在介质中传播的,因而可以引入能流的概念。单位时间内通过介质中某面积的能量,称为通过该面积的**能流**。在介质中垂直于波速 u 取面积 S,则在单位时间内通过 S 面的能量等于体积 uS 内的能量,如图 6.5 所示。

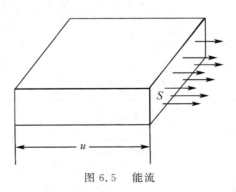

图 6.5　能流

显然,通过 S 面的能流是随时间做周期性变化的,通常也取其在一个周期内的平均值,即得**平均能流**,并表示为

$$P = \bar{w}uS = \frac{1}{2}uS\rho A^2\omega^2$$

通过与波的传播方向垂直的单位面积的平均能流,称为**平均能流密度**,又称为**波的强度**,用 I 表示。

$$I = \bar{w}u = \frac{1}{2}\rho A^2\omega^2 u \qquad (6.11)$$

由式(6.11)可以看出,波的强度与波的振幅的平方成正比。这一结论不仅对简谐波适用,而且具有普遍意义。

6.3.3　声波　声强级

在弹性介质中传播的频率为 $20 \sim 20\,000\,\mathrm{Hz}$ 的机械纵波能引起人的听觉,称为**声波**。频率高于 $20\,000\,\mathrm{Hz}$ 的声波称为**超声波**,频率低于 $20\,\mathrm{Hz}$ 的声波称为**次声波**。

声波的平均能流密度称为**声强**。引起听觉的声波不仅有频率范围,而且有声强范围。对于每个给定的可闻频率,声强太小或太大都不能引起听觉,太大的声强只能引起痛觉。一般正常人对于 $1\,000\,\mathrm{Hz}$ 的声波,听觉的限值在 $10^{-12} \sim 1\,\mathrm{W/m^2}$。实验表明,人耳听觉并非与声强成正比,而是与声强的对数大致成比例。故常采用 $I_0 = 10^{-12}\,\mathrm{W/m^2}$ 作为标准,其他声强 I 则用 $\lg\dfrac{I}{I_0}$ 作为相对量度,称为**声强级**。声强级原是无量纲的常数,在声学中常附以单位 B(贝尔),通常用 B 的十分之一为单位,叫分贝(dB)。以分贝为单位,声强级公式可写为

$$L_I = 10\lg\frac{I}{I_0}\ (\mathrm{dB})$$

例如声强级 $1\mathrm{dB}$,相当于 $\dfrac{I}{I_0} = 10^{0.1} = 1.26$;声强级 $60\mathrm{dB}$,相当于 $\dfrac{I}{I_0} = 10^6$。表 6.1 列出了各种实例中声强级的估计。

表 6.1　　　　　　　　　　声强和声强级举例

	I/I_0	$L_I/(\mathrm{dB})$
风吹树叶	10^2	20
正常交谈	10^6	60
摇滚乐	10^{12}	120
喷气飞机起飞	10^{15}	150

6.4　惠更斯原理　波的衍射

6.4.1　惠更斯原理

在波动中,波源的振动是通过介质中的质点依次传播出去的,因此每个质点都可看做是新的波源。例如,在图 6.6 中,水面波传播时,遇到一有小孔的障碍物,当小孔的线度和波长差不多时,不论原来的波面是什么形状,通过小孔后的波面都将变成以小孔为中心的圆形,好像这个小孔是点波源一样。

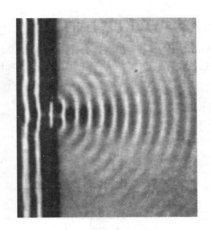

图 6.6　水波通过小孔

惠更斯(Christiaan Huygens) 研究了大量类似的实验现象后提出:媒质中波动传播到的各点,都可看做是发射球面子波的波源,在以后任一时刻,这些子波的包络就是新的波阵面,这就是**惠更斯原理**。惠更斯原理对任何波动过程都是适用的。只要知道某一时刻的波面,就可根据这一原理,用几何作图的方法决定下一时刻的波面,从而确定波的传播方向。

图 6.7 中用惠更斯原理描绘出平面波和球面波的传播,t 时刻的波面为 S_1,以 S_1 面上各点为中心,以 $r = u\Delta t$ 为半径,画许多半球形的子波,再作这些子波的包络面 S_2,S_2 就是 $t + \Delta t$ 时刻的波面。从图中可以看出,当波在各向同性的均匀介质中传播时,波面的几何形状不变。

根据惠更斯原理还可以解释波在传播中发生的衍射、散射、反射和折射等现象。在光学中,惠更斯原理经菲涅耳补充和发展之后,还可以进行定量分析,有关内容将在光学中介绍。

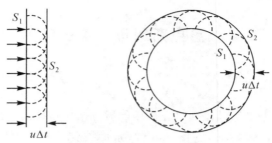

图 6.7　平面波和球面波的波面

6.4.2　波的衍射

波在传播过程中遇到障碍物时,能够绕过障碍物的边缘继续前进的现象叫做**波的衍射**。例如,平面波通过一狭缝后能传到两侧阴影区域内。这一现象可根据惠更斯原理作出解释:当平面波到达狭缝时,缝上各点成为子波源,它们发出的球形子波的包络在边缘处不再是平面,从而使波的传播方向偏离了原来的方向而向外扩展,进入缝两侧的阴影区域,如图 6.8 所示。

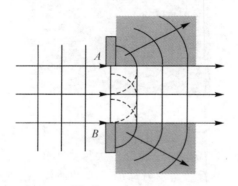

图 6.8　波的衍射

衍射现象是波动的共同特征。例如,站在屋内可以听见室外的声音,隔了山岭可以收听到无线电广播,这些都是波的衍射实例。实验表明,当障碍物的线度可与波长相比拟时,衍射现象就明显,障碍物越小越显著。

6.5　波的干涉

6.5.1　波的叠加原理

从大量实验事实可总结出波的叠加原理:几列波在介质中传播发生重叠时,

它们都保持各自原有的频率、波长和振幅独立地传播，彼此互不影响；在重叠区域内，介质中各质元的振动为各列波单独存在时在该点所引起的振动的矢量和，如图 6.9 所示。

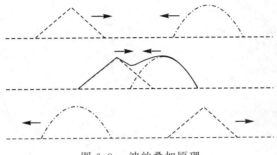

图 6.9　波的叠加原理

　　我们在日常生活中经常可以看到波动遵从叠加原理的例子：人耳能够分辨出交响乐中各种乐器的声音；水面上的水波总是互不干扰地互相贯穿，然后继续按照各自原先的方式传播，等等。

　　波的叠加原理包含了波的独立传播性与可叠加性两方面的性质，是波的干涉与衍射现象的基本依据。也正是由于波动遵从叠加原理，我们可以根据傅里叶分析把一列复杂的周期波表示为若干个简谐波的合成。

　　应该指出，波的叠加原理只有当波的强度不太大时才成立。如果波的强度很大，波的叠加原理就不再成立。如强激光、爆炸产生的冲击波等，就需用非线性波动理论研究。

6.5.2　波的干涉

　　频率相同、振动方向相同、相位相同或相位差恒定的两列波，在空间相遇时，叠加的结果是使空间某些点的振动始终加强，另外某些点的振动始终减弱，形成一种稳定的强弱分布，这种现象称为**波的干涉**。能够产生干涉现象的波称为**相干波**，它们是频率相同、振动方向相同并且相位差恒定的波，这些条件称为**相干条件**。激发相干波的波源，称为**相干波源**。

　　用水面波可以进行波的干涉现象的演示。在同一支架上连接两个小球，并使支架在竖直方向做一定频率的振动，两个小球在水面上振动时形成两个相干波源，它们发出的波形成的干涉条纹如图 6.10 所示。这可用惠更斯原理来说明，图 6.11 表示两个相干波源 S_1 和 S_2 发出的波在空间相遇并发生干涉的示意图。图中实线表示波峰，虚线表示波谷。在两波的波峰与波峰相交处或波谷与波谷相交处，合振动的振幅为最大，干涉加强；在波峰与波谷相交处，合振动的振幅为最小，干涉减弱。干涉加强点和减弱点在空间彼此相间排列，形成干涉图样。

图 6.10　水波的干涉

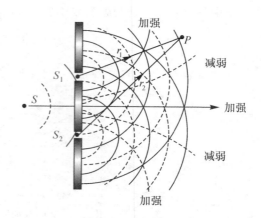

图 6.11　波的干涉

下面用波的叠加原理分析干涉现象中干涉加强和减弱的条件。设两个相干波源 S_1 和 S_2，它们发出的两列相干波在空间的点 P 相遇，点 P 与两波源的距离分别是 r_1 和 r_2，如图 6.11 所示，则 S_1，S_2 单独存在时在 P 点引起的振动分别为

$$y_1 = A_1\cos\left(\omega t + \varphi_1 - 2\pi\frac{r_1}{\lambda}\right), \quad y_2 = A_2\cos\left(\omega t + \varphi_2 - 2\pi\frac{r_2}{\lambda}\right)$$

式中，ω 是两个波源的角频率；A_1，A_2 分别为它们的振幅；φ_1，φ_2 分别为两个波源的初相。P 点同时参与两个同方向、同频率的简谐振动，其合振动应是具有同一频率的简谐振动

$$y = y_1 + y_2 = A\cos(\omega t + \varphi)$$

合振幅由下式确定：

$$\begin{aligned} A^2 &= A_1^2 + A_2^2 + 2A_1A_2\cos\left(\varphi_2 - \varphi_1 - 2\pi\frac{r_2 - r_1}{\lambda}\right) \\ &= A_1^2 + A_2^2 + 2A_1A_2\cos\Delta\varphi \end{aligned} \tag{6.12}$$

式中，$\Delta\varphi = \varphi_2 - \varphi_1 - 2\pi\dfrac{r_2 - r_1}{\lambda}$，为两列波在 P 点所引起的分振动的相位差，其中 $\varphi_2 - \varphi_1$ 为两个波源的初相差，$-2\pi\dfrac{r_2 - r_1}{\lambda}$ 是由于波的传播路程不同而引起的相位差。对于叠加区域内任一确定的点来说，相位差为一个常量，因而强度是恒定的。不同的点将有不同的相位差，这将对应不同的强度值，但各自都是恒定的，即在空间形成稳定的强度分布，这就是**干涉现象**。

在两列波叠加区域内的各点，合振幅或强度主要取决于相位差，当

$$\Delta\varphi = \varphi_2 - \varphi_1 - 2\pi\frac{r_2 - r_1}{\lambda} = \pm 2k\pi, \quad k = 0, 1, 2, \cdots \tag{6.13}$$

时,合振动的振幅具有最大值,$A = A_1 + A_2$,点 P 的振动是加强的,称为**干涉相长**;当

$$\Delta\varphi = \varphi_2 - \varphi_1 - 2\pi\frac{r_2 - r_1}{\lambda} = \pm(2k+1)\pi, \quad k = 0,1,2,\cdots \qquad (6.14)$$

时,合振动的振幅具有最小值,即 $A = |A_1 - A_2|$,点 P 的振动是减弱的,称为**干涉减弱**。如果减弱到使振动完全消失,则称为**干涉相消**。在相位差为其他值时,合振幅介于 $|A_1 - A_2|$ 与 $A_1 + A_2$ 之间。

如果两相干波源的振动初相位相同,即 $\varphi_2 = \varphi_1$,上述干涉加强和干涉减弱的条件可以简化。这时两列相干波在点 P 引起的两个振动的相位差只决定于两个波源到点 P 的波程差 $\delta = r_1 - r_2$。当

$$\delta = r_1 - r_2 = \pm 2k\frac{\lambda}{2}, \quad k = 0,1,2,\cdots \qquad (6.15)$$

即对波程差等于半波长的偶数倍的空间各点,合振幅最大,干涉加强;当

$$\delta = r_1 - r_2 = \pm(2k+1)\frac{\lambda}{2}, \quad k = 0,1,2,\cdots \qquad (6.16)$$

即对波程差等于半波长的奇数倍的空间各点,合振幅最小,干涉减弱。

干涉是波动所特有的现象,对于光学、声学和许多工程学科都有重要应用。例如大礼堂、影剧院的设计就必须考虑到声波的干涉,以避免某些区域声音过强,而某些区域声音又过弱。

6.6　驻波

6.6.1　驻波的形成

驻波是干涉的特例。在同一介质中两列振幅相同的相干波,在同一直线上沿相反方向传播叠加后就形成驻波。我们可以在一根张紧的弦线上观察到驻波,如图 6.12 所示,将弦线的一端系于电动音叉上,弦线的另一端系一重物,对弦线提供一定的张力,刀口 B 的位置可以调节。当音叉振动时,在弦线上激发了向右传播的入射波,到达 B 点时被反射,产生的反射波向左传播。这两列相干波在同一弦线上沿相反方向传播,它们相互叠加,于是在弦线上就形成了一种波形不随时间变化的波动,这就是驻波。

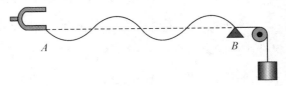

图 6.12　驻波实验

当驻波出现时,弦线上有些点始终静止不动,这些点称为**波节**;有些点的振幅始终最大,这些点称为**波腹**。图 6.13 表示两列同频率、同振幅的简谐波分别沿 x 轴正方向(以锁线表示)和沿 x 轴负方向(以虚线表示)传播,在不同时刻的波形以及它们的合成波(以实线表示),即驻波。由图可见,波节(用"·"表示)是始终不动的,整个合成波被波节分成若干段,每一段的中央是波腹(用"+"表示)。每一段上各点都以相同的相位振动,而振幅不同,波腹的振幅最大;相邻两段上各点的振动相位相反。由图中还可以看到,形成驻波以后,没有振动状态或相位的逐点传播,只有段与段之间的相位突变,与行波完全不同。

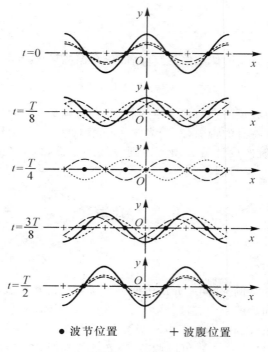

图 6.13 驻波

现以图 6.13 所示的弦线驻波为例,推求驻波的波函数表达式。设沿 x 轴正方向和负方向传播的两列振幅相同、频率相同、初相皆为零的简谐相干波表示为

$$y_1 = A\cos2\pi\left(\nu t - \frac{x}{\lambda}\right), \quad y_2 = A\cos2\pi\left(\nu t + \frac{x}{\lambda}\right)$$

利用三角公式可得合成波的表达式

$$y = y_1 + y_2 = A\cos2\pi\left(\nu t - \frac{x}{\lambda}\right) + A\cos2\pi\left(\nu t + \frac{x}{\lambda}\right) = 2A\cos2\pi\,\frac{x}{\lambda}\,\cos2\pi\nu t$$

这就是驻波的波函数,常称**驻波方程**。式中 $2A\cos2\pi\dfrac{x}{\lambda}$ 是各点的振幅,只与 x 有关。上式表明,在形成驻波时,波线上各点都以同一频率 ν 做简谐振动,但各点的振幅 $\left|2A\cos2\pi\dfrac{x}{\lambda}\right|$ 随其位置做周期性的变化。

在驻波方程中,由于变量 x 和 t 分别出现在两个因子中,不表现为 $\left(t\mp\dfrac{x}{u}\right)$ 的形式,因此和行波不同,驻波没有一般波动意义上的波形、相位或能量的定向传播。严格地说,驻波不是波动,而是一种特殊形式的振动。

振幅最大值发生在 $\left|\cos2\pi\dfrac{x}{\lambda}\right|=1$ 的点上,因此波腹的位置为

$$x=2k\frac{\lambda}{4},\quad k=0,\pm1,\pm2,\cdots \tag{6.17}$$

相邻两波腹间的距离为

$$x_{k+1}-x_k=\frac{\lambda}{2}$$

对于波节,$\left|\cos2\pi\dfrac{x}{\lambda}\right|=0$,所以波节的位置为

$$x=(2k+1)\frac{\lambda}{4},\quad k=0,\pm1,\pm2,\cdots \tag{6.18}$$

相邻两波节间的距离也是半个波长。振幅分布的这一特征可以用来测量波长,通过驻波实验测出相邻波节或波腹间的距离,即可得到波长。

现在考察驻波的能量。当驻波形成时,介质各点必定同时达到最大位移,又同时通过平衡位置。当介质质元达到最大位移时,各质元的速度为零,即动能为零,而介质各处出现了不同程度的形变,越靠近波节处形变量越大。在此状态下,驻波的能量以弹力势能的形式集中于波节附近。当介质质元通过平衡位置时,各处的形变都随之消失,弹力势能为零,而各质元的速度都达到各自的最大值,以波腹处为最大,此时驻波的能量以动能的形式集中于波腹附近。由此可见,在驻波中,波腹附近的动能与波节附近的势能之间不断进行着互相转换和转移,没有能量的定向传播。

6.6.2　弦线上的驻波

对于两端固定的弦线,并非任何波长(或频率)的波都能在弦线上形成驻波。在弦的两固定端必须是波节点,故驻波波长 λ 与弦线长 l 间必须满足

$$l=n\frac{\lambda}{2},\quad n=1,2,\cdots$$

即只有当弦线长 l 等于半波长的整数倍时,才能形成驻波。相应的可能频率为

$$\nu = n\frac{u}{2l}, \quad n = 1, 2, \cdots \qquad (6.19)$$

式(6.19)表明,只有振动频率为$\frac{u}{2l}$的整数倍的那些波,才能在弦线上形成驻波。各种允许频率所对应的驻波决定的振动方式,称为**简正模式**。最低的振动频率称为**基频**,其他频率依次称为2次、3次……谐频。在乐器中,其音调由系统的基频决定,而音色由谐频的相对幅度决定。不同的乐器有不同的谐频分布,所以有不同的音色。

对一端固定、一端自由的棒(或一端封闭、一端开放的管),或对两端自由的棒(或两端开放的管),也可作类似的分析,以确定它的简正模式。

6.6.3 半波损失

在驻波实验中,反射点B是固定不动的,在该处形成驻波的一个波节。这一结果说明,当反射点固定不动时,反射波和入射波在B点是反相位的,反射波并不是入射波的反向延伸,而是有π的相位突变。因为相距半个波长的两点相位差为π,所以这个π的相位突变一般形象化地称为**半波损失**。当波在自由端反射时,则没有相位突变,形成驻波时,在自由端形成波腹。

半波损失问题不仅在机械波反射时存在,在电磁波包括光波反射时也存在,以后在光学中也要讨论这个问题。

例6.3 P和Q是两个以相同相位、相同频率和相同振幅振动并处于同一介质中的相干波源,其频率为ν,波长为λ,P和Q相距$\frac{3}{2}\lambda$。R为P,Q连线延长线上的任意一点,试求:

(1)自P发出的波在R点引起的振动与自Q发出的波在R点引起的振动的相位差;

(2)R点的合振动的振幅。

解 (1)建立如图6.14所示的坐标系,P,Q和R的坐标分别为x_1,x_2和x,P和Q的振动分别为

$$y_{10} = A_0\cos(\omega t + \varphi)$$
$$y_{20} = A_0\cos(\omega t + \varphi)$$

P点和Q点在R点引起的振动分别为

$$y_1 = A\cos\left[\omega\left(t - \frac{x - x_1}{u}\right) + \varphi\right]$$
$$y_2 = A\cos\left[\omega\left(t - \frac{x - x_2}{u}\right) + \varphi\right]$$

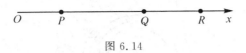

图 6.14

两者在 R 点的相位差为

$$\Delta\varphi = \left[\omega\left(t - \frac{x - x_2}{u}\right) + \varphi\right] - \left[\omega\left(t - \frac{x - x_1}{u}\right) + \varphi\right] = \frac{2\pi\nu}{u}(x_1 - x_2)$$

$$= \frac{2\pi}{\lambda}(x_1 - x_2) = -\frac{2\pi}{\lambda}\frac{3}{2}\lambda = -3\pi$$

可见，P 点和 Q 点在 R 点引起的振动相位是相反的，相位差为 $\Delta\varphi = -3\pi$。

(2)R 点的合振动的振幅为

$$A = \sqrt{A^2 + A^2 + 2AA\cos\Delta\varphi} = 0$$

可见，R 点是静止不动的。实际上，由于在上述表达式中不含 x，所以在 x 轴上，Q 点右侧的各点都是静止不动的。

6.7　多普勒效应

前面讨论的波动过程，都是假定波源与观察者相对于介质静止的情形，所以观察者接收到的波的频率与波源的频率相同。但在日常生活中，常会遇到波源与观察者之间有相对运动的情形。例如，当一列火车迎面开来时，听到火车汽笛的音调变高，即频率增大；当火车远离而去时，听到火车汽笛的音调变低，即频率减小。这种由于波源或观察者发生相对运动而使观察者接收到的波的频率发生变化的现象称为**多普勒效应**。

为了简单起见，假定波源与观察者的运动只发生在两者的连线上。选传播介质为参考系，观察者相对于介质的运动速度为 V_O，波源相对于介质的运动速度为 V_S，声波在介质中的传播速度为 u，波源的频率为 ν。

下面分三种情况来讨论。

1. 波源 S 相对于介质静止，观察者 O 以速率 V_O 向着波源运动

如图 6.15 所示，这时观察者在单位时间内所观测到的完整波的数目要比他静止时多。在单位时间内他除了观测到由于波以速率 u 传播而通过他的 u/λ 个波以外，还观测到由于他自身以速率 V_O 运动而通过他的 V_O/λ 个波。所以，观察者在单位时间内所观测到的完整波的数目为

$$\nu' = \frac{u}{\lambda} + \frac{V_O}{\lambda} = \frac{u + V_O}{uT} = \frac{u + V_O}{u}\nu \tag{6.20}$$

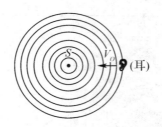

图 6.15　观察者运动时的多普勒效应

可见,观察者向着静止的波源运动时,接收到的频率升高了。

　　显然,当观察者以速率 V_O 离开静止的波源时,在单位时间内他所观测到的完整波的数目要比静止时少 V_O/λ。因此,他所观测到的完整波的数目为

$$\nu' = \frac{u - V_O}{\lambda} = \frac{u - V_O}{uT} = \frac{u - V_O}{u}\nu \qquad (6.21)$$

此时接收到的频率低于波源的频率。

　　2. 观察者 O 相对于介质静止,波源 S 以速率 V_S 向着观察者运动

　　这时在波源的运动方向上,向着观察者一侧波长缩短了,而背离观察者一侧波长伸长了,如图 6.16 所示。在一个周期内,波在介质中传播了距离 λ,同时波源向前移动了一段距离 $V_S T$,使得依次发出的波面都向右挤紧了,这就相当于通过观察者所在处的波的波长比原来缩短了 $V_S T$,即波长变为 $\lambda' = \lambda - V_S T$。因此在单位时间内通过观察者的完整波的个数为

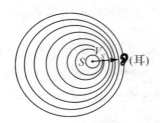

图 6.16　波源运动时的多普勒效应

$$\nu' = \frac{u}{\lambda - V_S T} = \frac{u}{(u - V_S)T} = \frac{u}{u - V_S}\nu \qquad (6.22)$$

这表明,当波源向着静止的观察者运动时,观察者接收到的频率高于波源的频率。

　　当波源以速率 V_S 离开观察者而运动时,观察者所观测到的波的频率应为

$$\nu' = \frac{u}{\lambda + V_s T} = \frac{u}{(u + V_s)T} = \frac{u}{u + V_s}\nu \tag{6.23}$$

此时观察者接收到的频率低于波源的频率。

3. 波源 S 和观察者 O 同时相对于介质运动

把以上假设的两种情况综合起来,即观察者以速率 V_O、波源以速率 V_S 同时相对于介质运动,观察者所观测到的频率可以表示为

$$\nu' = \frac{u \pm V_O}{u} \cdot \frac{u}{u \mp V_S}\nu = \frac{u \pm V_O}{u \mp V_S}\nu \tag{6.24}$$

式中,观察者向着波源运动时,V_O 前取正号,远离时取负号;波源向着观察者运动时,V_S 前取负号,远离时取正号。

综上可知,无论观察者运动还是波源运动,只要两者互相接近,接收到的频率就高于原来波源的频率;若两者互相远离,接收到的频率就低于原来波源的频率。

以上关于机械波多普勒效应的频率改变公式,都是在波源和观察者的运动发生在沿两者连线的方向(即纵向)上推得的。如果运动方向不沿两者的连线,则在上述公式中的波源和观察者的速度是沿两者连线方向的速度分量,机械波不存在横向多普勒效应。

不仅机械波有多普勒效应,电磁波也有多普勒效应,只不过要运用相对论来处理这个问题,且观察者接收频率的公式也有所不同。然而,波源与观察者互相接近时频率变大,互相远离时频率变小的结论,仍然是相同的。

多普勒效应有着很多实际的应用,具体可参阅有关书籍。

物理沙龙：冲击波

上面讨论多普勒效应时,总是假设波源相对于介质的运动速率小于波在该介质中的传播速率,而当波源的运动速率达到波的传播速率时,多普勒效应失去物理意义。如果波源相对于介质的运动速率 v_S 超过波在该介质中的传播速率 u,情况又将如何呢?显然,在这种情况下波源总是跑在波的前面,在各相继瞬间产生的波面的包络为一圆锥面,称为**马赫锥**,如图 6.17 所示。因为马赫锥面是波的前缘,在圆锥外部,无论距离波源多近都没有波扰动。这个以波速传播的圆锥波面称为**冲击波**,简称**击波**。马赫锥的半顶角称为**马赫角**,应由下式决定:

$$\sin\theta = \frac{u}{v_S} = \frac{1}{M}, \tag{6.25}$$

式中 $M = v_S/u$ 称为**马赫数**,是空气动力学中的一很有用的量。例如,只要测出高速飞行物的马赫数,就可以相当准确地计算出该物体的飞行速度。

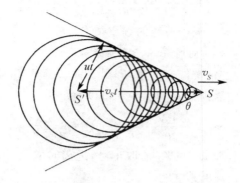

图 6.17 马赫锥

"冲击波"虽然以波来称呼,而实际上不同于一般意义的波,它只是一个以波速向外扩展的、聚集了一定能量的圆锥面。

本 章 小 结

1.机械波产生的条件:(1) 波源,(2) 弹性介质。

机械波的传播实质上是相位(或振动状态) 的传播,质量并不迁移。

2.描述波的物理量:波长 λ,频率 ν,周期 T,波速 u。

$$T = \frac{1}{\nu} = \frac{\lambda}{u}, u = \frac{\lambda}{T} = \lambda\nu$$

3.平面简谐波的波动方程:

$$y = A\cos[\omega(t - x/u) + \varphi]$$
$$y = A\cos[2\pi(t/T - x/\lambda) + \varphi]$$
$$y = A\cos[2\pi(\nu t - x/\lambda) + \varphi]$$

4.平均能量密度:$\bar{w} = \frac{1}{2}\rho A^2\omega^2$

能流密度(波的强度):$I = \bar{w}u = \frac{1}{2}\rho A^2\omega^2 u$

5.惠更斯原理

6.波的叠加原理:独立性,叠加性

7.波的干涉:

(1) 相干条件:频率相同,振动方向相同,位相差恒定。

(2) 相干加强与减弱的条件:

加强:$\Delta\varphi = \pm 2k\pi$,减弱:$\Delta\varphi = \pm(2k+1)\pi, k = 0,1,2\cdots$

其中 $\Delta\varphi = \varphi_2 - \varphi_1 - \dfrac{2\pi(r_2 - r_1)}{\lambda}$

（3）驻波：波腹处振幅最大，波节处振幅最小，相邻波节（或波腹）之间的距离为 $\dfrac{\lambda}{2}$。

8．多普勒效应

只考虑波源和观察者在同一直线上运动时的频率变化公式

$$\nu' = \nu\dfrac{u \pm V_O}{u \mp V_s}$$

习　题

一、选择题

6.1　以下说法中不正确的是（　　）。

A. 从运动学角度看，振动是单个质点（在平衡位置的往复）运动，波是振动状态的传播，质点并不随波前进

B. 从动力学角度看振动是单个质点受到弹性回复力的作用而产生的，波是各质元受到邻近质元的作用而产生的

C. 从能量角度看，振动是单个质点的总能量不变，只是动能与势能的相互转化；波是能量的传递，各质元的总能量随时间做周期性变化，而且动能与势能的变化同步

D. 从总体上看，振动质点的集合是波动

6.2　以下说法中错误的是（　　）。

A. 波速与质点振动的速度是一回事，至少它们之间相互有联系

B. 波速只与介质有关，介质一定，波速一定，不随频率波长而变，介质确定后，波速为常数

C. 质元的振动速度随时间做周期性变化

D. 虽有关系式 $v = \lambda\nu$，但不能说频率增大，波速增大

6.3　两根轻弹簧和一质量为 m 的物体组成一振动系统，两弹簧的倔强系数分别为 k_1 和 k_2，并联后与物体相接，则此系统的固有频率 ν 等于（　　）。

A. $\sqrt{(k_1 + k_2)/m}/2\pi$

B. $\sqrt{k_1 k_2/(k_1 + k_2)m}/2\pi$

C. $\sqrt{m/(k_1 + k_2)}2\pi$

D. $\sqrt{(k_1 + k_2)/(k_1 k_2 m)}2\pi$

6.4　一辆汽车以 $25\text{m} \cdot \text{s}^{-1}$ 的速度远离一静止的正在鸣笛的机车，机车汽

笛的频率为 600Hz,汽车中的乘客听到机车鸣笛声音的频率是(已知空气中的声速为 330 m·s⁻¹)(　　)。

　A. 555Hz

　B. 646Hz

　C. 558Hz

　D. 649Hz

二、填空题

6.5　如图所示,波源 S_1 和 S_2 发出的波在 P 点相遇,P 点距波源 S_1 和 S_2 的距离分别为 3λ 和 $10\lambda/3$,λ 为两列波在介质中的波长,若 P 点的合振幅总是极大值,则两波源振动方向_____(填"相同"或"不同"),振动频率_____,(填"相同"或"不同"),波源 S_2 的位相比 S_1 的位相领先_____。

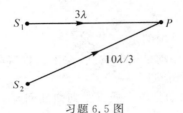

习题 6.5 图

6.6　一平面简谐波沿 x 轴正方向传播,波速 $u=100\text{m/s}$,$t=0$ 时刻的波形曲线如图所示,波长_____;振幅 $A=$ _____;频率 $v=$ _____,该简谐波的波动方程为_____。

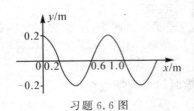

习题 6.6 图

6.7　一物块悬挂在弹簧下方做简谐振动,当这物块的位移等于振幅的一半时,其动能是总能的_____;当这物块在平衡位置时,弹簧的长度比原长长 Δl,这一振动系统的周期为_____。

三、计算题

6.8　已知一波的波动方程为 $y=5\times10^{-2}\sin(10\pi t-0.6x)$ (m)。

(1)求波长、频率、波速及传播方向;

（2）说明 $x = 0$ 时波动方程的意义,并作图表示。

6.9　有一沿 x 轴正向传播的平面波,其波速为 $u = 1\mathrm{m \cdot s^{-1}}$,波长 $\lambda = 0.04\mathrm{m}$,振幅 $A = 0.03\mathrm{m}$。若以坐标原点恰在平衡位置而向负方向运动时作为开始时刻,试求:

（1）此平面波的波动方程;

（2）与波源相距 $x = 0.01\mathrm{m}$ 处质点的振动方程以及该点的初相。

6.10　如图所示为一列沿 x 轴负向传播的平面谐波在 $t = T/4$ 时的波形图,振幅 A、波长 λ 以及周期 T 均已知。

（1）写出该波的波动方程;

（2）画出 $x = \lambda/2$ 处质点的振动曲线;

（3）求图中波线上 a 和 b 两点的位相差 $\varphi_a - \varphi_b$。

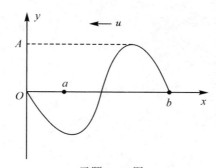

习题 6.10 图

6.11　在波的传播路程上有 A 和 B 两点,都做简谐振动,B 点的位相比 A 点落后 $\pi/6$,已知 A 和 B 之间的距离为 $2.0\mathrm{cm}$,振动周期为 $2.0\mathrm{s}$,求波速 u 和波长 λ。

6.12　一平面波在介质中以速度 $u = 20\mathrm{m \cdot s^{-1}}$ 沿 x 轴负方向传播。已知在传播路径上的某点 A 的振动方程为 $y = 3\cos4\pi t$。

（1）如以 A 为坐标原点,写出波动方程;

（2）如以距 A 为 $5\mathrm{m}$ 处的 B 点为坐标原点,写出波动方程;

（3）写出传播方向上 B,C,D 点的振动方程。

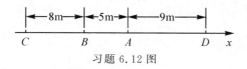

习题 6.12 图

6.13　设空气中声速为 $330\mathrm{m \cdot s^{-1}}$。一列火车以 $30\mathrm{m \cdot s^{-1}}$ 的速度行驶,机车上汽笛的频率为 $600\mathrm{Hz}$。(1)一静止的观察者在机车的正前方和机车驶过其身后所听到的频率分别是多少?(2) 如果观察者以速度 $10\text{m} \cdot \text{s}^{-1}$ 与这列火车相向运动,在上述两个位置,他听到的声音频率分别是多少?

6.14 S_1 与 S_2 为两相干波源,相距 1/4 个波长,S_1 比 S_2 的位相超前 $\pi/2$。问 S_1,S_2 连线上在 S_1 外侧各点的合成波的振幅如何?在 S_2 外侧各点的振幅如何?

6.15   设入射波的表达式为

$$y_1 = A\cos 2\pi \left(\frac{t}{T} + \frac{x}{\lambda} \right),$$

在 $x = 0$ 处发生反射,反射点为一自由端,求:

(1) 反射波的表达式;

(2) 合成驻波的表达式。

第3篇 热 学

在生产与生活中,我们把与温度有关的现象称做热现象。热学是研究与热现象有关的规律的一门学科。

在历史上,人们是通过两个途径来研究热现象的。一个途径是通过大量的实验观测,总结出热现象的宏观规律,这一部分叫热力学;另一个途径是从物质的微观结构出发,以经典力学和统计假设为基础,推导出体系内大量微观粒子运动所遵循的统计规律,这一部分叫统计物理学。

热力学与统计物理学采用不同的途径来研究物质热运动,看似没有关联,其实这种研究问题的方法是十分有用且值得借鉴的。热力学从宏观上得到的实验规律为统计物理学的假设理论提供实验支撑,统计物理学从微观上得到的假设理论为热力学的实验结果提供理论依据,因此两者不可偏废,它们相互补充,使我们对物质热运动的规律能更深入了解与掌握。

本篇介绍统计物理学中的气体动理论以及热力学中的一些基本内容。

第7章 气体动理论

生活经验告诉我们,当温度达到100℃时,水将发生汽化,当温度降低到0℃以下时,水将凝结成冰。那你知道西藏人为什么"爱吃"糌粑?夏天高速奔驰的汽车,车胎为什么不能充太多气体?孔明灯为什么可以升空?我们把这些与物体的冷热程度有关的现象称为热现象。

本章首先从宏观角度介绍平衡态、温度、状态方程等热学基本概念,然后在气体的微观特征(大量分子的无规则运动)的基础上讲解平衡态统计理论的基本知识,即气体的动理论。它包括气体压强、温度的微观意义,气体分子的麦克斯韦速率分布,分子的平均碰撞频率和平均自由程等。最后对非平衡态,即气体的迁移现象作一些简单的介绍。

7.1 气体动理论的基本概念

7.1.1 热力学系统

1.热力学系统的描述

热力学是研究一切与热现象有关问题的科学,其对象可以是固体、液体和气体,我们把热力学的研究对象称为**热力学系统**,简称**系统**。与系统发生相互作用的外部环境物质称为外界。如果一个热力学系统与外界不发生任何能量和物质交换,则被称为**孤立系统**;与外界只有能量交换而没有物质交换的系统称为**封闭系统**;与外界同时发生能量和物质交换的系统称为**开放系统**。

要研究一个系统的性质及其变化规律,首先要对系统的状态加以描述。在力学中为了描述质点的运动状态,我们曾引入了位置矢量、速度等物理量,但是现在我们所要描述的是大量分子构成的宏观热力学系统。对此我们有两种描述方法:从整体上对一个系统的状态加以描述的方法称为宏观描述。这时所引用的表征系统状态和属性的物理量称为宏观量。例如描述煤气罐内气体的整体属性所用的化学组成、体积、压强、温度、内能等物理量就是宏观量。宏观量可以直接用仪器测量,而且一般能被人的感官所觉察。由于任何宏观物质都是由大量的分子或原子组成的,分子或原子统称为微观粒子,其线度一般约 $10^{-9} \sim 10^{-10}$ m。分子或原子都做杂乱无章的运动,它们之间存在着或强或弱的相互作用。所以,我们还可以通过对微观粒子运动状态的说明而对系统的状态加以描述,这种方法称为微观描述。描述一个微观粒子的运动状态的物理量叫微观量,如分子的质量、速度、位置、动量、能量,等等。在热力学实验中,我们通常不能对微观参量进行直接观察和测量。

宏观描述和微观描述是描述同一状态的两种不同方法,因此它们之间有一定的内在联系。由于宏观物体所发生的各种现象都是它所包含的大量微观粒子运动的集体表现,因此宏观参量总是一些微观参量的统计平均的结果。例如,气体的压强就是大量气体分子撞击容器器壁的集体效果,所以气体的压强就和气体分子因撞击器壁而引起的动量变化率的平均值有关。对热现象的研究,一方面要通过宏观描述找出热力学系统中宏观参量之间的关系,另一方面要通过微观描述并利用统计平均的方法来了解宏观参量的微观本质。

2. 平衡态

把一定量气体装在一给定体积的容器中,经过很长一段时间后,容器中各部分气体的压强相等、温度相同,此时气体的宏观参量都具有确定的值。我们把在不受外界影响的条件下,一个系统的宏观性质不随时间改变的状态,称为**平衡态**。

系统由初始状态达到平衡态所经历的时间,称为**弛豫时间**。在弛豫过程中,系统处在非平衡态,即在没有外界影响的条件下系统的宏观性质仍在变化。弛豫时间的长短,既依赖于系统本身的性质,还与所讨论的物理量有关。例如,在汽缸中,气体压强趋于均匀是气体分子通过碰撞而交换动量的结果,弛豫时间可以短到 $10^{-3} \sim 10^{-2}$ s。相比之下,汽缸活塞往复一次的时间(约几秒)要比弛豫时间长得多,因此汽缸中的气体在每一瞬间都可以近似地看成处于平衡态。与此不同,扩散现象要求分子做宏观距离的位移,浓度均匀化在气体中就需要几分钟,而在固体中则需要数小时甚至更长的时间。

需要说明的是,由于系统总要受到外界的干扰,所以严格的不随时间变化的平衡态是不存在的,平衡态是一个理想的概念,是在一定条件下对实际情况的概括和抽象,它是热力学理论中一个重要的概念。在许多实际问题中,往往可以把系统的实际状态近似地看做平衡态来处理。本章所讨论的气体状态,除特别声明外,指的都是平衡态。

系统的平衡态可以用一组 p, V, T 值来描述,也可用 $p\text{-}V, p\text{-}T, V\text{-}T$ 等状态图上的一个点来表示。

3. 温度

温度是热力学中一个非常重要和特殊的状态参量,在生活中,通常用温度来表示物体的冷热程度。这是建立在主观感觉基础上的温度概念,但是这种感觉往往不准确。例如，在寒冷的冬天，用手接触一个铁球或一个木球，我们会明显感觉到铁球要比木球冷，但实际上它们具有相同的温度。其中的原因不在于物体本身的温度，而在于两种物质的导热本领不同。由此看来不能仅仅凭借人们对冷热的主观感觉来定义温度，下面我们将对温度给出科学的定义。

大家都有这样的经验，如果将一杯冷牛奶放在一碗开水中，不久杯中的牛奶将逐渐变热，而碗中的开水逐渐变冷，最终两者的冷热程度趋于一致。可见，用导热板隔开（或直接接触）的两个系统再次达到各自新的平衡态（即两者的状态同时都不再改变）时，我们说这两个系统达到了**热平衡**。

关于热平衡有一个很重要的实验规律：在不受外界影响的情况下，如果系统 A 和系统 B 同时与系统 C 处于热平衡，即使 A 和 B 没有接触，它们也必定处于热平衡，这一规律叫做**热力学第零定律**。它表明：两个热力学系统处于同一个热平衡状态时，它们必然具有某种共同的宏观特征，这一特征可以由这些系统的状态参量来描述。我们将描述这一共同特征的状态参量定义为温度，处于热平衡的多个系统具有相同的温度。同样，具有相同温度的几个系统，它们也必然处于热平衡。可见，温度是决定一个系统是否与其他系统处于热平衡的宏观性质。

热力学第零定律的重要性不仅在于它给出了温度的定义，而且指出了温度的测量方法。为了定量地测量温度，还必须给出温度的数值表示方法——**温标**。在日常生活中常用的一种温标是摄氏温标，用 t 表示，其单位是摄氏度（℃）。人们规定：在标准大气压强下，冰水混合物的平衡温度即冰点为 0℃，水沸腾的温度即沸点为 100℃，在 0℃ 和 100℃ 之间按温度计测温性质随温度作线性变化来刻度。然而，各种物质的各种测温性质，例如水银和酒精的体积、铂丝和各种半导体的电阻，以及各种温差电偶的温差电动势，等等，它们随温度的变化不可能都是一致的。如果我们把某物质的某种测温性质与温度的关系确定为线性的，则其他测温性质与温度的关系就可能不是线性的。因此，用不同的测温物质或同一物质的不同测温性质所建立起来的摄氏温标，往往是不一致的。

在科学技术领域中，常用的是另一种温标，称为热力学温标，用 T 表示，国际单位制中的单位是开尔文，简称开（K），这种温标不依赖于任何物质；任何测温性质，故为国际上通用温标。摄氏温标和热力学温标之间的换算关系为

$$t = T - 273.15 \tag{7.1}$$

表 7.1 给出了一些实际的温度值，目前实验室内已获得的最低温度为 2.4×10^{-11} K，这已经非常接近 0K 了，但永远不能达到 0K。实际上，要想获得越低的温度就越困难，热学理论已给出：热力学零度（也称绝对零度）是不能达到的！这个结论叫**热力学第三定律**。

表 7.1   一些实际的温度

宇宙大爆炸后的 $10 \sim 45 \text{s}$	10^{32}K
氢弹爆炸中心	10^{8}K
太阳中心	$1.5 \times 10^{7} \text{K}$
地球中心	$4 \times 10^{3} \text{K}$
乙炔焰	$2.9 \times 10^{3} \text{K}$
月球向阳面	$4 \times 10^{2} \text{K}$
吐鲁番盆地最高温度	323K
水的三相点	273.16K
地球上出现的最低温度(南极)	185K
氦的沸点(1atm)	4.2K
星际空间	2.7K
实验室内已获得的最低温度:核自旋冷却法	$2 \times 10^{-10} \text{K}$
激光冷却法	$2.4 \times 10^{-11} \text{K}$

7.1.2 理想气体的状态方程

当质量一定的气体处于平衡态时,三个状态变量 p,V,T 并不相互独立,当其中任意一个变量发生变化,其他两个变量一般也将随之改变,它们之间存在一定的关系。一定量的气体处于平衡态时气体的状态参量所满足的关系称为气体的状态方程,一般可表示为

$$f(p,V,T) = 0 \qquad (7.2)$$

一般来说,这个方程的形式是很复杂的,它与气体的性质有关。我们这里只讨论理想气体的状态方程。

在中学物理中我们已经知道,玻意耳(R. Boyle,1627—1691) 定律、盖吕萨克(L. J. Gay—Lussac,1778—1805) 定律和查理(J. A. C. Charles,1746—1823) 定律是在温度不太低、压强不太高的实验条件下总结出来的。设想一种气体在任何情况下同时遵守上述三个实验定律的气体称为**理想气体**,这是理想气体的宏观定义,其微观定义将在下一节介绍。因此,理想气体是一种理想模型,它是实际气体在压强趋近零时的极限状态。

综合上述三个实验定律,可得描述一定量理想气体的状态参量 p,V,T 三者之间的关系的状态方程为

$$\frac{pV}{T} = \frac{p_0 V_0}{T_0} \qquad (7.3)$$

式中 p_0，V_0，T_0 表示理想气体处在标准状态下的状态参量，其中 $p_0 = 1.013 \times 10^5 \text{Pa}$，$T_0 = 273.15 \text{K}$。根据阿伏伽德罗定律知：在标准状态下，1mol 任何理想气体的体积均为 $V_m = 22.4 \times 10^{-3} \text{m}^3$。所以，质量为 m'，摩尔质量为 M 的理想气体，在标准状态下的体积应该为 $V_0 = \dfrac{m'}{M} V_m$。根据式（7.3），有

$$\frac{pV}{T} = \frac{p_0 V_0}{T_0} = \frac{m'}{M} \frac{p_0 V_m}{T_0} = \frac{m'}{M} R$$

$$\text{或 } pV = \frac{m'}{M} RT = \nu RT \tag{7.4}$$

其中，$R = \dfrac{p_0 V_m}{T_0} = 8.31 \text{J} \cdot \text{mol}^{-1} \cdot \text{K}^{-1}$，称为普适气体常量，$\nu = \dfrac{m'}{M}$ 称为物质的量。式（7.4）称为**理想气体的状态方程**。

设一定量理想气体的分子数为 N，并以 N_A 表示**阿伏伽德罗常数**，是任何一种物质每 1mol 所含的分子个数，其数值为 $N_A = 6.02 \times 10^{23} \text{mol}^{-1}$，则物质的量 $\nu = \dfrac{N}{N_A}$，代入式（7.4），有

$$pV = \frac{N}{N_A} RT$$

$$\text{或 } p = \frac{N}{V} \frac{R}{N_A} T$$

令 $k = \dfrac{R}{N_A} = 1.38 \times 10^{-23} \text{J} \cdot \text{K}^{-1}$，称为波耳兹曼常量，$n = \dfrac{N}{V}$ 为单位体积内的分子数，称为**分子数密度**，则理想气体的状态方程可写为

$$p = nkT \tag{7.5}$$

上式是理想气体的状态方程的另一种形式，多用于计算分子数密度以及与它相关的其他物理量。

例 7.1　一个容积为 200m^3 的房间，白天气温为 $21℃$，大气压强为 $9.8 \times 10^4 \text{Pa}$，到晚上气温降为 $12℃$ 而大气压强升为 $1.1 \times 10^5 \text{Pa}$。窗户是开着的，从白天到晚上通过窗户出去了多少空气？已知空气的摩尔质量为 $2.9 \times 10^3 \text{kg} \cdot \text{mol}^{-1}$，并可视为理想气体。

解　已知条件可列为：白天 $p_d = 9.8 \times 10^4 \text{Pa}$，$T_d = 294 \text{K}$，晚上 $p_n = 1.1 \times 10^5 \text{Pa}$，$T_n = 285 \text{K}$；$V_d = V_n = V = 200 \text{m}^3$。以 m_d，m_n 分别表示白天和晚上房间内空气的质量，则所求出去空气的质量为 $m_d - m_n$。

根据理想气体的状态方程（7.4）式有

$$\text{白天}\quad p_d V_d = \frac{m_d}{M} R T_d \qquad\qquad ①$$

$$\text{晚上}\quad p_n V_n = \frac{m_n}{M} R T_n \qquad\qquad ②$$

出去空气的质量 m 为 　　　　$m = m_d - m_n$ 　　　　　　　　　　③

联立 ①②③ 式,可解得

$$m = \frac{MV}{R}\left(\frac{p_d}{T_d} - \frac{p_n}{T_n}\right)$$

$$= \frac{2.9 \times 10^3 \times 200}{8.31} \times \left(\frac{9.8 \times 10^4}{294} - \frac{1.1 \times 10^5}{285}\right) = -14.6(\text{kg})$$

此结果的负号表示,实际上从白天到晚上有 14.6kg 的空气流进了房间。

7.1.3　物质的微观模型

1. 宏观物体是由大量微粒 —— 分子(或原子)组成的

自然界的一切宏观物体,无论是气体、液体还是固体,都是由大量的分子或原子构成的。1mol 的任何物质所含有的分子数都相同,并且都等于阿伏伽德罗常数 N_A。

2. 分子与分子之间存在着一定的距离

许多常见的现象都能很好地说明组成宏观物质的分子之间存在着一定的空隙。例如气体很容易被压缩,水和酒精混合后的体积小于两者原来体积之和,这都说明分子之间有空隙。厨房装油用的陶罐,过一段时间会发现油透过罐壁渗出来了,这说明固体分子间也有空隙。实验发现,即使是致密钢材,其分子间还是存在一定的间隙。在密闭的钢瓶内装满油,当压强加大到 $2 \times 10^4 \text{atm}$ 时会发现油透过钢瓶壁渗出,这就表明钢材料的分子间也存在间隙。

实验表明,在标准状态下,氧气分子的直径约为 $3 \times 10^{-10} \text{m}$,分子间的平均距离约为分子直径的 10 倍。所以,在标准状态下,每个氧气分子所占的体积约为氧气分子本身体积的 1000 倍。换句话说,在标准状态下容器中的气体分子可以看成大小可以忽略不计的质点。随着气体压强的增加,分子间的距离要变小,但在不太大的压强下,每个分子所占的体积仍比分子本身的体积要大得多。

3. 分子间存在着相互作用力

固体和液体之所以能聚在一起而不散开,是因为分子之间有相互吸引力。不同的材料分子间的作用力不同,固体分子间的作用力最大,分子只能被束缚在各自的平衡位置附近振动。例如,要切开一块金属或使金属发生变形,需要很大的外力来克服分子间的相互作用;液体分子间的作用力相对要小得多,因此它具有流动性,其形状可以任意改变;气体分子间的作用力最小,在常温、常压下其作用力几乎为零,分子可以自由运动。因此,在一般情况下,研究气体的性质时可以忽略分子间的相互作用。

分子间的相互作用可以是引力,也可以是斥力,分子力 f 与分子间距离 r 的关系曲线如图 7.1 所示。从图上可以看出,当分子间的距离 $r < r_0$(r_0 约在 10^{-10}m

左右)时,分子力主要表现为斥力,并且随 r 的减小,斥力急剧增加。当 $r = r_0$ 时,分子力为零。当 $r > r_0$ 时,分子力主要表现为引力,并且随 r 的增大,分子力逐渐减小。当 r 增大到 $10^{-9}\,\mathrm{m}$ 时,分子间的作用力就可以忽略不计了。可见,分子力的作用范围很小,分子力属短程力。在气体的分子数密度很低的情况下,其分子之间的作用力可以不考虑。

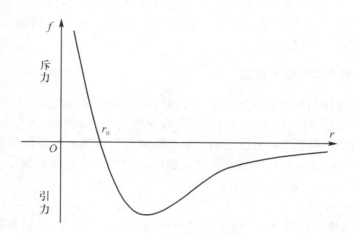

图 7.1　分子间的相互作用力

4.分子不停地做无规则的热运动

1827 年,英国植物学家布朗(R. Brown,1773—1858)用显微镜观察悬浮在液体中的花粉,发现花粉颗粒在液体中不停地做无规则的运动;后来发现,不单是悬浮在液体中的颗粒,就连悬浮在静止气体中的尘粒也不停地做无规则的运动,人们把这种悬浮在流体中的颗粒所做的不停的无规则运动,统称为**布朗运动**。它是由大量分子不对称地碰撞悬浮在流体中的颗粒而引起的,间接地表明了流体分子的无规则运动。

实验表明,布朗运动的剧烈程度与温度有关,温度越高,分子的无规则运动就越剧烈。正是因为分子的无规则运动与物体的温度有关,所以通常把这种运动叫做分子的热运动。分子运动理论是从分子微观热运动出发探讨宏观热现象的理论,旨在解释气体的宏观性质及其规律的微观本质。就大量的气体分子而言,由于分子间的频繁碰撞,使得各个分子的运动毫无规律可言。在任意时刻,某个分子位于何处,具有怎样的速度、动量、能量,都有一定的偶然性。但就大量分子的整体表现来看,却呈现出一种必然的规律性,这种大量偶然事件在整体上所呈现的规律,称为**统计规律**。每个分子的运动遵从力学规律,而大量分子的热运动则遵从统计规律,这就是气体动理论的基本观点。本章将要讨论的气体的压强公式和温度公式、麦克斯韦气体分子速率分布、能量均分定理等,都是大量气体分子的统计规律性的表现。

7.2 理想气体的压强和温度的微观意义

本节首先从气体动理论的观点出发建立理想气体的微观模型,然后运用经典力学的规律,采取统计平均的方法导出理想气体处于平衡态时的压强和温度公式,从而揭示其微观本质。

7.2.1 理想气体的微观模型

为了从气体动理论的观点出发,探讨理想气体的宏观热现象,需要建立理想气体的微观结构模型。由于理想气体是一种理想化的气体模型,是真实气体压强趋近于零时的极限情况,因此,我们只能根据理想气体的表现做出一些假设。气体动理论关于理想气体模型的基本微观假设的内容可分为两部分:一部分是关于分子个体的,另一部分是关于分子集体的。

1. 关于每个分子的力学性质的假设

(1) 分子本身的线度与分子间的平均距离相比要小得多,可以忽略不计,理想气体分子可以看做质点。

(2) 除碰撞瞬间外,分子之间和分子与器壁之间的相互作用力可忽略不计,因此分子在连续两次碰撞之间做匀速直线运动。

(3) 分子间的相互碰撞以及分子与器壁间的碰撞可看做是完全弹性碰撞。

(4) 分子的运动遵从经典力学规律。

以上这些假设可以概括为理想气体分子的一种微观模型:理想气体分子就像一个个极小的彼此间无相互作用的遵从经典力学规律的弹性质点。

2. 关于分子集体的统计性假设

(1) 每个分子运动速度各不相同,而且通过碰撞不断发生变化。

(2) 平衡态时,忽略重力的影响,每个分子的位置处在容器内空间任何一点的机会(或概率)是一样的,或者说,**分子按位置的分布是均匀的**,即分子数密度 n 处处都是一样的。

(3) 在平衡态时,气体分子的运动是完全无规则的,表现为每个分子的速度指向任何方向的机会(或概率)都是一样的,或者说,**分子速度按方向的分布是均匀的**。因此速度的每个分量的平方的平均值应该相等,即

$$\overline{v_x^2} = \overline{v_y^2} = \overline{v_z^2} \tag{7.6}$$

其中各速度分量的平方的平均值按下式定义:

$$\overline{v_x^2} = \frac{v_{1x}^2 + v_{2x}^2 + \cdots + v_{Nx}^2}{N}$$

由于每个分子的速率 v_i 和速度分量有下述关系：

$$v_i^2 = v_{ix}^2 + v_{iy}^2 + v_{iz}^2$$

所以上式等号两侧取平均值，可得

$$\overline{v^2} = \overline{v_x^2} + \overline{v_y^2} + \overline{v_z^2}$$

将式(7.6) 其代入上式得

$$\overline{v_x^2} = \overline{v_y^2} = \overline{v_z^2} = \frac{1}{3}\,\overline{v^2} \tag{7.7}$$

上述(2)、(3) 两个假设实际上是关于分子无规则运动的假设。它是一种统计性规律，只适用于大量分子的集体。上面的 n，$\overline{v_x^2}$，$\overline{v_y^2}$，$\overline{v_z^2}$，$\overline{v^2}$ 等都是统计平均值，只对大量分子的集体才有确切的意义。

7.2.2　理想气体的压强公式

现在我们以上述模型为对象，运用经典力学规律，采取求平均值的统计方法来导出理想气体处于平衡态时的压强公式，从而阐述其实质。

气体作用于器壁的压力是大量气体分子对器壁不断碰撞的结果。无规则运动的气体分子不断地与器壁相碰，就某个分子来说，它对器壁的碰撞是断续的，而且它每次给器壁多大的冲量，碰在什么地方都是偶然的。但是对大量分子整体来说，每一时刻都有许多分子与器壁相碰，所以在宏观上就表现出一个恒定的、持续的压力。这和雨点打在雨伞上的情形很相似。大量密集的雨点打在雨伞上就使我们感受到一个持续向下的压力。所以，器壁受到几乎不变的压强，是大量分子对器壁碰撞的平均效果。下面我们分五步，简单推导出其表达式。

(1) 假设在一个长方体的容器内储有某种理想气体，每个分子的质量均为 m，分子总数为 N。由于容器内分子数目十分巨大，气体中又包含有各种可能的分子速度。所以，我们先把分子按速度的不同分成许多组，分子数密度分别为 $n_1,n_2,\cdots,n_i,\cdots$，每组中分子速度的大小和方向都差不多相同。例如，第 i 组分子的速率在 $v_i \sim v_i + \mathrm{d}v_i$ 这个区间内，它们的速率基本上都是 v_i，显然，总分子数密度应为

$$n = n_1 + n_2 + \cdots + n_i + \cdots = \sum n_i$$

(2) 从第 i 组中任选一个分子，其速率为 v_i，如图 7.2 所示，它与面积元 $\mathrm{d}S$ 发生碰撞，由于发生的是完全弹性碰撞，所以碰撞前后速度在 y，z 轴的分量不变，而在 x 轴方向上的速度分量由 v_{ix} 变为 $-v_{ix}$，分子动量的增量为 $-mv_{ix} - mv_{ix} = -2mv_{ix}$，这就是器壁对分子的冲量。根据牛顿第三定律，分子对器壁的冲量大小应该是 $2mv_{ix}$，方向垂直指向器壁。

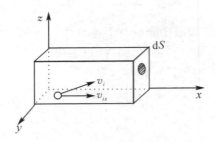

图 7.2　分子与器壁的碰撞

（3）在 dt 时间内，第 i 组中有多少个分子能与面元 dS 发生碰撞呢？凡是在以 dS 为底，以 v_i 为轴线，高度为 $v_{ix}dt$ 的斜柱体内的那些分子在 dt 时间内都能与 dS 相碰，其分子数为 $n_i v_{ix}dtdS$。这些分子在 dt 时间内对面元 dS 的冲量为 $n_i v_{ix}dtdS \cdot 2mv_{ix}$。

（4）在 dt 时间内，除第 i 组的分子外，其他组中 $v_x > 0$（因为 $v_x < 0$ 的分子不会和 dS 相碰）的分子都会和 dS 相碰。根据统计性假设规律，$v_x > 0$ 和 $v_x < 0$ 的分子数各占一半，因此作用于面元 dS 的总冲量为

$$dI = \sum_{v_x > 0} 2n_i mv_{ix}^2 dtdS = \sum n_i mv_{ix}^2 dtds$$

（5）根据动量定理，面元受到的压力为

$$dF = \frac{dI}{dt}$$

器壁受到的压强为

$$p = \frac{dF}{dS} = \frac{dI}{dtds} = \sum n_i mv_{ix}^2$$

根据统计规律，有

$$\overline{v_x^2} = \frac{\sum n_i v_{ix}^2}{n}$$

所以

$$p = nm\,\overline{v_x^2}$$

再由式（7.7）可得，理想气体的压强公式为

$$p = nm \cdot \frac{1}{3}\overline{v^2} = \frac{2}{3}n\left(\frac{1}{2}m\overline{v^2}\right) = \frac{2}{3}n\bar{\varepsilon}_t \tag{7.8}$$

其中 $\bar{\varepsilon}_t = \frac{1}{2}m\overline{v^2}$ 表示分子的平均平动动能。

由（7.8）式可见，**气体作用于器壁的压强正比于分子数密度和分子平均平**

动动能 $\bar{\varepsilon}_t$。分子数密度越大,压强越大;分子平均平动动能越大,压强越大。实际上,分子对器壁的碰撞是不连续的,器壁所受的冲量的数值是起伏不定的,只有在气体的分子数足够大时,器壁所获得的冲量才有确定的统计平均值。说个别分子产生了多大压强是无意义的,压强是一个统计量。

(7.8) 式中压强 p 是描述气体状态的宏观物理量,而分子的平均平动动能 $\bar{\varepsilon}_t$ 则是微观量的统计平均值,单位体积内的分子数 n 也是个统计平均值。因此压强公式反映了宏观量与微观量统计平均值之间的关系,是气体动理论的基本公式之一。压强的微观意义是大量气体分子在单位时间内施于器壁单位面积上的平均冲量,离开了大量和统计平均的概念,压强就失去了意义。

7.2.3　温度的微观意义

根据理想气体的状态方程和压强公式,可以导出气体的温度与分子的平均平动动能之间的关系,从而说明温度这一宏观量的微观本质。

将理想气体的状态方程式(7.5)与理想气体的压强公式(7.8)相比较,可得

$$p = \frac{2}{3}n\bar{\varepsilon}_t = nkT$$

$$\text{或} \quad \bar{\varepsilon}_t = \frac{1}{2}m\overline{v^2} = \frac{3}{2}kT \tag{7.9}$$

这就是理想气体分子的平均平动动能与温度的关系式,也是气体动理论的基本公式之一。它揭示了**温度的微观本质 —— 温度是分子平均平动动能的量度**,标志着气体内部分子无规则热运动的剧烈程度。处于平衡态时的各种理想气体,其分子的平均平动动能只和温度有关,并且与热力学温度成正比。

关于温度的概念应注意以下几点:

(1) 温度是描述热力学系统平衡态的一个物理量。对于非平衡态的系统,不能用温度来描述它的状态。如果系统整体上处于非平衡态,但各个微小局部和平衡态差别不大时,也往往以不同的温度来描述各个局部的状态。

(2) 温度和压强一样是大量分子热运动的集体表现,具有统计意义,对于单个分子谈论它的温度是毫无意义的。

(3) 温度所反映的运动是在质心系中表现的分子的无规则热运动。温度和物体的整体运动无关,物体的整体运动是其中所有分子都有的一种有规则运动的表现。例如,物体在平动时,其中所有分子都有一个共同的速度,和这个速度相联系的动能是物体的轨道动能。温度和物体的轨道动能无关。例如,匀速运动车厢内空气温度并不一定比停着的车厢内的空气的温度高。

(4)(7.9) 式根据气体分子的热运动的平均平动动能说明了温度的微观意义。实际上,不仅是平均平动动能,而且分子热运动的平均转动动能和振动动能

也都和温度有直接关系,这将在下一节介绍。

由(7.9)式可以计算出任意温度下气体分子的方均根速率 $\sqrt{\overline{v^2}}$,并用符号 v_{rms} 表示,是分子速率的一种统计平均值,其大小为

$$v_{rms} = \sqrt{\overline{v^2}} = \sqrt{\frac{3kT}{m}} = \sqrt{\frac{3RT}{M}} \tag{7.10}$$

由上式可知,方均根速率与气体的种类和温度有关。在同一温度下,质量大的分子其方均根速率小。

例 7.2　电子伏特(eV)是近代物理中常用的能量单位,试求在什么温度下,理想气体分子的平均平动动能等于 1eV。

解　已知 $1eV \approx 1.60 \times 10^{-19}J$,根据理想气体平均平动动能公式(7.9),有

$$T = \frac{2\overline{\varepsilon_t}}{3k} = \frac{2 \times 1.60 \times 10^{-19}}{3 \times 1.8 \times 10^{-23}} \approx 7.73 \times 10^3 (K)$$

即 1eV 的能量相当于温度为 7730K 时分子的平均平动动能。

物理沙龙

你听说过"负温度"吗?这里所说的负温度并不是比绝对零度低的温度,相反它比正无穷大温度还要高。它描述从零到正无穷的热力学温标所不能描述的状态,这个状态是能量比正温度还要高的状态。如果从冷热来说,负温度比任何正温度更"热"。如果正负温度的两系统热接触,热量将从负温度系统传递到正温度系统。温度与原子的运动状态联系在一起,随着温度的升高,原子的能量也升高,原子运动得就会激烈,无序度就会增高。在低温时,高能量原子的数目总是少于低能量原子的数目,所以随着温度的升高,高能量原子数目逐渐增多,原子的混乱度也随之增加。而当所有原子的能量无限增大后,这时高能量原子的数目就会多于低能量原子的数目,随之会出现一个反常的现象,那就是原子的混乱度会随着温度的继续升高而降低,变无序为有序,这称为粒子数反转,这时的状态就是负温度状态。

7.3　能量按自由度均分定理

上节在讨论理想气体的压强和温度的微观意义时,只考虑了分子的平动。实际上,除了单原子分子只有平动外,其他分子不仅有平动,还有转动和分子内原子之间的振动。本节我们将从分子热运动的能量所遵从的统计规律出发,探讨理想气体内能的微观本质。为了说明分子无规则运动的能量所遵守的统计规律,需要引入"自由度"的概念。

7.3.1 自由度

确定一个物体在空间的位置所必需的独立坐标的数目称为该物体的自由度数,简称自由度,用符号 i 表示。为了更好地理解自由度的概念,下面举例说明各种不同物体的自由度。

1. 宏观物体的自由度

(1) 质点的自由度:例如确定火车的位置,我们只需要一个坐标 —— 沿途的站点,因此具有 1 个自由度;确定轮船的位置,需要两个独立的坐标 —— 经度和纬度,具有 2 个自由度;确定飞机的位置,需要三个独立的坐标 —— x, y, z,具有 3 个自由度。

(2) 刚体的自由度:一般刚体的运动,可分解为整体随质心的平动和绕质心的转动。确定质心的位置需要三个独立的坐标 —— x, y, z,因此质心具有 3 个平动自由度。对于刚体的转动,首先确定转轴的方位,可用它与 x, y, z 坐标轴的三个夹角 (α, β, γ) 来表示,但是这三个角度并不是独立的,有关系式 $\cos^2\alpha + \cos^2\beta + \cos^2\gamma = 1$ 来约束,因此确定转轴方位的独立变量只有 2 个,这就是说质心的位置确定后,通过质心的轴线具有 2 个自由度。轴线的方位确定后,刚体的位置是否就被确定下来了呢?其实,刚体还可以绕轴转动,因此还有 1 个转动自由度 —— φ。可见,刚体具有 3 个平动自由度、3 个转动自由度,一共 6 个自由度。

2. 微观物质的自由度

我们讨论自由度的目的在于确定分子的运动状态,根据分子结构的不同可以把分子分为单原子分子(如 He, Ne 等)、双原子分子(如 H_2, O_2, CO 等)和多原子分子(3 个或 3 个以上的原子组成的分子,如 H_2O, NH_3 等)。

(1) 单原子分子的自由度:单原子分子可视为质点,只有 3 个平动自由度。

(2) 双原子分子的自由度:对于双原子分子,暂不考虑其中原子间的振动,即认为分子是刚性的。确定双原子分子的质心需要 3 个平动自由度,确定其连线的方位需要 2 个转动自由度,所以双原子分子共有 5 个自由度。

(3) 刚性的多原子分子的自由度:刚性的多原子分子可以看做刚体,共有 6 个自由度,其中 3 个平动自由度,3 个转动自由度。表 7.2 给出了不同刚性分子的自由度。

表 7.2　　　　　　　　　　　**刚性气体分子的自由度**

分子种类	平动自由度 t	转动自由度 r	总自由度 i
单原子分子	3	0	3
双原子分子	3	2	5
多原子分子	3	3	6

应该指出:以上我们把气体分子看做是刚性分子,但是严格来说,双原子分子或多原子分子都不是刚性的,组成分子的原子还会因为振动而改变原子间的距离。因此,除了平动、转动自由度外,还应有振动自由度。只是在常温下,这种振动通常可以被忽略,但在高温时必须考虑振动自由度。以下如果不加特别说明,所有涉及的分子都认为是刚性的。

7.3.2 能量按自由度均分定理

我们已经知道,温度为 T 的理想气体处于平衡态时,气体分子的平均平动动能与温度的关系为

$$\overline{\varepsilon}_t = \frac{1}{2} m \overline{v^2} = \frac{3}{2} kT$$

根据理想气体的统计性假设,处于平衡态时,分子在任何一个方向的运动都不能比其他方向占优势,分子在各个方向运动的概率是相等的,即 $\overline{v_x^2} = \overline{v_y^2} = \overline{v_z^2} = \frac{1}{3} \overline{v^2}$,于是,分子在各个坐标轴方向的平均平动动能为

$$\frac{1}{2} m \overline{v_x^2} = \frac{1}{2} m \overline{v_y^2} = \frac{1}{2} m \overline{v_z^2} = \frac{1}{3} \left(\frac{1}{2} m \overline{v^2} \right) = \frac{1}{2} kT$$

上式表明,分子的平均平动动能在每个自由度上分配了相同的能量 $\frac{1}{2} kT$。这一结论可以推广到气体分子的转动和振动上去,也可以推广到处于平衡态的液体和固体物质,称为**能量按自由度均分定理**,简称**能量均分定理**,可表述为:在温度为 T 的平衡态下,分子每个自由度的平均动能都相等,均为 $\frac{1}{2} kT$。

根据能量均分定理,如果一个气体分子有 i 个自由度,则它的平均总能量可表示为

$$\overline{\varepsilon}_k = \frac{i}{2} kT \tag{7.11}$$

显然,对单原子分子,$i = 3$,$\overline{\varepsilon}_k = \frac{3}{2} kT$;对刚性双原子分子,$i = 5$,$\overline{\varepsilon}_k = \frac{5}{2} kT$;对刚性多原子分子,$i = 6$,$\overline{\varepsilon}_k = 3kT$。

能量均分定理也是一个统计规律,它是在平衡态条件下对大量分子统计平均的结果。对个别分子来说,在某一瞬间它的各种形式的能量不一定都按自由度均分,但对大量分子整体来说,由于分子的无规则运动和不断碰撞,一个分子的能量可以传递给另一个分子,一种形式的能量可以转化为另一种形式的能量,而且能量还可以从一个自由度转移到另外的自由度。因此,在平衡态时,能量按自由度均匀分配。

7.3.3　理想气体的内能

气体分子热运动的动能和分子之间的相互作用势能构成了气体的内能。对于理想气体,由于分子间的相互作用力可以忽略,分子间不存在相互作用的势能,因而理想气体的内能就是气体中所有分子的动能总和。

设某种理想气体的分子有 i 个自由度,则 1mol 理想气体的内能为

$$E_m = N_A \bar{\varepsilon}_k = N_A \left(\frac{i}{2} kT \right) = \frac{i}{2} RT \tag{7.12}$$

式中 $R = N_A k$,质量为 m',摩尔质量为 M 的理想气体的内能为

$$E = \frac{m'}{M} E_m = \frac{m'}{M} \frac{i}{2} RT = \frac{i}{2} \nu RT \tag{7.13}$$

其中,$\nu = \dfrac{m'}{M} = \dfrac{N}{N_A}$,是气体的摩尔数,称为物质的量。从上式可以看出,**一定量的理想气体的内能仅与温度有关,与体积和压强无关**。因此,理想气体的内能只是温度的单值函数,是个状态量。当温度改变 dT 时,其内能的改变量为

$$dE = \frac{i}{2} \nu R \, dT \tag{7.14}$$

7.4　麦克斯韦速率分布律

气体分子运动速度各不相同,而且由于相互碰撞,每个分子的速度都在不断改变。对任何一个分子来说,在任何时刻它的速度大小和方向完全是偶然的。然而,就大量分子整体来看,在一定的条件下,它们的速度分布却遵从一定的统计规律。1859 年,麦克斯韦在概率理论的基础上导出了这个规律,称为麦克斯韦速度分布律。如果不管分子运动速度的方向,只考虑分子速度的大小即速率的分布,则相应的规律叫做麦克斯韦速率分布律。下面我们将对其进行详细介绍。

7.4.1　麦克斯韦速率分布函数

设在一定量理想气体中,总分子数为 N,其中速率在 $v \sim v + \Delta v$ 区间内的分子数为 ΔN,用 $\dfrac{\Delta N}{N}$ 表示在这一速率区间内的分子数占总分子数的比值,或者说某个分子速率处在该区间内的概率。$\dfrac{\Delta N}{N}$ 不仅与 v 有关,而且还与 Δv 有关,Δv 越大,分布在该速率区间内的分子数就越多。$\dfrac{\Delta N}{N \Delta v}$ 为单位速率区间内的分子数占总分子数的比值,当 $\Delta v \rightarrow 0$ 时,其极限变成速率 v 的一个连续函数,数学上可表

示为

$$f(v) = \lim_{\Delta v \to 0} \frac{\Delta N}{N \cdot \Delta v} = \frac{dN}{N dv} \qquad (7.15)$$

或写成

$$\frac{dN}{N} = f(v)dv \qquad (7.16)$$

式中 $f(v)$ 称为**速率分布函数**。其物理意义为：**速率在 v 附近单位速率区间内的分子数与总分子数的比**，或者说分子速率处于 v 附近单位速率区间的概率，也叫**概率密度**。

1859 年麦克斯韦首先从理论上导出在平衡态时，理想气体分子的速率分布函数：

$$f(v) = \frac{dN}{N dv} = 4\pi \left(\frac{m}{2\pi kT} \right)^{3/2} e^{-\frac{m}{2kT}v^2} v^2 \qquad (7.17)$$

上式称为**麦克斯韦速率分布函数**，T 为热力学温度，m 为分子的质量，k 为波耳兹曼常量。对于确定的气体，麦克斯韦速率分布函数只和温度有关。以 v 为横轴，以 $f(v)$ 为纵轴，画出的曲线叫做麦克斯韦速率分布曲线，如图 7.3 所示。

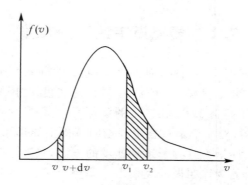

图 7.3　麦克斯韦速率分布曲线

由式(7.16)可知，图中曲线以下对应于速率区间 $v \sim v+dv$ 的小窄条的面积 $f(v)dv$ 在数值上等于在该速率区间内的分子数占总分子数的比率。图中较大面积在数值上等于

$$\int_{v_1}^{v_2} f(v)dv = \int_{v_1}^{v_2} \frac{dN}{N dv}dv = \frac{\Delta N}{N} \qquad (7.18)$$

表示在平衡态下，理想气体分子速率分布在 $v_1 \sim v_2$ 区间内的分子数占总分子数的比率。

曲线下包围的总面积表示速率分布在 $0 \sim \infty$ 整个速率区间内的分子数占

总分子数的比率,也即分子具有各种速率的概率总和,显然应该有

$$\int_0^\infty f(v)\mathrm{d}v = 1 \qquad (7.19)$$

称为**速率分布函数的归一化条件**,它是速率分布函数必须满足的条件。

在麦克斯韦导出速率分布律的当时,由于未能获得足够高的真空,还不能用实验验证它。直到 20 世纪 20 年代后,随着真空技术的发展,这种实验才有了可能。1920 年史特恩(Stern)最早测定了分子速率。1934 年我国物理学家葛正权测定了铋(Bi)蒸气分子的速率分布,实验结果证明了麦克斯韦分布函数的正确性。

7.4.2 三个统计速率

下面利用麦克斯韦速率分布函数讨论气体分子运动的三种具有代表性的统计速率:最概然速率、平均速率和方均根速率。

1. 最概然速率

从速率分布曲线可以看出,气体分子的速率可以取零到无限大之间的任一数值,但速率很大和很小的分子数都很少,而且中等速率的分子所占的比率或概率却很大。在某一速率处函数有一极大值,与速率分布函数 $f(v)$ 的极大值相对应的速率叫做**最概然速率**,用 v_p 表示。v_p 的物理意义是:若把整个速率范围分成许多相等的小区间,则气体在一定温度下分布在最概然速率 v_p 附近单位速率区间内的分子数占分子总数的百分比最大。根据极值条件

$$\left.\frac{\mathrm{d}f(v)}{\mathrm{d}v}\right|_{v_p} = 0$$

可得 v_p 为

$$v_p = \sqrt{\frac{2kT}{m}} = \sqrt{\frac{2RT}{M}} \approx 1.41\sqrt{\frac{RT}{M}} \qquad (7.20)$$

式(7.20)表明,最概然速率 v_p 随温度的升高而增大,又随 m 增大而减小。同一种气体,当温度增加时,最概然速率 v_p 向增大的方向移动;在温度相同的条件下,不同气体的最概然速率 v_p 随着气体分子的质量 m 的增大而减小。如图7.4所示,画出了氮气在不同温度下的速率分布函数,可以看出温度对速率分布的影响,温度越高,最概然速率越大,$f(v_p)$ 越小。由于曲线下的面积恒等于 1,所以温度升高时曲线变得平坦些,并向高速区域扩展。也就是说,温度越高,速率较大的分子数越多。这就是通常所说的温度越高,分子运动越剧烈的真正含义。

2. 平均速率

大量分子运动速率的算术平均值叫做平均速率,用 $\bar{v}$ 表示。根据统计平均的定义,有

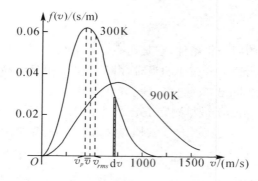

图 7.4 N_2 气体的麦克斯韦速率分布曲线

$$\bar{v} = \frac{\sum v_i}{N} = \frac{v_1 \mathrm{d} N_1 + v_2 \mathrm{d} N_2 + \cdots + v_i \mathrm{d} N_i + \cdots}{N}$$

$$= \frac{\int_0^\infty v \mathrm{d} N}{N} = \int_0^\infty v f(v) \mathrm{d} v \qquad (7.21)$$

将麦克斯韦速率分布函数表达式(7.17)代入(7.21)式,可求得平衡态下理想气体分子的平均速率为

$$\bar{v} = \int_0^\infty v f(v) \mathrm{d} v = \sqrt{\frac{8kT}{\pi m}} = \sqrt{\frac{8RT}{\pi M}} \approx 1.60 \sqrt{\frac{RT}{M}} \qquad (7.22)$$

这里值得注意的是,我们讨论的是平均速率,而不是平均速度。在平衡态时,由于分子向各个方向运动的概率相等,所以分子的平均速度为零。

3. 方均根速率

大量分子运动速率二次方的平均值的二次方根称为方均根速率,用 $v_{rms} = \sqrt{\overline{v^2}}$ 表示。这个速率我们已在讲述理想气体温度的微观意义时提到过,现在我们利用麦克斯韦速率分布函数,通过统计平均的方法来获得。根据统计平均的定义,有

$$\overline{v^2} = \frac{\sum v_i^2}{N} = \frac{v_1^2 \mathrm{d} N_1 + v_2^2 \mathrm{d} N_2 + \cdots + v_i^2 \mathrm{d} N_i + \cdots}{N}$$

$$= \frac{\int_0^\infty v^2 \mathrm{d} N}{N} = \int_0^\infty v^2 f(v) \mathrm{d} v \qquad (7.23)$$

将麦克斯韦速率分布函数(7.17)式代入,可得

$$\overline{v^2} = \int_0^\infty v^2 f(v) \mathrm{d} v = \frac{3kT}{m}$$

这一结果的平方根,即方均根速率为

$$v_{rms} = \sqrt{\overline{v^2}} = \sqrt{\frac{3kT}{m}} = \sqrt{\frac{3RT}{M}} \approx 1.73\sqrt{\frac{RT}{M}} \qquad (7.24)$$

此结果与(7.10)式相同。

　　以上三种不同速率都具有统计平均的意义,都反映了大量分子做无规则运动的统计规律,对少量分子无意义。它们都与 $\sqrt{T}$ 成正比,与 $\sqrt{M}$ 成反比,但大小不同。特别应该注意的是,$\sqrt{\overline{v^2}} \ne \sqrt{\overline{v}^2} \ne v_p$,在同一温度下三者的大小之比为 $\sqrt{\overline{v^2}}:\overline{v}:v_p = 1.73:1.60:1.41$,可见 $\sqrt{\overline{v^2}} > \overline{v} > v_p$,如图7.4所示。这三种速率具有不同的含义,也有不同的用处。在计算分子的平均平动动能时,我们已经用了方均根速率;在讨论速率的分布时,要用到最概然速率;在讨论分子的碰撞时,将要用到平均速率。

　　例 7.3　计算 He 原子和 N_2 分子在20℃时的方均根速率,并说明地球大气中为何没有氦气和氢气而富含氮气和氧气。

　　解　由式(7.24)可得

$$v_{rms,He} = \sqrt{\frac{3RT}{M_{He}}} = \sqrt{\frac{3 \times 8.31 \times 293}{4.00 \times 10^{-3}}} = 1.35(km/s)$$

$$v_{rms,N_2} = \sqrt{\frac{3RT}{M_{N_2}}} = \sqrt{\frac{3 \times 8.31 \times 293}{28.0 \times 10^{-3}}} = 0.417(km/s)$$

　　地球表面的逃逸速率为11.2km/s,例题7.3中算出的He原子的方均根速率约为此逃逸速率的1/8,还可算出 H_2 分子的方均根速率约为此逃逸速率的1/6。这样,似乎He原子和 H_2 分子都难以逃脱地球的引力而散去。但是由于速率分布的原因,还有相当多的He原子和 H_2 分子的速率超过了逃逸速率而可以散去。现在知道宇宙中原始的化学成分大部分是氢(约占总质量的3/4)和氦(约占总质量的1/4)。地球形成之初,大气中应该有大量的氢和氦。正是由于相当数目的He原子和 H_2 分子的速率超过了逃逸速率,它们不断逃逸。几十亿年过去后,如今地球大气中没有氢气和氦气了。与此不同的是,N_2 和 O_2 分子的方均根速率只有逃逸速率的1/25,这些气体分子逃逸的可能性很小。于是今天地球大气就保留了大量的氮气(约占大气质量的76%)和氧气(约占大气质量的23%)。

7.5　分子的平均碰撞频率和平均自由程

　　一般说来,气体分子在常温下的方均根速率都在数百或上千米每秒,也许有人会对这一结论表示怀疑,气体分子的速率可能有那么快吗?为什么在相隔数米远的地方打开一瓶香水,挥发的香水分子不会立刻传到我们的嗅觉器官,而是要经过一段时间才能被闻到呢?原来香水分子在传播过程中所经历的路径非常曲折,沿途不断地与其他分子发生碰撞而改变方向,如图 7.5 所示。因此,尽管分子运动速率很快,但传播数米远的距离仍需要数十秒乃至几分钟的时间。本节介绍关于分子间相互碰撞的规律。

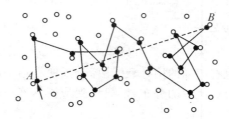

图 7.5 气体分子的碰撞

7.5.1 平均自由程

分子间的碰撞是气体动理论的重要内容之一,也是分子运动的基本特征之一,分子间通过碰撞来实现动量或动能的交换,使热力学系统由非平衡态向平衡态过渡,并保持平衡态的宏观性质不变。例如,容器中各个地方的温度不同时,通过分子间的碰撞来实现动能的交换,从而使容器内的温度达到处处相等。

从图 7.5 可以看出,每发生一次碰撞,分子速度的大小和方向都会发生变化,分子运动的轨迹是折线。我们把一个分子在任意连续两次碰撞之间所经过的自由路程称为自由程,用 λ 表示。分子的自由程有长有短,似乎没有规律,但从大量分子无规则运动的规律来看,它的分布是有规律的。

分子在连续两次碰撞之间所经过的路程的平均值叫平均自由程,用 $\bar{\lambda}$ 表示。它的大小显然和分子的碰撞频繁程度有关。

7.5.2 分子的平均碰撞频率

在单位时间内一个分子与其他分子碰撞的平均次数叫平均碰撞频率,以 $\bar{z}$ 表示。为了确定分子的平均碰撞频率,我们把所有气体分子都看做有效直径为 d 的弹性球,并且跟踪某一个分子 A。先假设其他分子都静止不动,只有 A 分子在它们之间以平均相对速率 $\bar{u}$ 运动,最后再做修正。在运动过程中,由于不断地与其他分子碰撞,它的球心轨迹是一条折线,以折线为轴,以分子的有效直径 d 为半径作曲折的圆柱面,显然,只有分子球心在该圆柱面内的分子才能与 A 分子发生碰撞,如图 7.6 所示。我们把圆柱面的截面积 πd^2 称为分子的碰撞截面,用 σ 表示。在 Δt 时间内,A 分子所走过的路程为 $\bar{u}\Delta t$,相应的圆柱体的体积为 $\pi d^2 \bar{u}\Delta t$。

设分子数密度为 n,则此圆柱体内的分子数为 $n\pi d^2 \bar{u}\Delta t$,显然这就是分子 A 在 Δt 时间内与其他分子碰撞的次数,因此平均碰撞频率为

$$\bar{z} = \frac{n\pi d^2 \bar{u}\Delta t}{\Delta t} = n\pi d^2 \bar{u} \tag{7.25}$$

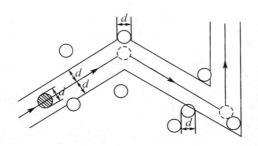

图 7.6　分子的平均碰撞频率

上式是在假设一个分子运动,而其他分子都静止不动时所得到的结果。实际上,一切分子都在不停地运动着,并且各个分子运动的速率各不相同,遵守麦克斯韦速率分布规律。再考虑以上因素,必须对(7.25)式加以修正。根据统计物理学知识,分子的平均相对速率 $\bar{u}$ 是平均速率 $\bar{v}$ 的 $\sqrt{2}$ 倍,即

$$\bar{u} = \sqrt{2}\bar{v}$$

代入(7.25)式,得

$$\bar{z} = \sqrt{2}n\pi d^2 \bar{v} \tag{7.26}$$

根据平均自由程的定义,有

$$\bar{\lambda} = \frac{\bar{v}\Delta t}{z \Delta t} = \frac{1}{\sqrt{2}n\pi d^2} \tag{7.27}$$

由此可见,平均自由程与分子的有效直径的平方及分子的数密度成反比,而与平均速率无关。由理想气体的状态方程 $p = nkT$,上式可表示为

$$\bar{\lambda} = \frac{kT}{\sqrt{2}\pi d^2 p} \tag{7.28}$$

这说明,当温度一定时,平均自由程与压强成反比。在表 7.3 中给出了几种气体分子的平均自由程 $\bar{\lambda}$ 和有效直径 d。对于空气分子,$d \approx 3.5 \times 10^{-10}$ m,利用上式可求出在标准状态下,空气分子的 $\bar{\lambda} = 6.9 \times 10^{-8}$ m,约为分子直径的 200 倍。这时 $\bar{z} = 6.5 \times 10^9$ s^{-1},即每秒钟内一个分子竟发生几十亿次碰撞。由于频繁的碰撞,使得分子平均自由程非常短。

气　体	$\bar{\lambda}/m$	d/m
H_2	11.8×10^{-8}	2.7×10^{-10}
O_2	6.79×10^{-8}	3.6×10^{-10}
N_2	6.28×10^{-8}	3.7×10^{-10}
CO_2	4.19×10^{-8}	4.6×10^{-10}
空气	6.9×10^{-8}	3.5×10^{-10}

表7.3　　　　在 15℃,105Pa 下,气体的 $\bar{\lambda}$ 和 d

例 7.4　试估计下列两种情况下空气分子的平均自由程：(1)273K,1.013×10^5 Pa 时；(2)273K,1.333×10^{-3} Pa 时。

解　空气中气体的成分绝大部分是氧气和氮气分子。他们的有效直径均在 3.5×10^{-10} m 附近。把已知条件代入(7.28)式,可得

(1) 在 $T=273K$, $p=1.013\times10^5$ Pa 时

$$\bar{\lambda}=\frac{kT}{\sqrt{2}\pi d^2 p}=\frac{1.38\times10^{-23}\times273}{\sqrt{2}\pi\times(3.5\times10^{-10})^2\times1.013\times10^5}\approx6.91\times10^{-8}(m)$$

(2) 在 $T=273K$, $p=1.333\times10^{-3}$ Pa 时

$$\bar{\lambda}=\frac{kT}{\sqrt{2}\pi d^2 p}=\frac{1.38\times10^{-23}\times273}{\sqrt{2}\pi\times(3.5\times10^{-10})^2\times1.333\times10^{-3}}\approx5.19(m)$$

$\bar{\lambda}=5.19(m)$,这个值是很大的,它远大于日常生活中的保温容器两壁间的线度。所以在通常的容器中,在高真空度的情况下,分子间发生碰撞的概率是很小的,分子只与容器壁发生碰撞。

*7.6　气体内的迁移现象

前面所讨论的都是处于平衡态的系统,实际上系统常常处于非平衡态,也就是说,系统各部分的宏观物理性质如温度、密度或流速不均匀。在不受外界干预时,系统总要从非平衡态自发地向平衡态过渡,这种过渡称为**迁移现象**,也称为**输运现象**。本节将讨论粘滞现象、热传导现象和扩散现象三种迁移现象。

7.6.1　粘滞现象

气体、液体等流体在流动的过程中,由于各部分的流速不同,而产生的内摩擦力,叫做**粘滞力**,这种现象就称为**粘滞现象**。

如图 7.7 所示,假设气体在 z_0 处的流速为 u,在 z_0+dz 处的流速为 $u+du$,即在 z 方向上存在速度梯度 $\dfrac{du}{dz}$。实验表明,粘滞力正比于速度梯度 $\left(\dfrac{du}{dz}\right)_{z_0}$ 和面

元的面积 dS,即

$$dF = \eta \left(\frac{du}{dz} \right)_{z_0} dS \qquad (7.29)$$

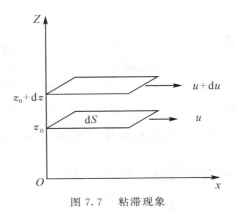

图 7.7　粘滞现象

上式称为牛顿粘滞定律,式中的比例系数 η 称为流体的内摩擦系数或粘度,单位为帕斯卡秒(Pa·s),其数值取决于流体的性质和状态。气体粘度随着温度的升高而增大,表 7.4 给出了一些气体在不同温度下的粘度。根据气体的动理论可以导出,气体的粘度与分子运动的微观量的统计平均值有下述关系

$$\eta = \frac{1}{3} \rho \bar{v} \bar{\lambda} = \frac{1}{3} nm \bar{v} \bar{\lambda} \qquad (7.30)$$

上式中的 $\rho = nm$ 为气体的密度,$\bar{v}$ 为气体分子的平均速率,$\bar{\lambda}$ 为气体分子的平均自由程。

表 7.4　　　　　　　　　　1.013×10^5 Pa 下气体的粘度 $/(\text{Pa·s})$

气　体	$T = 100K$	200K	300K
O_2	7.68×10^{-6}	1.476×10^{-5}	2.071×10^{-5}
N_2	6.98×10^{-6}	1.295×10^{-5}	1.786×10^{-5}
CO_2		1.105×10^{-5}	1.495×10^{-6}
CH_2	4.03×10^{-6}	0.778×10^{-5}	1.116×10^{-5}

　　粘滞现象的微观机理可以用分子运动理论来解释:气体分子流动时,每个分子除了具有热运动的动量外还有定向运动的动量,相邻流层之间的分子定向动量不同,但由于分子热运动而使一些分子携带其自身的动量进入相邻流层,借助于分子之间的相互碰撞,不断地交换动量,导致定向动量较大的流层速度减小,

定向动量较小的流层速度增大,这种交换的结果是定向动量由较大的流层向较小的流层输运,即粘滞现象在微观上是分子热运动过程中输运定向动量的过程,而宏观上显现出相邻流层之间的粘滞力。

7.6.2　热传导现象

如果用手握着铁棒一端,另一端放在火上烧,手虽然没有和火直接接触,但热量能够通过铁棒传递到手上,使你感到烫手。这种由于温度差异而产生的热量传递现象,叫做**热传导现象**。

如图7.8所示,假设气体在 z_0 处的温度为 T,在 $z_0 + \mathrm{d}z$ 处的温度为 $T + \mathrm{d}T$,即在 z 方向上存在温度梯度 $\dfrac{\mathrm{d}T}{\mathrm{d}z}$。实验表明,在 $\mathrm{d}t$ 时间内通过面元 $\mathrm{d}S$ 沿 z 轴方向传递的热量正比于温度梯度 $\left(\dfrac{\mathrm{d}T}{\mathrm{d}z}\right)_{z_0}$ 和面元的面积 $\mathrm{d}S$,即

$$\mathrm{d}Q = -\kappa \left(\frac{\mathrm{d}T}{\mathrm{d}z}\right)_{z_0} \mathrm{d}S \mathrm{d}t \tag{7.31}$$

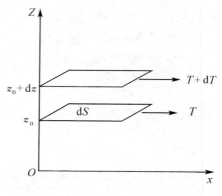

图 7.8　热传导现象

上式称为傅里叶热传导定律,式中的负号表示热量总是沿着温度降低的方向传递,比例系数 κ 称为热导率,单位为瓦特每米开尔文(W·m⁻¹·K⁻¹),其数值取决于物质的性质和状态,见表7.5。根据气体的动理论可以导出,热导率与分子运动的微观量的统计平均值有下述关系

$$\kappa = \frac{1}{3}\rho \bar{v} \bar{\lambda} c_V = \frac{1}{3}nm\bar{v}\bar{\lambda} c_V \tag{7.32}$$

上式中的 $\rho = nm$ 为气体的密度,$\bar{v}$ 为气体分子的平均速率,$\bar{\lambda}$ 为气体分子的平均自由程,c_V 为分子的定容比热容。

气体热传导现象的微观机理可以解释如下:当气体内部各部分的温度不均

匀时,在微观上体现为各部分分子热运动的能量不同,分子在热运动的过程中,借助于分子之间的相互碰撞而交换热运动的能量,交换的结果导致能量大的部分向能量小的部分进行能量的输运,即分子在热运动过程中输运能量的过程,在宏观上就体现为热传导现象。

表 7.5　　　　　　1.013×10^5 Pa 下气体的热导率 /(W·m^{-1}·K^{-1})

气　体	$T = 100K$	200K	300K
H$_2$	6.803×10^{-2}	1.283×10^{-1}	1.770×10^{-1}
O$_2$	9.04×10^{-3}	1.83×10^{-2}	2.66×10^{-2}
CO$_2$		9.50×10^{-3}	1.67×10^{-2}
CH$_4$	1.06×10^{-2}	2.19×10^{-2}	3.43×10^{-2}

7.6.3　扩散现象

在气体的内部,当密度不均匀时,气体分子将从密度大的地方向密度小的地方运动,这种现象称为**扩散现象**。

如图 7.9 所示,假设气体在 z_0 处的密度为 ρ,在 $z_0 + \mathrm{d}z$ 处的密度为 $\rho + \mathrm{d}\rho$,即在 z 方向上存在密度梯度 $\dfrac{\mathrm{d}\rho}{\mathrm{d}z}$。实验表明,在 $\mathrm{d}t$ 时间内通过面元 $\mathrm{d}S$ 沿 z 轴方向扩散的质量正比于密度梯度 $\left(\dfrac{\mathrm{d}\rho}{\mathrm{d}z}\right)_{z_0}$ 和面元的面积 $\mathrm{d}S$,即

$$\mathrm{d}m = -D\left(\frac{\mathrm{d}\rho}{\mathrm{d}z}\right)_{z_0}\mathrm{d}S\mathrm{d}t \tag{7.33}$$

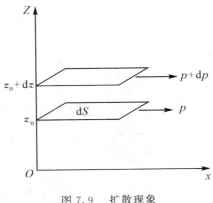

图 7.9　扩散现象

201

上式称为**菲克扩散定律**,式中的负号表示气体的质量总是沿着密度降低的方向扩散,比例系数 D 称为扩散系数,单位为平方米每秒($m^2 \cdot s^{-1}$),其数值取决于气体的性质和状态。根据气体的动理论可以导出,扩散系数与分子运动的微观量的统计平均值有下述关系

$$D = \frac{1}{3} \bar{v} \bar{\lambda} \qquad\qquad (7.34)$$

上式中的 $\bar{v}$ 为气体分子的平均速率,$\bar{\lambda}$ 为气体分子的平均自由程。

气体扩散现象的微观机理可以简述如下:当气体内部各部分的密度不均匀时,在分子热运动的过程中,从密度大的地方扩散到密度小的地方的分子数大于从密度小的地方扩散到密度大的地方的分子数,这种交换的结果是气体的质量由密度大的地方向密度小的地方输运,即扩散现象在微观上乃是气体分子在热运动过程中输运质量的过程。

本 章 小 结

1.基本概念和定律:系统和外界、宏观量和微观量、平衡态和热平衡、温度等概念,热力学第零定律和热力学第三定律。

2.理想气体的状态方程:在平衡态下,

$$pV = \frac{m'}{M}RT = \nu RT \quad \text{或} \quad p = nkT$$

3.理想气体的压强公式:$p = \frac{2}{3} n \bar{\varepsilon}_t$,其中 $\bar{\varepsilon}_t = \frac{1}{2} m \overline{v^2}$

4.温度的微观意义:$\bar{\varepsilon}_t = \frac{3}{2} kT$

5.能量均分定理:在温度为 T 的平衡态下,分子每个自由度的平均动能都相等,均为 $\frac{1}{2} kT$。以 i 表示分子热运动的总自由度,则一个分子的平均总动能为

$$\bar{\varepsilon}_k = \frac{i}{2} kT$$

ν mol 的理想气体的内能为

$$E = \frac{i}{2} \nu RT$$

6.速率分布函数:

$$f(v) = \frac{\mathrm{d}N}{N \mathrm{d}v}$$

麦克斯韦速率分布函数:

$$f(v) = \frac{\mathrm{d}N}{N \mathrm{d}v} = 4\pi \left(\frac{m}{2\pi kT} \right)^{3/2} \mathrm{e}^{-\frac{m}{2kT} v^2} v^2$$

分布函数的归一化条件：

$$\int_0^\infty f(v)\mathrm{d}v = 1$$

三种统计速率：

最概然速率 $v_p = \sqrt{\dfrac{2kT}{m}} = \sqrt{\dfrac{2RT}{M}} \approx 1.41\sqrt{\dfrac{RT}{M}}$

平均速率 $\bar{v} = \displaystyle\int_0^\infty vf(v)\mathrm{d}v = \sqrt{\dfrac{8kT}{\pi m}} = \sqrt{\dfrac{8RT}{\pi M}} \approx 1.60\sqrt{\dfrac{RT}{M}}$

方均根速率 $\sqrt{\bar{v^2}} = \sqrt{\dfrac{3kT}{m}} = \sqrt{\dfrac{3RT}{M}} \approx 1.73\sqrt{\dfrac{RT}{M}}$

7. 气体分子的平均自由程：

$$\bar{\lambda} = \frac{1}{\sqrt{2}n\pi d^2}$$

8. 三种输运过程

习　　题

一、选择题

7.1　室内生炉子后温度从 15℃ 升高到 27℃，而室内气压不变，则此时室内的分子数减少了（　　）。

A. 0.5％　　　　　　B. 4％　　　　　　C. 9％　　　　　　D. 21％

7.2　有容积不同的 A，B 两个容器，A 中装有单原子分子理想气体，B 中装有双原子分子理想气体。若两种气体的压强相同，那么，这两种气体单位体积的内能 E_A 和 E_B 的关系为（　　）。

A. $E_A < E_B$　　　B. $E_A > E_B$　　　C. $E_A = E_B$　　　D. 不能确定

7.3　设某种气体的分子速率分布函数为 $f(v)$，则速率在 $v_1 \sim v_2$ 区间内分子的平均速率为（　　）。

A. $\displaystyle\int_{v_1}^{v_2} vf(v)\mathrm{d}v$　　　　　　　　　　B. $v\displaystyle\int_{v_1}^{v_2} f(v)\mathrm{d}v$

C. $\displaystyle\int_{v_1}^{v_2} vf(v)\mathrm{d}v \Big/ \int_{v_1}^{v_2} f(v)\mathrm{d}v$　　　　D. $\displaystyle\int_{v_1}^{v_2} f(v)\mathrm{d}v \Big/ \int_0^\infty f(v)\mathrm{d}v$

7.4　已知一定量的某种理想气体，在温度为 T_A 和 T_B 时，分子最概然速率分别为 v_{pA} 和 v_{pB}，分子速率分布函数的最大值分别为 $f(v_{pA})$ 和 $f(v_{pB})$，若 $T_A > T_B$，则（　　）。

A. $v_{pA} > v_{pB}, f(v_{pA}) > f(v_{pB})$　　　　B. $v_{pA} > v_{pB}, f(v_{pA}) < f(v_{pB})$

C. $v_{pA} < v_{pB}, f(v_{pA}) > f(v_{pB})$ D. $v_{pA} < v_{pB}, f(v_{pA}) < f(v_{pB})$

7.5   关于温度的意义,下列几种说法中正确的是(   )。

(1) 气体的温度是分子平均平动动能的量度

(2) 气体的温度是大量气体分子热运动的集体表现,具有统计意义

(3) 温度的高低反映物质内部分子运动剧烈程度的不同

(4) 从微观上看,气体的温度表示每个气体分子的冷热程度

A. (1)、(2)、(4)   B. (2)、(3)、(4)

C. (1)、(3)、(4)   D. (1)、(2)、(3)

7.6   两种不同的理想气体,若它们的最概然速率相等,则它们的(   )。

A. 平均速率相等,方均根速率相等

B. 平均速率相等,方均根速率不相等

C. 平均速率不相等,方均根速率相等

D. 平均速率不相等,方均根速率不相等

二、填空题

7.7   试说明下列各式的物理意义(ν 为摩尔数):

(1) $\frac{1}{2}kT$ _____

(2) $\frac{3}{2}kT$ _____

(3) $\frac{i}{2}kT$ _____

(4) $\frac{i}{2}RT$ _____

(5) $\frac{i}{2}\nu RT$ _____

(6) $f(v)$ _____

(7) $f(v)dv$ _____

(8) $\int_{v_1}^{v_2} f(v)dv$ _____

(9) $\int_0^\infty f(v)dv$ _____

(10) $\int_{v_1}^{v_2} Nf(v)dv$ _____

(11) $\int_0^\infty vf(v)dv$ _____

(12) $\int_0^\infty v^2 f(v)dv$ _____

7.8　在相同的温度和压强下,单位体积的氢气(视为刚性双原子分子气体)与氦气的内能之比为_____,单位质量的氢气与氦气的内能之比为_____。

7.9　如图所示,两个容器容积相等,分别储有相同质量的 N_2 和 O_2 气体,它们用光滑细管相连通,管子中置一小滴水银,两边的温度差为 30K,当水银滴在正中不动时,N_2 和 O_2 的温度为 $T_{N_2}=$ _____,$T_{O_2}=$ _____(N_2 的摩尔质量为 $28\times10^{-3}\,kg\cdot mol^{-1}$,$O_2$ 的摩尔质量为 $32\times10^{-3}\,kg\cdot mol^{-1}$)。

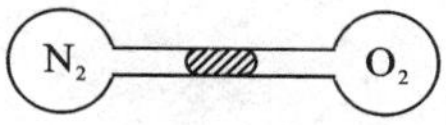

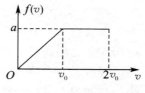

习题 7.9 图

三、计算题

7.10　一容器被中间隔板分成相等的两半,一半装氦气,温度为 250K,另一半装氧气,温度为 310K,两者压强相等。求去掉隔板后两种气体混合后的温度。

7.11　一容器内储有氧气,其压强为 $1.01\times10^5\,Pa$,温度为 27℃。求:(1)气体分子的数密度;(2)氧气的密度;(3)分子的平均平动动能;(4)分子间的平均距离(设分子间均匀等距排列)。

7.12　一打足气的自行车内胎,在 7.0℃ 时,轮胎中空气的压强为 $4.0\times10^5\,Pa$,则当温度变为 37.0℃ 时,轮胎内空气的压强为多少?(设内胎容积不变)

7.13　有 N 个质量均为 m 的同种气体分子,它们的速率分布如图所示。求:

(1)由 v_0 求 a 值;

(2)速率在 $\dfrac{v_0}{2}$ 到 $\dfrac{3v_0}{2}$ 间隔内的分子数;

(3)气体分子的平均速率;

(4)分子的平均平动动能。

习题 7.13 图

第 8 章　热力学基础

　　热力学是关于物质热运动的宏观理论。热力学不同于气体动理论,它不涉及物质的微观结构,是以观测和实验事实为依据,从大量实验现象中总结出的热现象所遵从的规律。具体说,它是用能量转化的观点研究物体状态变化的过程中有关热、功的相互转换关系、条件及规律。本章主要内容是热力学第一定律,用热力学第一定律分析理想气体的几个过程,热力学第二定律及其微观本质和熵的概念等。

8.1　热力学基本概念

8.1.1　热力学系统与热力学过程

　　在热力学中,我们把所要研究的物体(或一组物体)叫做热力学系统,简称系统;而系统外的其他物体,统称为外界。

　　系统由某一平衡态开始发生变化时,这个平衡态必然要遭到破坏,需要一段时间才能达到新的平衡态。系统从一个平衡态过渡到另一个平衡态所经历的变化历程就是一个热力学过程。热力学过程由于中间状态的不同而被分为准静态过程与非静态过程两种。如果过程中任一中间状态都可近似看做平衡状态,这个过程叫做准静态过程,也叫平衡态过程。如果中间的状态为非平衡态,则这个过程叫做非静态过程。准静态过程是一种理想的极限过程,它是由无限缓慢的状态变化过程抽象出来的一种理想模型。利用它可以使热力学问题的处理大为简化。通过下面例子让我们进一步理解准静态过程。

　　如图 8.1(a),汽缸中储有一定量的气体,活塞的上面放有一砝码,开始活塞与砝码处于静止状态,此时气体的状态参量用 p_0,T_0 表示(这是一个平衡态)。当突然拿起砝码时,则此时气体的体积急速膨胀,从而破坏了原来的平衡态,当活塞停止运动后,经过足够长的时间,气体将达到新的平衡态,具有各处均匀一致的压强 p 和温度 T。但在活塞迅速上升的过程中,气体往往来不及使各处压强、温度趋于均匀一致,即气体每一刻都处于非平衡状态,这个过程是非静态过程。若将砝码换成同等质量的许许多多小米粒,如图 8.1(b)所示,然后一颗颗地拿,系统的状态慢慢在变,直到拿完时为止。显然这样的变化,每一个中间态都可近似看做压强均匀、温度均匀的新的平衡态,这样的过程就是准静态过程了。

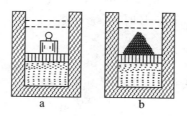

图 8.1　平衡态及准静态过程

　　热力学的研究是以准静态过程的研究为基础的,对准静态过程的研究有两个方面的意义。其一,有些实际过程可以近似当此过程处理;其二,把理想气体的准静态过程弄清楚,将有助于对实际的非静态过程的探讨。

　　我们通常用 $p\text{-}V$ 图来直观表示所研究的准静态过程,这是因为每一个平衡状态都可用一组状态参量来描述,由于 $p\text{-}V$ 图上的一个点对应一组确定的 p,V,T,即 $p\text{-}V$ 图上的一个点代表一个平衡态;而 $p\text{-}V$ 图上的一条曲线由许许多多平衡态组成,显然它代表一个准静态过程。如图 8.2 所示的曲线就代表了某一准静态过程,过程曲线上箭头代表过程进行的方向。对于非平衡系统,由于没有一组确定的状态参量,所以非平衡态和非静态过程不能用 $p\text{-}V$ 图表示。

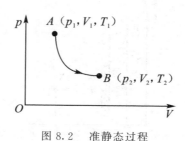

图 8.2　准静态过程

8.1.2　功　热量　内能

　　一个热力学过程,通常伴随着热力学系统与外界能量的交换,热力学第一定律就是包括热运动在内的能量守恒与转化定律的定量表述。我们先来研究热运动中的能量及其转化过程中涉及的三个重要物理量:功、热量与内能。

　　1. 功

　　在牛顿力学中我们知道,做功是能量转换的一种方式,功是能量转换的一种量度,做功可以改变系统的状态。在热力学中,准静态过程中的功具有重要意义。

现以气体膨胀为例来讨论热力学中的功的问题。如图 8.3 所示，设有一汽缸，其中气体的压强为 p，活塞面积为 S，取气体为系统，汽缸与活塞及缸外的大气均为外界，当活塞向外移动微小距离 dl 时，系统对外界所做的元功为

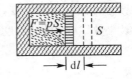

图 8.3　准静态过程的功

$$dA = pS\,dl = p\,dV \tag{8.1}$$

当气体体积从 V_1 变到 V_2 时，气体做的总功为

$$A = \int_{V_1}^{V_2} p\,dV \tag{8.2}$$

当系统经历一个无摩擦准静态过程时，因体积变化而做的功都可用上式表示。这个功称为体积功。如果气体膨胀，即 $dV > 0$，则 $A > 0$，系统对外做正功；当气体收缩，即 $dV < 0$，则 $A < 0$，系统对外界做负功或称外界对系统做正功。上述过程是准静态，可用 p-V 图上的一条曲线表示，例如图 8.4 中的 ⅠaⅡ 曲线。元功 $dA = p\,dV$ 为图 8.4 中所示的 dV 区间小窄条的面积（p 为高，dV 为宽）。当系统沿 ⅠaⅡ 曲线从 V_1 变到 V_2，此过程中系统做的总功显然就是过程曲线下的面积总和。当系统沿 ⅠbⅡ 曲线从 V_1 变到 V_2 时，其功就应是此曲线下对应的面积。虽然两个过程的始末状态都相同，由于两个过程曲线下面积并不相等，其功亦不相等，上述分析不难得出，功是一个与过程有关的量，称为过程量。工程上常用 p-V 图中过程曲线下的面积来计算功，并称此图为示功图。

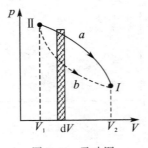

图 8.4　示功图

2. 热量

除了做功外，热传递也可以改变系统的状态。热传递是能量转换的另一种方式。热量等于传热过程中转换的能量，是能量转换的另一种量度。

准静态过程中热量的计算常用**摩尔热容**表示，摩尔热容的定义是 $C = \dfrac{dQ}{dT}$，其含义是 1mol 物质让其升高（或降低）1K 温度所吸收（或放出）的热量，其单位

是 J・mol^{-1}・K^{-1}。

　　实验表明不同物质的摩尔热容不等。在所有物质中水的热容最大,加之水在地球上广泛而丰富的存在,因此在生活和生产上常用水进行冷却或保暖。此外,物体的热容还与它所经历的具体过程有关,例如同样是 1mol 的物质让其温度升高 1K,用等容过程来实现与用等压过程来实现所需的热量是不一样的,即定容摩尔热容 C_V 和定压摩尔热容 C_p 不相等。在研究气体的热性质时最有实际意义的是 C_V 和 C_p。

　　不同物质在不同条件下的摩尔热容可通过实验获得。从摩尔热容的定义不难得到,如果是 M 千克物质,在升高 dT 温度时,在等容过程中吸收的热量,应该表示为:

$$dQ_V = \frac{M}{\mu}C_V dT \tag{8.3}$$

如果是等压过程,则吸收的热量应表示为

$$dQ_p = \frac{M}{\mu}C_p dT \tag{8.4}$$

　　从热量的计算式中看到,热量与功一样,是一个与过程有关的量,不同过程,其热量是不一样的。

　　3. 内能

　　气体动理论告诉我们,理想气体的内能是

$$E = \frac{M}{\mu}\frac{i}{2}RT$$

式子说明,系统的内能,只取决于温度这个状态参量。由此可以推知,内能只是状态的函数,而与过程无关。无数实验事实证明了这一点。当一个热力学系统从一个平衡态变到另一个平衡态时,不管系统经历的过程如何,是做功,是传热,还是两者兼而有之,其内能改变量都一样,这表明内能的变化不因过程不同而异,内能只取决于状态。一般地,系统的内能取决于温度和体积。但因理想气体模型忽略分子间引力,从而不计分子引力势能,故理想气体的内能只与温度有关,是温度的单值函数。

8.2　热力学第一定律

8.2.1　热力学第一定律

　　外界对系统做功或传递热量,都可以使系统的内能增加。例如,一杯水可以通过外界对它加热,用热传递方法使它的温度升高,也可以用搅拌做功的方法使它温度升高。虽然两者的方式不同,但在增加内能这点上,传递热量与做功是等效的。

在大量实验事实的基础上人们总结得到:当系统从一个平衡态变到另一个平衡态的过程中,系统与外界交换的热量 Q 和功 A,以及内能的变化 $\Delta E = E_2 - E_1$,有以下关系

$$Q = \Delta E + A \tag{8.5}$$

这就是**热力学第一定律**,其中 E_1 和 E_2 分别表示系统的初态和终态的内能。(8.5)式反映的是在热现象进行中能量守恒的式子,它说明一个系统如果是从外界吸收热量,那么这个能量可能一部分用来增加系统的内能,另一部分用来对外做功,量值上必须满足等式的成立。热力学第一定律中各量的符号约定是:系统吸热,$Q > 0$,放热,$Q < 0$;系统内能增加,$\Delta E > 0$,内能减少,$\Delta E < 0$;系统对外界做功,$A > 0$,外界对系统做功,$A < 0$。对于一个无限小过程,这个定律可写为

$$dQ = dE + dA \tag{8.6}$$

热力学第一定律指出,一个系统如果对外做功,其能量来源要么是从外界吸热 Q,或者依靠系统的内能的减少 ΔE,或者二者兼而有之。如果既不从外界吸热,又不减少系统的内能,系统就不可能对外做功。

历史上曾有许多人企图制造一种机器,这种机器可以使系统经历一系列变化后回到原来的状态,而在这个过程中系统无须从外界吸取热量,却能不断对外做功,这种机器叫**第一类永动机**。第一类永动机要求系统的 $\Delta E = 0, Q = 0$,但 $A > 0$。这种"无中生有"的机器违背热力学第一定律。该定律判定:**第一类永动机是不能制成的**。这句话可以作为热力学第一定律的另一种表述。其实,人们常说的"又要马儿好,又要马儿不吃草"是违背热力学第一定律的一种通俗说法。

热力学第一定律实际上是包括热运动能量在内的普遍的能量转换与守恒定律,它是一个实验定律。对于任何热力学系统的任何热力学过程,只要初态和终态是平衡态,不管中间过程是否为准静态,热力学第一定律都成立。至今尚未发现与热力学第一定律矛盾的实验的事实。所以这是一个普遍定律。恩格斯曾把这个定律誉为 19 世纪自然科学的三大发现之一。

8.2.2 热力学第一定律的应用

热力学第一定律明确了系统在状态变化过程中功、热量和内能之间的转换关系,下面将结合几个典型的特殊过程进行一些有关功、热量和内能的计算。

这里主要讨论某一理想气体从平衡态 Ⅰ(p_1, V_1, T_1)经历准静态过程变到平衡态 Ⅱ(p_2, V_2, T_2),且体积做功的情况,此时,热力学第一定律形式可以表示

为

$$Q = \Delta E + \int_{V_1}^{V_2} p \, \mathrm{d}V \tag{8.7}$$

若为无限小过程,则

$$\mathrm{d}Q = \mathrm{d}E + p\mathrm{d}V \tag{8.8}$$

下面将分别对等体过程、等压过程、等温过程及绝热过程进行讨论。

1. 等体过程

在系统变化的过程中其体积始终保持不变的过程称为等体过程,因此等体过程的特征是 $V = $ 恒量,即 $\mathrm{d}V = 0$

在 p-V 图上等体过程可以表示为平行于 p 轴的一条直线,如图 8.5 所示。由理想气体状态方程可知,等体过程的过程方程为

$$pT^{-1} = \text{恒量} \quad \text{或} \quad \frac{p_1}{T_1} = \frac{p_2}{T_2}$$

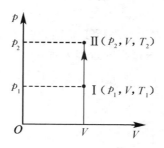

图 8.5 等体过程图

因此过程体积不变,系统不对外做功,即 $\mathrm{d}A = p\mathrm{d}V = 0$,由热力学第一定律有

$$\mathrm{d}Q_V = \mathrm{d}E \tag{8.9}$$

对于有限的等体过程,则有

$$Q_V = E_2 - E_1 \tag{8.10}$$

上式表明,在等体过程中,气体从外界吸收的热量全部用来使系统内能增加。

由理想气体内能公式可得 $\mathrm{d}E = \dfrac{M}{\mu} \dfrac{i}{2} R \mathrm{d}T$,又由式(8.3)知 $\mathrm{d}Q_V = \dfrac{M}{\mu} C_V \mathrm{d}T$,比较二式,可得定容摩尔热容为

$$C_V = \frac{i}{2} R \tag{8.11}$$

(8.11)式表明,定容摩尔热容仅与物质的自由度 i 有关,而与气体的温度无关。对于单原子分子理想气体,其 $i = 3$,因此 $C_V = \dfrac{3}{2} R \approx 12.5 \mathrm{J} \cdot \mathrm{mol}^{-1} \cdot \mathrm{K}^{-1}$;对于

双原子理想气体,其 $i = 5$,因此 $C_V = \dfrac{5}{2}R \approx 20.8 \text{J} \cdot \text{mol}^{-1} \cdot \text{K}^{-1}$。定义了定容摩尔热容后,我们还可以将理想气体的内能 E 和内能增量 dE 表示为

$$E = \frac{M}{\mu}C_V T$$

$$dE = \frac{M}{\mu}C_V dT \quad \text{或} \quad \Delta E = \frac{M}{\mu}C_V(T_2 - T_1) \tag{8.12}$$

应该指出,不能因为(8.12)式的表达式中含有 C_V,就认为该式只有在等体过程中才能应用。理想气体的内能只与温度有关,所以理想气体在不同的状态变化过程中,只要温度增量相同,则不论气体经历什么过程,它的内能增量都是一样的,都可用式(8.12)计算。由于系统内能的增量在等体过程中与所吸收的热量相等,所以上式中才会有 C_V 的出现。

2. 等压过程

在系统变化的过程中其压强始终不变的过程称为等压过程。因此,等压过程的特征是 $p = $ 恒量,即 $dp = 0$。

在 p-V 图上等压过程可以表示为平行于 V 轴的一条直线,如图 8.6 所示。由理想气体状态方程,不难得出等压过程的过程方程

$$VT^{-1} = \text{恒量} \quad \text{或} \quad \frac{V_1}{T_1} = \frac{V_2}{T_2}$$

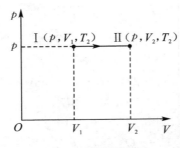

图 8.6 等压过程图

在等压过程中,气体吸收的热量为 dQ_p,由热力学第一定律

$$dQ_p = dE + pdV \tag{8.13}$$

对于有限的等压过程,则有

$$Q_p = E_2 - E_1 + \int_{V_1}^{V_2} pdV \tag{8.14}$$

因 $p = $ 恒量,可直接拿出积分号外,由上式可得

$$Q_p = E_2 - E_1 + p(V_2 - V_1)$$

上式表明,在等压过程中,气体从外界吸收的热量一部分用来使内能增加,另一部分使系统对外做功。

根据理想气体的状态方程 $pV = \dfrac{M}{\mu}RT$,在等压过程的条件下,将此式两边

微分有
$$p\mathrm{d}V = \frac{M}{\mu}R\mathrm{d}T$$

则此过程中气体所做的功可表示为
$$\mathrm{d}A = p\mathrm{d}V = \frac{M}{\mu}R\mathrm{d}T$$

当气体从状态 $\mathrm{I}(p,V_1,T_1)$ 等压变化到状态 $\mathrm{II}(p,V_2,T_2)$,此过程中气体对外做功为

$$A = \int_{T_1}^{T_2} \frac{M}{\mu}R\mathrm{d}T = \frac{M}{\mu}R(T_2 - T_1) \tag{8.15}$$

因 $E_2 - E_1 = \dfrac{M}{\mu}C_V(T_2 - T_1)$,将此式与(8.15)式一并代入(8.5)式,则整个过程中传递的热量可表示为

$$Q_p = \frac{M}{\mu}(C_V + R)(T_2 - T_1) \tag{8.16}$$

我们再写出前面所定义的(8.4)式

$$Q_p = \frac{M}{\mu}C_p(T_2 - T_1)$$

将之与(8.16)式比较,不难看出

$$C_p = C_V + R \tag{8.17}$$

上式叫做**迈耶公式**。它的意义是,1mol 理想气体温度升高 1K 时,在等压过程中比在等体过程中要多吸收 8.31J 的热量。这里不难解释,因为在等体过程中,气体吸收的热量全部用于增加内能,而在等压过程中,气体吸收的热量除用于增加同样多的内能外,还要用于对外做功,故等压过程要使系统升高与等体过程相同的温度,需要吸收更多的热量。

因 $C_V = \dfrac{i}{2}R$,由式(8.17) 得

$$C_p = \frac{i}{2}R + R = \frac{i+2}{2}R \tag{8.18}$$

等压摩尔热容 C_p 与等体摩尔热容 C_V 之比,叫做**比热容比**,用 γ 表示,于是

$$\gamma = \frac{C_p}{C_V} = \frac{i+2}{i} \tag{8.19}$$

表 8.1 列出了几种气体的摩尔热容比的实验值,供查阅。

表 8.1   气体摩尔热容比的实验值

原子数	气体种类	C_p	C_V	$\gamma = C_{p,m}/C_{V,m}$
单原子	氦（He）	20.9	12.5	1.67
	氩（Ar）	21.2	12.5	1.65
双原子	氢（H_2）	28.8	20.4	1.41
	氮（N_2）	28.6	20.4	1.41
	氧（O_2）	28.9	21.0	1.40
多原子	二氧化碳（CO_2）	36.9	28.4	1.30
	水蒸气（H_2O）	36.2	27.8	1.31
	乙醇（C_2H_5O）	87.5	79.2	1.11

例 8.1   质量为 2.8×10^{-3} kg，温度为 300K，压强为 1atm 的氮气，等压膨胀至原来体积的两倍。求氮气对外所做的功，内能的增量以及吸收的热量。

解   已知 $M = 2.8 \times 10^{-3}$ kg，$\mu = 28 \times 10^{-3}$ kg·mol^{-1}，

$$T_1 = 300\text{K}, \quad \frac{V_2}{V_1} = 2$$

由理想气体等压过程的过程方程 $\dfrac{V_1}{T_1} = \dfrac{V_2}{T_2}$ 可得

$$T_2 = \frac{V_2}{V_1}T_1 = 2 \times 300 = 600(\text{K})$$

等压过程气体对外做的功为

$$A = \int_{V_1}^{V_2} p\mathrm{d}V = p(V_2 - V_1) = \frac{M}{\mu}R(T_2 - T_1)$$
$$= 0.1 \times 8.31 \times (600 - 300) = 249(\text{J})$$

内能增量为

$$E_2 - E_1 = \frac{M}{\mu}C_V(T_2 - T_1) = \frac{M}{\mu}\frac{i}{2}R(T_2 - T_1)$$

氮气为双原子气体，即 $i = 5$，则

$$E_2 - E_1 = 0.1 \times 20.8 \times (600 - 300) = 624(\text{J})$$

吸收的热量为

$$Q_p = \frac{M}{\mu}C_p(T_2 - T_1) = 0.1 \times 29.1 \times (600 - 300) = 873(\text{J})$$

以上算得的 $A, E_2 - E_1$ 和 Q_p 的数值符合热力学第一定律

$$Q_p = E_2 - E_1 + A$$

这就验证了计算的正确性。

3. 等温过程

在系统变化过程中其温度始终不变的过程称为等温过程。**等温过程的特征** $T =$ **恒量**，即 $\mathrm{d}T = 0$。

在 $p\text{-}V$ 图中，与等温过程对应的是双曲线的一支，如图 8.7 所示的曲线为等温线。由理想气体状态方程，等温过程的过程方程为

$$pV = \text{恒量} \quad \text{或} \quad p_1 V_1 = p_2 V_2$$

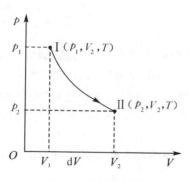

图 8.7　等温过程图

由于理想气体的内能只与其温度有关，因此在等温过程中内能保持不变，即 $\Delta E = 0$。由热力学第一定律，有

$$Q_T = A$$

即在等温膨胀过程中，理想气体吸收的热量 Q_T 全部用来对外做功；此式似乎告诉我们，一个系统吸收热量，可以直接转换为功，其实不然，热功的转换是通过内能的增减来实现的，内能的增减成了它们转换的桥梁。

气体从状态 (p_1, V_1, T) 等温变化至状态 (p_2, V_2, T) 时，有

$$Q_T = A = \int_{V_1}^{V_2} p\,\mathrm{d}V = \int_{V_1}^{V_2} \frac{M}{\mu} RT \frac{\mathrm{d}V}{V}$$

即

$$Q_T = \frac{M}{\mu} RT \ln \frac{V_2}{V_1} \tag{8.20}$$

由过程方程 $p_1 V_1 = p_2 V_2$ 还可得到

$$Q_T = \frac{M}{\mu} RT \ln \frac{p_1}{p_2} \tag{8.21}$$

热量 Q_T 和功 A 的值都等于等温线下的面积。

例 8.2　容器内储有氧气 $3.2 \times 10^{-3} \mathrm{kg}$，温度为 $300\mathrm{K}$，等温膨胀为原来体积的两倍。求气体对外所做的功和吸收的热量。

解 已知 $M = 3.2 \times 10^{-3}\,\text{kg}, \mu = 32 \times 10^{-3}\,\text{kg} \cdot \text{mol}^{-1}, T = 300\text{K}, V_2 = 2V_1$

由等温过程中做功的数学式可得

$$A = \frac{M}{\mu}RT\ln\frac{V_2}{V_1} = \frac{3.2 \times 10^{-3}}{32 \times 10^{-3}} \times 8.31 \times 300 \times \ln2 = 173(\text{J})$$

由热力学第一定律有

$$Q = \Delta E + A$$

因为 $\Delta E = 0$,则 $\qquad\qquad Q_T = A = 173(\text{J})$

4. 绝热过程

(1) 绝热过程

系统与外界没有热量交换的过程称为**绝热过程**。例如,在保温瓶内或者用石棉等绝热材料包起来的容器内所经历的状态变化过程,由于热交换很少,可以近似看成绝热过程;又如内燃机汽缸中气体的急剧膨胀和快速压缩过程,由于这些过程进行得很迅速,系统来不及与周围环境进行热交换,也可近似地看成绝热过程。

绝热过程的特点是,过程中没有热量的传递,即 $\mathrm{d}Q = 0$ 或 $Q = 0$,可以证明绝热过程的过程方程是

$$pV^\gamma = \text{恒量} \quad \text{或} \quad p_1V_1^\gamma = p_2V_2^\gamma \qquad\qquad (8.22)$$

由于绝望过程中的 p, V, T 均为变量,则过程方程可由上式结合理想气体状态方程得到下面另两种表述形式

$$V^{\gamma-1}T = \text{恒量} \qquad\qquad (8.23)$$

$$p^{\gamma-1}T^{-\gamma} = \text{恒量} \qquad\qquad (8.24)$$

下面通过绝热过程中的热力学第一定律和理想气体的状态方程推出(8.22)式。

绝热过程中,因 $\mathrm{d}Q = 0$,热力学第一定律可写成

$$\mathrm{d}E + p\mathrm{d}V = 0 \text{ 或} \frac{M}{\mu}C_V\mathrm{d}T + p\mathrm{d}V = 0$$

对理想气体状态方程 $pV = \frac{M}{\mu}RT$,两边微分得

$$p\mathrm{d}V + V\mathrm{d}p = \frac{M}{\mu}R\,\mathrm{d}T$$

联合上述两式有

$$\frac{C_p}{C_V}\frac{\mathrm{d}V}{V} + \frac{\mathrm{d}p}{p} = 0$$

用 γ 代替 C_p 比 C_V 并将等式两边积分得

$$\gamma\ln V + \ln p = \text{恒量}$$

$$\text{即 } pV^\gamma = \text{恒量}$$

（2）关于绝热过程中功的计算

对绝热过程中的功我们可以从两方面给予计算。

由热力学第一定律计算：$Q = A + \Delta E$，则有

$$A = -\Delta E = -\frac{M}{\mu} C_V (T_2 - T_1) \tag{8.25}$$

由功的定义式计算：$A = \int_{V_1}^{V_2} p\,dV$，式中的 p, V 用绝热过程方程来统一。

绝热过程的过程方程是：$pV^\gamma = p_1 V_1^\gamma = p_2 V_2^\gamma$

则

$$A = \int_{V_1}^{V_2} p\,dV = \int_{V_1}^{V_2} \frac{p_1 V_1^\gamma}{V^\gamma}\,dV = p_1 V_1^\gamma \frac{1}{1-\gamma}(V_1^{1-\gamma} - V_2^{1-\gamma})$$

$$= \frac{1}{\gamma - 1}(p_1 V_1 - p_2 V_2) \tag{8.26}$$

不难推出，(8.25) 式与 (8.26) 式是相等的。

值得说明的是，从 (8.25) 式可看出，绝热压缩时，$A < 0$，系统温度升高；绝热膨胀时，$A > 0$，系统温度下降。可见，绝热过程是获得高温和低温的一个重要手段。

（3）关于绝热线比等温线陡的讨论

把等温曲线和绝热曲线画到 p-V 图上，如图 8.8 所示。从图上可以看出，两条曲线交于点 A 处，绝热曲线斜率的绝对值，要大于等温曲线斜率的绝对值，即绝热线比等温线陡。这一结果，可由两个过程的过程方程推出。

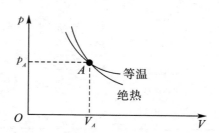

图 8.8　绝热线与等温线的比较

等温过程方程为 $pV = $ 常量，绝热过程方程为 $pV^\gamma = $ 常量。对两方程各自微分，有

$$p\,dV + V\,dp = 0$$

$$\gamma p V^{\gamma-1}\,dV + V^\gamma\,dp = 0$$

两曲线的斜率为

$$\left(\frac{\mathrm{d}p}{\mathrm{d}V}\right)_T = -\frac{p_A}{V_A}$$

$$\left(\frac{\mathrm{d}p}{\mathrm{d}V}\right)_S = -\gamma\frac{p_A}{V_A}$$

因为 γ 是大于 1 的,所以绝热线在交点 A 的斜率的绝对值,比等温线在交点 A 处的斜率的绝对值大。也就是说,在两曲线交点处,绝热线比等温线陡。上述结论可以这样理解,设体积减小 ΔV(两种情况相同),在等温过程中压强增加 Δp_T 仅是体积减小而引起的,而在绝热过程中压强增加 Δp_S 是由体积减小和温度升高(内能增大)两个原因而引起的,所以 Δp_S 的值比 Δp_T 的值大,即绝热线陡。

理想气体典型过程的主要公式列于表 8.2 中。

表 8.2   **特殊过程的 Q、A、ΔE**

过程	特征	过程方程	做功 $A = \int p\mathrm{d}V$	内能增量 $\Delta E = \frac{M}{\mu}C_V\Delta T$	传递热量 $Q = \Delta E + A$
等容	$V = $ 恒量	$\frac{p}{T} = $ 恒量	0	$\frac{M}{\mu}C_V\Delta T$	$\frac{M}{\mu}C_V\Delta T$
等压	$p = $ 恒量	$\frac{V}{T} = $ 恒量	$p\Delta V$ 或 $\frac{M}{\mu}R\Delta T$	$\frac{M}{\mu}C_V\Delta T$	$\frac{M}{\mu}C_p\Delta T$
等温	$T = $ 恒量	$pV = $ 恒量	$\frac{M}{\mu}RT\ln\frac{V_2}{V_1}$ 或 $\frac{M}{\mu}RT\ln\frac{p_1}{p_2}$	0	A
绝热	$Q = 0$	$pV^\gamma = $ 恒量 $V^{\gamma-1}T = $ 恒量 $p^{\gamma-1}T^{-\gamma} = $ 恒量	$-\Delta E$ 或 $\frac{p_1V_1 - p_2V_2}{\gamma-1}$	$\frac{M}{\mu}C_V\Delta T$	0

例 8.3   1mol 单原子理想气体,由状态 $a(p_1,V_1)$,先等压加热至体积增大一倍,再等容加热至压强增大一倍,最后再绝热膨胀,使其温度降至初始温度。试求:(1)画出全过程的 $p\text{-}V$ 图;(2)整个过程对外所做的功;(3)整个过程吸收的热量。

解   (1)由题意知,全过程的 $p\text{-}V$ 图见图 8.9,其中 a 至 d 的虚线为等温线 $(T_a = T_d)$

(2)先求各分过程的功

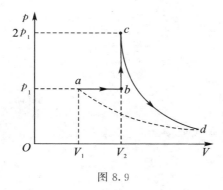

图 8.9

$$A_{ab} = p_1(2V_1 - V_1) = p_1 V_1$$

$$A_{bc} = 0$$

$$A_{cd} = -\Delta E_{cd} = C_V(T_c - T_d)$$

$$= \frac{3}{2}R(4T_a - T_a)$$

$$= \frac{9}{2}RT_a$$

$$= \frac{9}{2}p_1 V_1$$

所以整个过程的总功为

$$A = A_{ab} + A_{bc} + A_{cd} = \frac{11}{2}p_1 V_1$$

（3）计算整个过程吸收的总热量（有两种方法）。

方法一：根据整个过程吸收的总热量等于各分过程吸收热量的和。

$$Q_{ab} = C_p(T_b - T_a) = \frac{5}{2}R(T_b - T_a)$$

$$= \frac{5}{2}(p_b V_b - p_a V_a) = \frac{5}{2}p_1 V_1$$

$$Q_{bc} = C_V(T_c - T_b) = \frac{3}{2}R(T_c - T_b)$$

$$= \frac{3}{2}(p_c V_c - p_b V_b) = 3p_1 V_1$$

$$Q_{cd} = 0$$

所以

$$Q = Q_{ab} + Q_{bc} + Q_{cd} = \frac{11}{2}p_1 V_1$$

方法二：对 abcd 整个过程应用热力学第一定律：

$$Q_{abcd} = A_{abcd} + \Delta E_{ad}$$

由于
$$T_a = T_d$$

故
$$\Delta E_{ad} = 0$$

则
$$Q_{abcd} = A_{abcd} = \frac{11}{2} p_1 V_1$$

例 8.4 1摩尔理想气体氧气原来的温度为300K,压强为5×10^5Pa,经准静态绝热膨胀后,体积增大为原来的两倍。求气体做的功和内能变化。

解 由 $p_1 V_1 = \frac{M}{\mu} R T_1$ 得

$$V_1 = \frac{M}{\mu} R \frac{T_1}{p_1} = \left(1 \times 8.31 \times \frac{300}{5 \times 10^5}\right)$$
$$= 4.99 \times 10^{-3} (\text{m}^3)$$
$$V_2 = 2V_1 = 9.98 \times 10^{-3} (\text{m}^3)$$

由绝热过程方程有

$$p_2 = p_1 \left(\frac{V_1}{V_2}\right)^{\gamma} = \left[5 \times 10^5 \times \left(\frac{1}{2}\right)^{1.4}\right] = 1.90 \times 10^5 (\text{Pa})$$

$$A = \frac{p_1 V_1 - p_2 V_2}{\gamma - 1}$$
$$= \frac{5 \times 10^5 \times 4.99 \times 10^{-3} - 1.90 \times 10^5 \times 9.98 \times 10^{-3}}{1.40 - 1}$$
$$= 1.50 \times 10^3 (\text{J})$$
$$\Delta E = -A = -1.50 \times 10^3 (\text{J})$$

ΔE 为负值说明氧气通过消耗内能而对外做功。

8.3　循环过程　卡诺循环

一台蒸汽机,通过水这种工作物质的吸热与放热,将热能转换为机械能,即系统通过吸收热量,来达到对外做功的目的。怎样才能让其持续不断地将热转化为功呢?这要靠循环过程来完成。

8.3.1　循环过程

1. 循环

物质系统由一个状态出发经历一系列变化后又回到原来状态的过程叫循环过程,简称**循环**。其中的物质系统叫工作物质(简称**工质**)。对于每一次循环,系统都会回到初态,所以循环过程的特征是工质的内能变化 $\Delta E = 0$。即在整个循环中,系统对外做的净功就等于系统吸收的净热量,在p-V图上通常用一闭合曲线表示循环过程。如图 8.10 所示。图中箭头表示过程进行的方向。顺时针方向进行的过程叫**正循环**,反之叫**逆循环**。这两种循环有质的差异。它们分别体现了热机和制冷机中的**热功转换**关系。

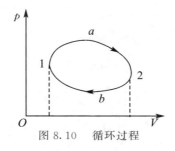

图 8.10　循环过程

2. 热机

热机有蒸汽机、内燃机及喷气发动机等。它们在结构和工作方式上差别很大,但基本原理相近。以蒸汽机为例,其中进行的过程大致如图 8.11 所示。工作物质水从锅炉中吸收热量 Q_1 变成高温高压蒸汽,进入汽缸后膨胀,推动活塞做功 A_1,汽缸膨胀后其内蒸汽的温度和压强大大降低,然后被汽缸压缩进入冷凝器放出热量 Q_2 而凝结成水,再由泵(也称抽水机)做功 A_2 将水压回锅炉中,完成一个循环。在这个循环中水(汽)从高温热源(锅炉)吸收的热量 Q_1 多于向低温热源(冷凝器)放出的热量 Q_2,同时水(汽)对外界做的功 A_1 大于外界对水(汽)做的功 A_2。可见热机是从外界吸收净热量 $Q_1 - Q_2$,并向外界做净功 $A_1 - A_2$ 的装置。简而言之,热机是吸热做功的机器。显然只有正循环才能完成这一热功转换过程。

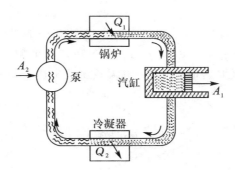

图 8.11　热机工作原理图

从图 8.10 中看到,在一个正循环中工质对外界做的功 A_1 等于曲线 $1a2$ 下的面积,外界对工质做的功 A_2 等于曲线 $2b1$ 下的面积。在一个正循环中工质对外界做的净功($A = A_1 - A_2 > 0$)等于闭合曲线所围的面积。按热力学第一定律有

$$Q_1 - Q_2 = A$$

这表示工质从高温热源吸收的热量 Q_1 只有一部分转换为对外界做的净功 A,其余部分 Q_2 释放给了低温热源。我们用图 8.12 来表示热机的工作流程,这一简化图形较为直观。

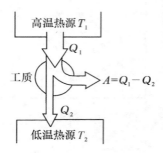

图 8.12　热机工作流程

为表示热机吸热做功的能力,定义热机效率为:在一个正循环中工质对外界做的净功 A 与从高温热源吸收的热量 Q_1 之比,即

$$\eta = \frac{A}{Q_1}$$

或
$$\eta = \frac{Q_1 - Q_2}{Q_1} = 1 - \frac{Q_2}{Q_1} \qquad (8.27)$$

热机的效率常用百分数表示。从效率公式可以看出,当工作物质吸收的热量相同时,对外做功越多,则热机效率越高。

3. 制冷机

制冷机是获得低温的装置,如电冰箱等。制冷机中的工质在一个循环中与外界进行热功转换的关系如图 8.13 所示。由图知在一个循环中外界对工质做功 A,使之从低温热源吸取热量 Q_2,并向高温热源放出热量 Q_1,即

$$Q_1 = A + Q_2$$

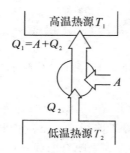

图8.13　制冷机工作流程

可见制冷机是靠外界对工质做功而从低温热源吸热的,其作用是降低低温热源的温度。逆循环反映了制冷机中的这种热功转换关系,它是热量从低温热源向高温热源传递的过程,但要完成这样的循环,必须以消耗外界的功为代价。为了评价制冷机的工作效率,常用 Q_2 与 A 的比表示,即

$$w = \frac{Q_2}{A}$$

或
$$w = \frac{Q_2}{Q_1 - Q_2} \tag{8.28}$$

w 称为制冷系数,从式中看到,制冷系数越大,如外界消耗的功相同,则工作物质从冷库中提取的热量越多,制冷效果越好。

例 8.5　如图 8.14 所示,1mol 氦气从状态 a 出发,经历一次循环又回到状态 a,其中 $p_2 = 2p_1, V_2 = 2V_1$,求该循环的效率。

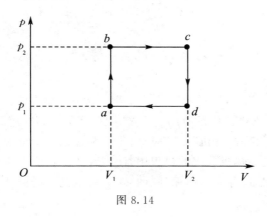

图 8.14

解　气体经循环过程所做的净功为图中过程曲线所围的面积,即
$$A = (p_2 - p_1)(V_2 - V_1)$$
因 $p_2 = 2p_1, V_2 = 2V_1$,所以
$$A = p_1 V_1$$
由图 8.14 可见,在循环过程中:

$a \rightarrow b$ 为等体升压过程,系统从外界吸热 Q_{ab};

$b \rightarrow c$ 为等压膨胀过程,系统从外界吸热 Q_{bc};

$c \rightarrow d$ 为等体降压过程,系统向外界放热;

$d \rightarrow a$ 为等压压缩过程,系统向外界放热。

整个循环过程吸收的总热量为
$$Q = Q_{ab} + Q_{bc}$$

其中

$$Q_{ab} = \frac{M}{\mu} C_V (T_2 - T_1)$$

$$Q_{bc} = \frac{M}{\mu} C_P (T_3 - T_2)$$

氦气为单原子气体,自由度 $i = 3$,$C_V = \frac{3}{2}R$,$C_p = \frac{5}{2}R$,根据理想气体状态方程

$$pV = \frac{M}{\mu} RT$$

得

$$Q_{ab} = \frac{3}{2} p_1 V_1$$

$$Q_{bc} = \frac{5}{2} (p_2 V_2 - p_2 V_1) = 5 p_1 V_1$$

此循环的效率为

$$\eta = \frac{A}{Q} = \frac{A}{Q_{ab} + Q_{bc}} = \frac{2}{13} \approx 15\%$$

8.3.2 卡诺循环

19 世纪初,蒸汽机已广泛应用于生产,但效率低下,仅 $3\% \sim 5\%$,绝大部分能源被浪费了。如何提高热机的效率成为生产和理论上亟待解决的问题。

在研究如何提高热机效率的过程中,法国青年工程师卡诺于 1824 年提出一种理想的循环过程,被称做卡诺循环。图 8.15 所示是卡诺循环过程曲线图。

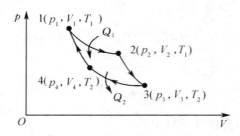

图 8.15　卡诺循环

卡诺循环由两个等温过程和两个绝热过程组成:

(1) 工质与高温热源(T_1)接触,由状态 $1(p_1, V_1, T_1)$ 经等温过程达到状态 $2(p_2, V_2, T_1)$;

(2) 工质脱离高温热源,由状态 2 经绝热过程达到状态 $3(p_3, V_3, T_2)$,刚好

与低温热源(T_2)接触；

（3）工质由状态 3 经等温过程达到状态 $4(p_4, V_4, T_2)$；

（4）工质脱离低温热源，经绝热过程由状态 4 回到状态 1，又与高温热源接触。

从图 8.15 可以看出，工质与热源（外界）之间，只在两个等温过程中发生热传递。在过程 $1 \rightarrow 2$ 中，工质吸收的热量为

$$Q_1 = A_1 = \frac{M}{\mu} R T_1 \ln \frac{V_2}{V_1} > 0$$

在过程 $3 \rightarrow 4$ 中，工质吸收的热量为

$$Q_2 = -A_3 = \frac{M}{\mu} R T_2 \ln \frac{V_4}{V_3} < 0$$

过程 $2 \rightarrow 3$ 和过程 $4 \rightarrow 1$ 是绝热过程，根据绝热过程的过程方程有

$$T_1 V_2^{\gamma-1} = T_2 V_3^{\gamma-1}$$
$$T_1 V_1^{\gamma-1} = T_2 V_4^{\gamma-1}$$

联合上两式可得

$$\frac{V_2}{V_1} = \frac{V_3}{V_4}$$

由热机效率公式 $\eta = \dfrac{Q_1 - Q_2}{Q_1}$，将前面所得的 Q_1, Q_2 代入此式（应注意这里的 Q_2 本身应为正，即 Q_2 应表示为 $Q_2 = \dfrac{M}{\mu} R T_2 \ln \dfrac{V_3}{V_4}$），得

$$\eta = \frac{\dfrac{M}{\mu} R T_1 \ln \dfrac{V_2}{V_1} - \dfrac{M}{\mu} R T_2 \ln \dfrac{V_3}{V_4}}{\dfrac{M}{\mu} R T_1 \ln \dfrac{V_2}{V_1}}$$

化简得
$$\eta_卡 = 1 - \frac{T_2}{T_1} \tag{8.29}$$

可见理想气体准静态卡诺热机的效率只由高、低温热源的温度决定。T_1 越高，T_2 越低，则 $\eta_卡$ 越高。卡诺还从理论上证明，(8.29) 式表示的效率是一切实际热机效率的上限。这为提高热机效率指明了方向。要提高热机效率应从两方面着手，其一是使实际过程接近准静态过程，其二是扩大高、低温热源的温差，并消除或减弱散热、漏气、摩擦等耗散因素。目前实际热机的效率远低于按上式算得的值，如内燃机的效率一般为 $30\% \sim 40\%$，蒸汽机的效率仅 $12\% \sim 15\%$。

以理想气体为工质的准静态卡诺逆循环 —— 卡诺制冷机中进行的过程与图 8.15 所示的方向相反。向高温热源放出的热量 Q_1 和从低温热源吸取的热量 Q_2，由制冷机的制冷系数公式 $w = \dfrac{Q_2}{A} = \dfrac{Q_2}{Q_1 - Q_2}$ 不难看到

$$w_卡 = \frac{T_2}{T_1 - T_2} \tag{8.30}$$

卡诺制冷机的制冷系数也只决定于高、低温热源的温度。卡诺的理论指出，(8.30)式表示的制冷系数是一切实际制冷机的制冷系数的上限。要提高制冷系数，除了使实际过程接近准静态过程外，还应缩小高、低温热源的温差。值得注意的是，T_2越低，w越小，制冷效果越差。这说明物体温度越低，从中进一步取走热量越困难，需要消耗越多的外功。

例 8.6 一卡诺热机：(1)在高温热源(127℃)与低温热源(27℃)的两温度源之间作热机使用并从高温热源吸收热量4000J，问该机向低温热源放热多少？对外做功多少？(2)若使它逆向运转而作制冷机工作，问它从低温热源吸热4000J，将向高温热源放热多少？外界做功多少？

解 (1)卡诺热机的效率为

$$\eta_卡 = 1 - \frac{T_2}{T_1} = 1 - \frac{300}{400} = 25\%$$

$$Q_2 = Q_1 - A = 4000 - 1000 = 3000(J)$$

由热机效率通用公式 $\eta = 1 - \dfrac{Q_2}{Q_1}$ 或 $\eta = \dfrac{A}{Q_1}$ 得

$$A = \eta Q_1 = 0.25 \times 4000 = 1000(J)$$

(2)逆循环时，制冷系数为

$$w_卡 = \frac{T_2}{T_1 - T_2} = \frac{300}{400 - 300} = 3$$

由制冷系数的通用公式 $w = \dfrac{Q_2}{A}$ 得

$$A = \frac{Q_2}{w} = \frac{4000}{3} \approx 1333(J)$$

向高温热源放出的热量为 $Q_1 = Q_2 + A = 4000 + 1333 = 5333(J)$

例 8.7 一卡诺制冷机从温度为 -10℃ 的冷库中吸取热量，释放到27℃ 的室外空气中，若制冷机的功率是 1.5kW，求：(1)每分钟从冷库中吸收的热量；(2)每分钟向室外空气中释放的热量。

解 (1)根据卡诺制冷系数有

$$w_卡 = \frac{T_2}{T_1 - T_2} = \frac{263}{300 - 263} = 7.1$$

由制冷系数的通用公式 $w = \dfrac{Q_2}{A}$ 及每分钟做的功 $A = 1.5 \times 10^3 \times 60$J，可得

$$Q_2 = w_卡 A = 7.1 \times 1.5 \times 10^3 \times 60 = 6.39 \times 10^5(J)$$

(2)释放到室外的热量为

$$Q_1 = A + Q_2 = 1.5 \times 10^3 \times 60 + 6.39 \times 10^5 = 7.29 \times 10^5(J)$$

根据制冷机的制冷原理制成的供热机叫热泵。在严寒的冬天，把空调机的冷冻器放在室外，散热器放在室内，开动空调机，经电力做功，通过冷冻器从室外吸

收热量,通过散热器向室内放热达到供热取暖的作用。热泵供热获得的热量大于消耗的电功,上例中消耗的电功 $A = 9.0 \times 10^4 (J)$,提供热量 $Q_1 = 7.29 \times 10^5 (J)$,$Q_1 > A$,这是最经济的供热方式。在酷热夏天,只需将冷冻器与散热器位置互换,经空调做功,将吸取室内热量,向室外释放热量,即达到给室内降温的目的。可见制冷机可以制冷,也可以供热,供热时即为热泵。

物理沙龙

　　家用电冰箱就是一种制冷机,见图 8.16 所示,压缩机将处在低温低压的气态制冷剂压缩至约 10atm 的压强,温度升到高于室温(ab 绝热压缩过程);进入散热器放出热量 Q_1,并逐渐液化进入储液器(bc 等压压缩过程);再经过节流阀膨胀降温(cd 绝热膨胀过程);最后进入冷冻室中的蒸发器吸取电冰箱内的热量 Q_2,液态制冷剂汽化(da 等压膨胀过程),再度被吸入压缩机进行下一个循环。因此整个制冷过程就是压缩机做功 A,将制冷剂由气态变为液态,放出热量 Q_1,再变成气态,吸取热量 Q_2,这样周而复始地循环来达到制冷降温的目的。

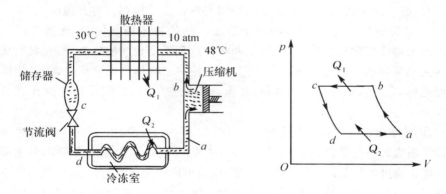

图 8.16　家用电冰箱制冷图

　　以前大多采用氟利昂 12(CCl_2F_2) 作为制冷剂(工质),其沸点为 $-29.8℃$,汽化热为 $165kJ/kg$。虽然氟利昂在制冷中有其优点,但其泄漏会对大气层上的臭氧层产生破坏,现在,人们正逐步采用无氟的工质取代氟利昂,以保护地球大气层上面的臭氧层。如果臭氧层由于各种原因受到破坏,就会减弱大气层阻止太阳光中紫外线侵入地球的能力,久而久之,将会对人类造成极大的危害。

　　为使室内降温,必须将制冷机所排出的热量 Q_1 排到室外。这样工作的制冷机附加上风扇及通风循环系统,称为**空气调节器**。这种情况下,蒸发器放在室内,而散热器向着室外的空气。如果反过来把散热器放置在室内,而把蒸发器放置在室外,则这种装置可以向室内供热,称为**热泵**,利用热泵取暖,要比用电炉等电热器取暖效率高得多。

8.4 热力学第二定律

热力学第一定律只是告诉了我们任一热现象进行时都必须满足能量守恒的要求,例如两个温度不同的物体接触时,热量从高温物体自动地传到低温物体,二者一个失去能量,一个得到能量且相等。但定律并没告诉我们,这种能量的传递有没有方向性的问题,我们设想上述热量的传递是倒过来的,低温物体失去能量,高温物体得到能量,这样的热力学过程能看到吗?尽管这一假想过程并不违背热力学第一定律的能量守恒的要求,但它确实不会发生。热力学第二定律将告诉我们它为什么不能发生。

8.4.1 可逆过程与不可逆过程

1. 自然过程的方向性

一个热力学系统在不受外界干预的条件下能够自动进行的过程,称之为自然过程,我们用下面两个实例来说明一切宏观自然过程都具有方向性。

① 热传导过程的方向性:将两个温度不同的物体相互接触,热量总是自动地由高温物体传向低温物体,最后使两物体达到温度相同的状态。然而我们从未观察到热量自动从低温物体传向高温物体,使高温物体的温度更高,低温物体的温度更低,虽然这不违反能量守恒,却永远不能发生,这说明热传递过程具有方向性。

② 气体自由膨胀过程的方向性:如图 8.17 所示,设有一个不受外界影响的容器被隔成大小相等的 A,B 两室,在 A 室中充以气体,而 B 室抽成真空,移去隔板后气体将通过扩散而自动占有整个容器,最后形成均匀分布的状态。但气体却不会自动退回 A 室,让 B 室恢复真空,这说明气体的自由膨胀过程也具有方向性。

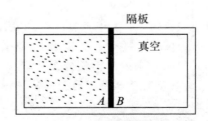

图 8.17 气体自由膨胀的方向性

2. 可逆过程与不可逆过程

为说明热力学第二定律的含义,先介绍可逆过程和不可逆过程的概念。

前面讨论中可知,在满足能量守恒的前提下,一个系统可以从某一初态自发地过渡到某一末态,但反过来的过程却不一定能自发进行。即有的过程不可以逆向进行,不能直接逆向进行的过程称为**不可逆过程**。而可以直接逆向进行的过程称为**可逆过程**,上述实例中的两个过程均为不可逆过程。又如当我们打开香水瓶,香气四溢,这种气体扩散是不可逆过程,因为我们无法让香气分子飞回瓶内,并使空气复原。

我们定义可逆过程和不可逆过程如下:在系统状态变化过程中,如果逆过程能重复正过程的每一状态,而不引起其他变化,这样的过程叫做可逆过程;反之,在不引起其他变化的条件下,不能使逆过程重复正过程的每一状态,或者虽然重复但必然会引起其他变化,这样的过程叫做不可逆过程。需要说明的是,我们在讨论某一过程时,并不是一定要讨论它的逆过程,这里只是在借用这一相反过程帮助我们理解与说明另一过程。

不可逆过程产生的原因可总结为如下两条:

① 系统内部出现了非平衡源,破坏了平衡态,如热学源的存在。

② 有耗散效应存在,如摩擦、粘滞性等。

综上所述,一个过程若是可逆的,必须有两个特征:其一,过程必须是准静态,即无非平衡源存在,且过程进行无限缓慢,以保证每一中间态均是准静态;其二,过程中无耗散效应。总之,可逆过程就是无能耗的准静态过程。

然而,在实际中没有能量耗散的准静态过程是不存在的。因此,一切实际过程都是不可逆的。可逆过程只是一种理想模型。研究可逆过程的意义在于,实际过程在一定条件下可以近似作为可逆过程处理,并且可以以可逆过程为基础去寻找实际过程的规律。

8.4.2　热力学第二定律的两种表述

既然一切实际过程都是不可逆的,说明自然界的过程有方向性,沿某些方向可以自发地进行,反过来则不能,热力学第二定律要解决的就是与热现象有关的实际过程的方向问题,它是独立于热力学第一定律的另一条基本规律。热力学第二定律最具代表性的两种表述是德国物理学家克劳修斯于 1850 年首先提出的表述以及第二年英国物理学家开尔文提出的另一种表述。

1. 克劳修斯表述

不可能把热量从低温物体传到高温物体而不引起其他变化(或热量不能自动从低温物体传到高温物体)。

2. 开尔文表述

不可能从单一热源吸取热量使之完全变为有用的功而不引起其他变化。

这两种表述都强调了"不引起其他变化"。在存在其他变化的情形下,从单一热源吸取热量并将之全部转化为机械功或者将热量从低温物体传送到高温物体都是可以实现的。例如,理想气体的等温膨胀就是从单一热源吸热而将之全部转化为功的例子,这一过程的"其他变化"是理想气体的体积膨胀了;制冷机就是把热量从低温物体送到高温物体的例子,这一过程的"其他变化"是把外界(压缩机)所做的功同时转化为热量而送到高温物体上去了。

为了提高热机效率,分析热机循环效率公式 $\eta = 1 - \dfrac{Q_2}{Q_1}$,显然,如果向低温热源放出的热量 Q_2 越少,效率 η 就越大,当 $Q_2 = 0$ 时,其效率就可以达到 100%;Q_2 等于 0 就好比是不需要低温热源。这就是说,如果在一个循环中,只从单一热源吸收热量使之完全变成功,循环效率就可达到 100%。这个结论是非常引人关注的,有人曾做过估算,要是用这样一个单一热源的热机做功,则只要使海水温度降低 0.01K,就能使全世界所有机器工作 1000 多年!然而,这只是一个美好的愿望而已,长期实践表明,循环效率达 100% 的热机是无法实现的,热力学第二定律的开尔文表述正是在此基础上提出的。

我们通常将那种企图设计出从单一热源吸收热量并使之全部变为功的机器。称为第二类永动机,因此,热力学第二定律亦可表述为:第二类永动机是不可能实现的。

根据热力学第二定律的开尔文表述,各种工作热机必然会排出余热,伴随着废水、废气,形成热污染,这给环境带来威胁。因此,怎样在热力学第二定律的允许范围内提高热机效率,减少热机释放的余热,不仅能使有限的能源得到更充分的利用,同时对环境保护也具有重大的意义。

热力学第二定律的两种表述分别指出自然过程中热传导过程的不可逆及功与热量转换的不可逆的两个特例。其实,热力学第二定律还可有很多种表述,各种表述看似毫无关系,但都是等价的(后面将会给出证明),其等价的实质是自然界中一切自发过程的不可逆性,也就是说热力学第二定律的实质是揭示了自然界一切自发过程单方向进行的不可逆性,违背热力学第二定律方向性要求的热力学过程是不可能发生的。

热力学第一定律和热力学第二定律互不包含,并行不悖,是两条彼此独立的定律,前者反映热力学过程中的数量关系(能量转换时满足量值相等的守恒定律),后者指明热力学过程中的方向问题,它们构成热力学基础,缺一不可。

3. 两种表述的等效性

热力学第二定律的两种表述,表面上看来各自独立,但其内在实质是统一的,可以证明热力学第二定律的两种表述是完全等价的。下面,我们用反证法加以证明。

假定开尔文表述不成立,即热量可以完全转换为功而不产生其他影响。这样我们可以利用这一热机在一个循环中从高温热源吸收的热量 Q_1,使之完全变为功 A,然后利用这个功来推动一台制冷机使它从低温热源 T_2 吸取热量 Q_2,并向高温热源放出热量 $A+Q_2=Q_1+Q_2$,如图 8.18 所示。将这两台机器组合成一台复合机,两台机器联合工作的总效果是不需要外界做功,热量 Q_2 从低温热源自动传给了高温热源,这就是说如果开尔文表述不成立,那么克劳修斯表述也就不成立。同样,如果克劳修斯表述不成立,亦可以证明开尔文表述也不成立。

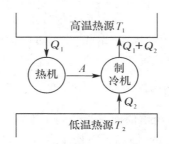

图 8.18　开尔文表述与克劳修斯表述的等价性

8.4.3　卡诺定理

前面所学的卡诺循环满足可逆过程的条件,所以是理想的可逆循环,由可逆循环组成的热机叫可逆机。前面我们对卡诺循环热机的效率进行过计算,但实际热机的循环不是可逆卡诺循环,工作物质也不是理想气体,所以要解决其效率极限问题,还要作进一步探讨。在研究热机效率的工作中,卡诺提出了工作在温度为 T_1(高温源)和温度为 T_2(低温源)的两个热源之间的热机,遵从以下两条结论,即卡诺定理。

（1）在相同的高温热源和低温热源之间工作的一切可逆热机不论用什么工作物质,都具有相同的效率。

$$\eta_{可逆} = 1 - \frac{T_2}{T_1} \tag{8.31}$$

（2）在相同的高温热源和低温热源之间工作的一切不可逆热机的效率都不可能大于(实际上是小于）可逆热机的效率,即

$$\eta_{不可逆} \leqslant 1 - \frac{T_2}{T_1} \tag{8.32}$$

卡诺定理指明了提高热机效率的方向。首先,设法增大高、低温热源的温度差。由于热机一般总是以周围环境作为低温热源,所以实际上只能是提高高温热源的温度(一般热机的低温热源是大气温度,如要营造更低温度的低温源,就得用制冷机,从能量角度来说这是得不偿失的）;因此,提高高温热源温度来提高热

机的效率才是行之有效的。其次，则是尽可能地减少热机循环的不可逆性，也就是减少摩擦、漏气、散热等耗散因素。

8.5　热力学第二定律的统计意义　熵

热力学第二定律明确告诉我们，一切与热现象有关的实际宏观过程都是不可逆的，这一结论是由实验现象总结出的规律。能否给这种说法提供理论上的依据呢？回答是肯定的。我们知道，热现象是大量分子无规则运动的宏观表现，而大量分子无规则运动遵循着统计规律，据此，我们可以从微观上解释不可逆过程的统计意义，从而对热力学第二定律的本质获得进一步认识。

8.5.1　热力学第二定律的微观意义

我们将通过如下分析，给出前面所举的两个不可逆自然过程的微观解释。

（1）热传导过程不可逆的微观解释：两个存在一定温差的物体相互接触时，热量可以自动地由高温物体传到低温物体，最后达到相同的温度。温度是大量分子无序运动平均平动动能大小的量度。初态温度高的物体分子平均平动动能大，温度低的物体分子平均平动动能小，这意味着虽然两物体的分子运动都是无序的，但还能按分子平均平动动能的大小区分两个物体。到了末态，两物体的温度相同，分子的平均平动动能都一样，这时按平均平动动能区分两物体也不可能了。显然，这是因为大量分子无规则的热运动使之更无序，或者说大量分子的无序性由于热传导而增大了。相反的过程，分子运动从平均平动动能完全相同的无序状态，自动地向两物体分子平均平动动能不同的较为有序的状态进行的过程是不可能的。因此，从微观上看，在热传导过程中，自然过程总是沿着使大量分子的运动向更加无序的方向进行的。

（2）自由膨胀过程不可逆的微观解释：如图 8.17 所述的自由膨胀过程是气体分子首先占有较小空间的初态，变到占有较大空间的末态。开始我们还能知道这些分子（如果给这些分子编号为 $a,b,c,d,\cdots$）在容器左边，后来就没办法区分谁在左边，谁在右边，扩散后使得我们再按位置区分也不可能了，这说明分子的运动状态（这里指分子的位置分布）变得更加无序了。相反的过程，为气体分子自动退缩，回到左边，即分子运动自动地从无序（指分子的位置分布）向较为有序状态的变化过程是不可能的；从微观上看，自由膨胀过程也说明，自然过程总是沿着使大量分子的运动向着更加无序的方向进行。

综上分析可知：一切自然过程总是沿着无序性增大的方向进行，是不可逆性的本质，这也是热力学第二定律的微观意义。

8.5.2　热力学第二定律的统计意义

热力学第二定律既然涉及大量分子运动的无序性变化的规律,因而它也是一条统计规律。我们仍以气体的自由膨胀为例,从定量角度用气体动理论来说明热力学第二定律的统计意义。

如图 8.19 所示,用隔板将容器分成容积相等的左、右两室,给左室充以某种气体,右室为真空。设左室只有 4 个分子,在微观上看给予了可区分的 4 个编号 a,b,c 和 d。在抽掉隔板气体自由膨胀后,左右两室中不同分布的分子个数称为宏观态。把分子不同的微观组合称为微观态。表 8.3 中表示有 5 种宏观态,例如左 ③ 右 ① 表示左室中 3 个分子,右室中 1 个分子,这属于一种宏观态。对应于每

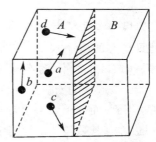

图 8.19　热力学第二定律统计意义

个宏观态,由于分子的微观组合不同,还可能包含有若干种微观态,例如左 ③、右 ① 的宏观态就包含有 $\Omega = 4$ 种微观态。由表 8.3 可知,该系统的总微观态数为 $\Omega = 2^4 = 16$。

表 8.3　　　　　　　　　　**4 个分子的可能宏观态及相应的微观态**

能具体到区别分子的微观状态		只能区别数目的宏观状态		一种宏观状态对应的微观状态数 Ω
左	右	左	右	
$abcd$	0	4	0	1
abc	d			
abd	c	3	1	4
acd	b			
bcd	a			
$a\ \ b$	$c\ \ d$			
$c\ \ d$	$a\ \ b$			
$a\ \ c$	$b\ \ d$	2	2	6
$b\ \ d$	$a\ \ c$			
$a\ \ d$	$b\ \ c$			
$b\ \ c$	$a\ \ d$			
a	bcd			
b	cda	1	3	4
c	dab			
d	abc			
0	$abcd$	0	4	1

由表 8.3 不难看出,对应于不同的宏观态所包含的微观态数是不同的。分子全部集中在左室(或右室)的宏观态(非平衡态)只含一个微观态,即出现这种宏观态的概率最小$\left(只有 \frac{1}{16}=\frac{1}{2^4}\right)$,而左、右两室内分子均匀分布的宏观态(平衡态)所含微观态数量最多,即出现这种分布的概率最大$\left(有 \frac{6}{16}\right)$。

如果一个系统有 N 个分子,可以推论,其总微观态数应为 2^N 个,N 个分子自动退回左室的概率仅为 $1/2^N$,由于一般热力学系统所包含的分子数目十分巨大,例如,1mol 气体的分子自由膨胀后,所有分子退回到 A 室的概率为 $1/2^{6.03\times10^{23}}$,这样的宏观态,出现的概率如此之小(对应微观态数极小),实际上根本观察不到;而分子处于均匀分布的宏观态出现的概率最大,因为其对应的微观态的数量最多(其数量几乎等同于所有微观态的总和),而此时的宏观态就是系统的平衡态。所以自由膨胀过程实质上是由包含微观态少的宏观态(初态)向包含微观态多的宏观平衡态(终态)进行的过程,或者说由概率小的宏观态向概率大的宏观平衡态进行的过程,这就是热力学第二定律的统计意义。需要强调的是,从热力学第二定律的统计分析中不难看出,它的适用范围只能是由大量微观粒子组成的系统,对于粒子数很小的系统作这样的统计分析是没有意义的。上述系列分析,从统计学的角度对自然过程为什么存在方向性给出了微观本质上的解释。

通常,我们将任一宏观态所对应的微观态数称为宏观态的热力学概率,用 Ω 表示;显然,对于孤立系统,其平衡态对应于热力学概率为最大值的宏观态。当系统偏离平衡态时,热力学第二定律要求系统自发地回复到平衡状态,即过程必须向 Ω 最大方向进行。

在研究热力学第二定律的微观意义时,我们定性地分析了自然过程,结论是系统总是沿着使分子运动更加无序的方向进行;这里又定量说明了自然过程总是沿着使系统的热力学概率增大的方向进行。两者相对比,不难得出热力学概率 Ω 是分子运动无序性的一种量度。的确如此,Ω 越大代表微观状态越多,这时要想判断系统某一宏观态属于哪一种微观状态就越困难,这表明系统分子运动的无序性越大,宏观平衡态相对应的是热力学概率 Ω 为极大值的状态,也就是在一定条件下系统内分子运动最无序状态。

8.5.3　熵

为了定量表示不可逆过程中系统的初态与终态的差异,我们引入一个态函数来反映状态的不同,这个状态量叫做熵,用 S 表示。著名物理学家玻尔兹曼把熵与系统对应的微观态出现的概率巧妙地联系起来了,得到了熵的数字表达。

由前面分析可知,对于孤立系统,在一定条件下 Ω 值最大的状态就是平衡态。

如果系统原来所处的宏观态的 Ω 值不是最大,那么系统就是处于非平衡态,随着时间的推移,系统将向 Ω 值增大的宏观态过渡,最后达到 Ω 值为最大的平衡态。

不同的 Ω 值对应不同的宏观态,用 Ω 值的大小反映不同的宏观态是可行的,但一般来说,Ω 值是非常大的,为了便于理论计算,1877 年玻尔兹曼用下述公式定义熵,即

$$S = k\ln\Omega \tag{8.33}$$

式中的比例系数 k 是玻尔兹曼常量。上式叫做玻尔兹曼关系。

从上式可以看出:

① 任一宏观态都具有一定的热力学概率 Ω,因而也就具有一定的熵,所以熵是热力学系统的状态函数。

② 由于热力学概率 Ω 的微观意义是分子无序性的一种量度,而熵 S 与 $\ln\Omega$ 成正比,所以熵的意义也是分子无序性的量度。因为自然过程朝 Ω 增大的方向进行,可见也是朝 S 增大的方向进行,熵的增加就意味着无序的增加,系统达到平衡态时熵最大(最无序状态)。

引进熵的概念后,热力学第二定律的微观实质可以表述为:在宏观孤立系统内所发生的实际过程总是沿着熵增加的方向进行的。这个规律叫做熵增加原理。若用数学表示式表示,则有

$$\Delta S > 0 \tag{8.34}$$

这里应该注意,熵增加原理只适用于孤立系统的过程,如果系统不是孤立的,则由于外界的影响,系统的熵是可以减少的。另外,熵增加原理所说的熵增加是对整个系统而言的,系统中的个别部分或个别物体,其熵可增加、可减少或不变。

熵增加原理是在热力学第二定律的统计意义基础上得出的,因而熵增加原理可视为热力学第二定律的定量表述形式。由于熵是态函数,熵增加原理不受具体过程的限制,只要知道初终两态的熵变 ΔS,就可以判断一切宏观过程进行的方向。

熵的微观意义是系统内分子热运动无序性的一种量度,正是基于对熵的这种本质的认识,使熵的内涵变得十分丰富而且充满了开拓性活力,现在熵的概念以及与之有关的理论已应用于许多领域,诸如物理、化学、气象、生物学、工程技术乃至社会科学在内,在对大量无序事件进行研究与判断时,都有熵的用武之地。

本 章 小 结

1. 准静态过程:过程经历的所有中间状态,都可以近乎看做平衡态。

2. 准静态过程中系统对外界做的功

$$A = \int_{V_1}^{V_2} p\,\mathrm{d}V$$

3.热力学第一定律

$$\Delta E = Q + A$$

$$dE = dQ + dA（适用于微小变化过程）$$

4.摩尔热容

$$C = \frac{dQ}{dT}$$

定容摩尔热容 C_V 与定压摩尔热容 C_P 二者关系式由迈耶公式给出：

$$C_P = C_V + R$$

5.系统从外界吸收的热量

$$Q = \upsilon C_V \Delta T \qquad （等容过程）$$

$$Q = \upsilon C_p \Delta T \qquad （等压过程）$$

$$Q = 0,或\ dQ = 0 \qquad （绝热过程）$$

$$Q = -A \qquad （等温过程）$$

6.热机效率

$$\eta = 1 - \frac{Q_2}{Q_1} \qquad （所有热机）$$

$$\eta_卡 = 1 - \frac{T_2}{T_1} \qquad （卡诺热机）$$

7.制冷机的制冷系数

$$w = \frac{Q_2}{Q_1 - Q_2} \qquad （所有制冷机）$$

$$w_卡 = \frac{T_2}{T_1 - T_2} \qquad （卡诺制冷机）$$

8.可逆过程

系统由一个状态经过一过程达到另一状态,如果存在另一过程,它能使系统回到原状态,同时消除原来过程对外界的一切影响,则原过程称为可逆过程。所有无摩擦地进行的准静态过程都是可逆过程。一切与热现象有关的实际宏观过程都是不可逆的。

9.热力学第二定律

克劳修斯表述:不能把热从低温物体传给高温物体,而不引起其他变化。

开尔文表述:不能从单一热源吸热,使其完全转化为有用功,而不引起其他变化。

微观意义:自然过程总是向着使分子运动更加无序的方向进行。

10.熵

玻尔兹曼熵公式 $\qquad S = K\ln\Omega$

熵增加原理:对孤立系统有 $\Delta S \geqslant 0$（其中等式用于可逆过程,不等式对应于不可逆过程）,式子说明孤立系统内部发生的过程,总是沿着熵增加的方向进行。

熵增加原理能够判断自发过程进行的方向,是热力学第二定律的数学表述。

习 题

一、选择题

8.1 下列说法中正确的有(   )。

A.公式 $dA = pdV$ 是通过活塞这一实例得到的结果,因此,这个公式只适用于汽缸中的气体系统

B. $dA = pdV$ 可适用于任意形状的容积可变化容器中的气体系统

C.公式 $A = \int_{V_1}^{V_2} pdV$ 只适用于汽缸中的气体系统

D. $A = \int_{V_1}^{V_2} pdV$ 可适用于任意形状的容积可变化容器中的气体系统

8.2 下列说法中正确的有(   )。

A.在任何过程中,系统对外做功不可能大于系统从外界吸取的热量

B.在任何过程中,系统对外做功必定等于系统从外界吸取的热量

C.在任何过程中,系统对外做功必定小于系统从外界吸取的热量

D.不可能存在这样的准静态过程:在此循环中,系统对外界做的功不等于系统从外界吸收的热量

8.3 如图所示,当系统由 A 态沿 AEB 达到 B 态时外界对系统做功 60J,系统放热 100J;若沿 AFB 进行时,系统放热 70J,则外界对系统做功为(   )。

A.200J   B.120J   C.90J   D.30J

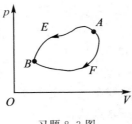

习题 8.3 图

8.4 如图所示,Ⅰ、Ⅱ 均为卡诺循环,工作物质分别为 H_2 和 He,则其循环效率之比为(   )。

A.$\eta_1 > \eta_2$ B.$\eta_1 < \eta_2$ C.$\eta_1 = \eta_2$ D.都有可能

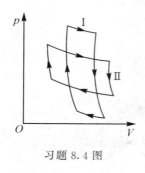

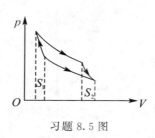

习题 8.4 图　　　　　　　　习题 8.5 图

8.5　如图所示,卡诺循环过程的两条绝热线下的面积分别为 S_1 和 S_2,则其关系为(　　)。

A. $S_1 > S_2$　　　B. $S_1 < S_2$　　　C. $S_1 = S_2$　　　D. 都有可能

8.6　定压摩尔热容量大于定容摩尔热容量,是因为定压过程(　　)。

A. 能量增大快些　　　　　　　B. 气体膨胀做了功

C. 分子引力较大　　　　　　　D. 真实气体与理想气体的差别引起的

8.7　如图所示,两个卡诺循环 Ⅰ 和 Ⅱ,低温热源温度相同,且其循环曲线所围面积相等,设两循环 Ⅰ 和 Ⅱ 效率分别为 η_1,η_2,从高温热源吸收热量为 Q_1,Q_2,则(　　)。

A. $\eta_1 < \eta_2,Q_1 < Q_2$

B. $\eta_1 < \eta_2,Q_1 > Q_2$

C. $\eta_1 > \eta_2,Q_1 < Q_2$

B. $\eta_1 > \eta_2,Q_1 > Q_2$

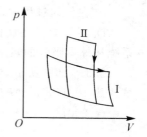

习题 8.7 图

8.8　一条等温线与一条绝热线是不能构成循环过程的,其原因是(　　)。

A. 违背了热力学第一定律

B. 违背热力学第二定律

C. 一条等温线和一条绝热线不能相交两次

D. 一循环过程至少应由三条曲线构成

二、填空题

8.9　一定量的理想气体,从某状态出发,如果以等压、等温和绝热过程膨胀相同的体积,在这三个进程中,做功最多的过程是_____;气体内能减少的过程是_____;吸收热量最多的过程是_____。

238

8.10 有一可逆卡诺制冷机,把 209J 热量从 4℃ 的低温热源中取出,送到 27℃ 的高温热源中,该制冷机的制冷系数为_____,外界做功_____。

8.11 一可逆卡诺热机,当高温热源的温度为 127℃,低温热源的温度为 27℃ 时,其每次循环对外做净功 300J,热机效率 $\eta_1 =$ _____,每次循环放出的热量 $Q =$ _____。今保持低温热源的温度不变,其放出的热量也保持不变,提高高温热源的温度,使其每次循环对外做净功 10000J,则第二种情况的热机效率 $\eta_2 =$ _____,高温热源的温度为_____。

8.12 如下状态方程各属一定量理想气体的什么过程?

$$p\mathrm{d}V = \frac{M}{\mu}R\,\mathrm{d}T:\underline{\hspace{6cm}}$$

$$V\mathrm{d}p = \frac{M}{\mu}R\,\mathrm{d}T:\underline{\hspace{6cm}}$$

$$p\mathrm{d}V + V\mathrm{d}p = 0:\underline{\hspace{6cm}}$$

$$p\mathrm{d}V + V\mathrm{d}p = \frac{M}{\mu}R\,\mathrm{d}T:\underline{\hspace{6cm}}$$

8.13 热力学第二定律的开尔文表述是_____;克劳修斯表述是_____;热力学第二定律的本质是_____。

三、计算题

8.14 如图所示某种单原子分子理想气体($C_V = 3R/2$)的循环过程,其中 ca 为绝热过程,ab 为等温过程,已知 a,b 两点的状态参量分别为(T_1,V_1)和(T_2,V_2),比热比为 γ。试求:

(1) c 点的状态参量 T_c,V_c;

(2) 该循环过程的循环效率。

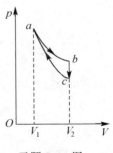

习题 8.14 图

8.15 质量为 1kg 的氧气,其温度由 300K 升高到 350K。若温度升高是在下列 3 种不同情况下发生的:

(1) 体积不变;(2) 压强不变;(3) 绝热;

问此三个过程中内能改变、吸收的热量各为多少?

习题参考答案

第 1 章   质点运动学

一、选择题

1.1 B　　**1.2** A　　**1.3** D　　**1.4** C　　**1.5** D

1.6 D　　**1.7** D

二、填空题

1.8 匀速(直线),匀速率;　　**1.9** $9t-15t^2$,0.6;

1.10 (1)$y=19-\dfrac{1}{2}x^2$,(2)$2\boldsymbol{i}-4t\boldsymbol{j}$,$-4\boldsymbol{j}$,(3)$4\boldsymbol{i}+11\boldsymbol{j}$,$2\boldsymbol{i}-6\boldsymbol{j}$,3s;

1.11 12m/s^2　　**1.12** 1m/s,$\dfrac{2\sqrt{2}}{\pi}$;

1.13 $-5t\boldsymbol{i}+\left(v_0 t-\dfrac{1}{2}gt^2\right)\boldsymbol{j}$　　**1.14** 8,$64t^2$。

三、计算题

1.15 (1)$S=\dfrac{1}{2}t^3$,(2)$\theta=\dfrac{S}{R}=\dfrac{1}{6}t^3$,(3)$t=\sqrt[3]{4}S$。

1.16 (1)$t=\dfrac{\ln 2}{k}$,(2)$x=\dfrac{v_0}{k}(1-\mathrm{e}^{-kt})$。

第 2 章   质点动力学

一、选择题

2.1 B　　**2.2** B　　**2.3** B　　**2.4** D　　**2.5** C

2.6 C　　**2.7** B　　**2.8** D　　**2.9** D　　**2.10** B

二、填空题

2.11 $2mb$ **2.12** $2\mathrm{kg},4\mathrm{m/s^2}$ **2.13** $\dfrac{7}{5},\dfrac{11}{10}$

2.14 $180\mathrm{kg}$ **2.15** $\dfrac{11}{4}\boldsymbol{i}+\dfrac{5}{4}\boldsymbol{j}$;

2.16 $mv(\boldsymbol{i}+\boldsymbol{j}),0,-mgR$ **2.17** $-12\mathrm{J}$;

2.18 $mgh,\dfrac{1}{2}kx^2,-G\dfrac{Mm}{r};h=0,x=0,r=\infty$;相对值;

2.19 $\dfrac{2mg}{k_0},2mg,g\sqrt{\dfrac{m}{k_0}}$ **2.20** $\sum A_{外力}+\sum_{非保守力}=0。$

三、计算题

2.21 $(1)F_{重}=\dfrac{m}{L}xg,f=(L-x)\dfrac{m}{L}\mu g,$

$(2)a=\dfrac{1}{m}(F_{重}-f)=\dfrac{g}{L}(1+\mu)x-\mu g,$

$(3)v=\dfrac{2}{3}\sqrt{Lg(2-\mu)}。$

2.22 $\Delta x_2=m\left(l-\dfrac{\sqrt{3}l}{2}\right)/(M+m)。$

2.23 $\Delta x=\dfrac{m}{M}x_0+\sqrt{\dfrac{m_0{}^2x_0{}^2}{M^2}+\dfrac{2m^2ghx_0}{M(m+M)}}=0.3(\mathrm{m})。$

第3章 刚体的定轴转动

一、选择题

3.1 B **3.2** A **3.3** D **3.4** C **3.5** D

二、填空题

3.6 $\left(\dfrac{1}{2}M+m\right)R^2,\dfrac{M\omega_0}{M+2m},\dfrac{-mMR^2\omega_0}{M+2m}$;

3.7 $\dfrac{1}{2}lmg\cos\theta,\dfrac{3g\cos\theta}{2l},\dfrac{1}{2}lmg\sin\theta,\dfrac{1}{2}lmg\sin\theta$;

3.8 $2\pi RF,2\sqrt{\pi RFI}$; **3.9** $\sum M_{外}=0$;

3.10 系统角动量, $mvL = \dfrac{1}{3}ML^2\omega + \dfrac{1}{2}mvL$。

三、计算题

3.11 (1) 下落距离 $h = \dfrac{1}{2}at^2 = 63.3(\text{m})$,

(2) 张力 $T = m(g-a) = 37.9(\text{N})$。

3.12 $\omega = \dfrac{M}{M+m}\sqrt{3g/2l}$。

第 4 章　狭义相对论

一、选择题

4.1 D　**4.2** B　**4.3** B　**4.4** A　**4.5** A

4.6 C　**4.7** D　**4.8** D　**4.9** A

二、填空题

4.10 $L = L_0\sqrt{1-\left(\dfrac{u}{c}\right)^2}$;　**4.11** (1) $\dfrac{\sqrt{3}}{2}c$, (2) $\dfrac{\sqrt{3}}{2}c$;

4.12 4;　**4.13** $\dfrac{\sqrt{3}}{2}c$;　**4.14** $(n-1)m_0c^2$;

4.15 3.73m;　**4.16** $6.7\times10^8\text{m}$;　**4.17** $\dfrac{\rho}{1-\dfrac{v^2}{c^2}}$。

三、计算题

4.18 航程 $x_2 - x_1 = r[(x_2'-x_1') + u(t_2'-t_1')]$

$$= \dfrac{3\times10^5}{0.6}\left(1+\dfrac{u}{v}\right) = 1.2\times10^{12}(\text{m}),$$

时间 $t_2 - t_1 = r\left[(t_2'-t_1') + \dfrac{u}{c^2}(x_2'-x_1')\right]$

$$= \dfrac{3\times10^5}{0.6}\left(\dfrac{1}{v}+\dfrac{0.8}{c}\right) = 5\times10^3(\text{s}),$$

航速 $u' = \dfrac{\Delta x}{\Delta t} = \dfrac{1.2\times10^{12}}{5\times10^3} = 2.4\times10^8(\text{m/s})$。

第 5 章　　机械振动

一、选择题

5.1　B　　**5.2**　C　　**5.3**　C

二、填空题

5.4　$2\pi\sqrt{\dfrac{m}{k}}$；　　**5.5**　0.02m；　　**5.6**　$A\cos\left(\dfrac{2\pi}{T}t-\dfrac{1}{3}\pi\right)$。

三、计算题

5.7　$(1)x = 0.12\cos(\pi t - \pi/3)$，

　　　　(2)位置 $x = 0.104(\text{m})$，速度 $v = -0.188(\text{m}\cdot\text{s}^{-1})$，

　　　　　加速度 $a = -1.03(\text{m}\cdot\text{s}^{-2})$，

　　　　$(3)t = 5/6 = 0.83(\text{s})$。

5.8　(1)角频率 $\omega = 8\pi$，周期 $T = 0.25(\text{s})$，振幅 $A = 0.1(\text{m})$，初位相 $\varphi = 2\pi/3$，(2)速度的最大值 $v_m = 2.51(\text{m}\cdot\text{s}^{-1})$，加速度的最大值 $a_m = 63.2$ $(\text{m}\cdot\text{s}^{-2})$，$(3)$最大回复力 $f = 0.632(\text{N})$，振动能量 $E = 3.16\times10^{-2}(\text{J})$，平均动能和平均势能 $\overline{E}_k = \overline{E}_p = 1.58\times10^{-2}(\text{J})$，$(4)$图略。当 t 为 1，2，10s 等时刻时，旋转矢量的位置是相同的。

5.9　(1)振幅 $_A = 5\times10^{-2}(\text{m})$，$(2)$振动方程 $x = 5\times10^{-2}\cos(40t - \pi/2)$。

5.10　$T = \dfrac{2\pi}{\omega} = 2\pi\sqrt{\dfrac{1}{mgR}} = 2\pi\sqrt{\dfrac{2R}{g}}$。

5.11　(1)振幅 $A = \sqrt{2E/k} = 0.253(\text{m})$，

　　　　$(2)x = \pm\sqrt{2}A/2 = \pm0.179(\text{m})$，

　　　　$(3)v_m = \pm\sqrt{2E/m} = \pm2.53(\text{m}\cdot\text{s}^{-1})$。

5.12　(1)位相差 $\Delta\varphi = \varphi_2 - \varphi_1 = -\pi/2$，

　　　　(2)合振动方程 $x = 5\sqrt{2}\cos\left(\dfrac{\pi}{2}t - \dfrac{\pi}{4}\right)(\text{cm})$。

5.13　(1)根据公式，合振动的振幅为：

$$A = \sqrt{A_1^2 + A_2^2 + 2A_1A_2\cos(\varphi_1 - \varphi_2)} = 8.92\times10^{-2}(\text{m})，$$

初位相为：$\varphi = \arctan\dfrac{A_1\sin\varphi_1 + A_2\sin\varphi_2}{A_1\cos\varphi_1 + A_2\cos\varphi_2} = 68.22°$，

(2)要使 $x_1 + x_3$ 的振幅最大，则 $\varphi = \varphi_1 = 0.6\pi$，

要使 $x_2 + x_3$ 的振幅最小,则 $\varphi = \pi + \varphi_2 = 1.2\pi$。

（3）略。

5.14 387Hz。

5.15 （1）角频率为 $\omega = 100\pi(\text{rad} \cdot \text{s}^{-1})$,振幅为 $A = 0.16(\text{m})$,初位相为 $\varphi = \pi/2$,振动表达式为 $x = 0.16\cos(100\pi t + \pi/2)$,

（2）$t = 0.0125\text{s}$。

第 6 章　　机械波

一、选择题

6.1 D　　**6.2** A　　**6.3** A　　**6.4** A

二、填空题

6.5 相同,相同,$2\pi/3$;

6.6 $0.8\text{m}, 0.2\text{m}, 125\text{Hz}, y = 0.2\cos\left[250\pi\left(t - \dfrac{x}{100}\right)\right]\text{m}$;

6.7 $3/4, 2\pi(\Delta l/g)^{1/2}$。

三、计算题

6.8 （1）波长 $\lambda = 10.47(\text{m})$,频率 $\nu = 5(\text{Hz})$,波速 $u = 52.36(\text{m} \cdot \text{s}^{-1})$,传播方向为 x 轴正方向。(2)当 $x = 0$ 时波动方程就成为该处质点的振动方程,图略。

6.9 （1）波动方程 $y = 0.03\cos[50\pi(t - x) + \pi/2]$,

（2）振动方程 $y = 0.03\cos 50\pi t$,该点初相 $\varphi = 0$。

6.10 （1）波动方程为 $y = A\cos 2\pi\left(\dfrac{t}{T} + \dfrac{x}{\lambda}\right)$,

（2）振动曲线图略,

（3）$\varphi_a - \varphi_b = -3\pi/2$。

6.11 波速 $u = \lambda/T = 0.12(\text{m} \cdot \text{s}^{-1})$,波长 $\lambda = 0.24(\text{m})$。

6.12 （1）以 A 点为坐标原点,波动方程为

$$y = 3\cos 4\pi\left(t + \dfrac{x}{u}\right) = 3\cos\left(4\pi t + \dfrac{\pi x}{5}\right),$$

（2）以 B 点为坐标原点,波动方程为

$$y = 3\cos 4\pi\left(t + \dfrac{x - x_A}{u}\right) = 3\cos\left(4\pi t + \dfrac{\pi x}{5} - \pi\right),$$

(3) $y_B = 3\cos 4\pi \left(t + \dfrac{x_B}{u} \right) = 3\cos(4\pi t - \pi)$,

$\quad y_C = 3\cos 4\pi \left(t + \dfrac{x_C}{u} \right) = 3\cos \left(4\pi t - \dfrac{3\pi}{5} \right)$,

$\quad y_D = 3\cos 4\pi \left(t + \dfrac{x_D}{u} \right) = 3\cos \left(4\pi t + \dfrac{9\pi}{5} \right)$.

6.13 (1) 火车驶来时 $v_B = \dfrac{u}{u - u_S} v_S = \dfrac{330}{330 - 30} 600 = 660(\text{Hz})$,

火车驶去时 $v_B = \dfrac{u}{u - u_S} v_S = \dfrac{330}{330 + 30} 600 = 550(\text{Hz})$。

(2) 当观察者与火车靠近时 $v_B = \dfrac{u - u_B}{u - u_S} v_S = \dfrac{330 + 10}{330 - 30} 600 = 680(\text{Hz})$,

当观察者与火车远离时 $v_B = \dfrac{u - u_B}{u - u_S} v_S = \dfrac{330 - 10}{330 + 30} 600 = 533(\text{Hz})$。

6.14 合振幅为零,合振幅为单一振动的两倍。

6.15 (1) 反射波的表达式为 $y_2 = a\cos 2\pi \left(\dfrac{t}{T} - \dfrac{x}{\lambda} \right)$,

(2) 合成波的表达式为 $y = 2A\cos \dfrac{2\pi}{\lambda} x \cos \dfrac{2\pi}{T} t$。

第7章　气体动理论

一、选择题

7.1 B　　**7.2** A　　**7.3** C　　**7.4** B　　**7.5** D　　**7.6** A

二、填空题

7.7 (1) 温度为 T 的平衡态下,一个分子每个自由度上分配的平均能量;

(2) 温度为 T 的平衡态下,理想气体分子的平均平动动能;

(3) 温度为 T 的平衡态下,理想气体分子的平均能量;

(4) 温度为 T 的平衡态下,1mol 理想气体的内能;

(5) 温度为 T 的平衡态下,$v$mol 理想气体的内能;

(6) 速率在 v 附近单位速率区间内的分子数与总分子数的比;

(7) 速率在 v 附近 dv 速率区间内的分子数与总分子数的比;

(8) 速率在 $v_1 \sim v_2$ 区间内的分子数与总分子数的比;

(9) 速率在 $0 \sim \infty$ 区间内的分子数与总分子数的比,它恒等于 1,是
速率分布函数的归一化条件;

(10) 速率在 $v_1 \sim v_2$ 区间内的分子数；

(11) 分子的平均速率；

(12) 分子速率平方的平均值。

7.8 $5:3,10:3$ **7.9** 210K,240K。

三、计算题

7.10 $T = 284.4K$。

7.11 $(1) n = \dfrac{P}{kT} = \dfrac{1.01 \times 10^5}{1.38 \times 10^{-23} \times 300} = 2.44 \times 10^{25} (m^{-3})$

$(2) \rho = nm = n\dfrac{M}{N_A} = \dfrac{2.44 \times 10^{25} \times 0.032}{6.02 \times 10^{23}} = 1.297(kg \cdot m^{-3})$

(3) 分子的平均平动动能为 $\bar{\varepsilon}_k = \dfrac{3}{2}kT = \dfrac{3}{2} \times 1.38 \times 10^{-23} \times 300$

$= 6.21 \times 10^{-21}(J)$

(4) 分子间的平均距离 $\bar{d} = \dfrac{1}{\sqrt[3]{n}} = \dfrac{1}{\sqrt[3]{2.44 \times 10^{25}}} = 3.45 \times 10^{-9}(m)$

7.12 $4.43 \times 10^5 (pa)$。

7.13 $(1) a = \dfrac{2}{3v_0}, (2) \dfrac{7}{12}N, (3) \dfrac{11}{9}v_0, (4) \dfrac{31}{36}mv_0^2$。

第8章 热力学基础

一、选择题

8.1 BD   **8.2** D   **8.3** D   **8.4** B   **8.5** C

8.6 B   **8.7** B   **8.8** ABC

二、填空题

8.9 等压过程,绝热过程,等压过程；

8.10 12.1,17.4J；   **8.11** 25%,9000J,52.6%,360℃；

8.12 等压过程,等体过程,等温过程,一般状态变化过程；

8.13 不可能制成一种循环动作的热机,只从单一热源中吸取热量,让其他物体不发生任何变化；热量不可自动从低温物体传向高温物体；在孤立系统中,伴随着热现象的自然过程都具有方向性。

三、计算题

8.14 $(1)V_c = V_2$, $\quad T_c = \dfrac{T_1 V_1^{\gamma-1}}{V_2^{\gamma-1}}$;

$(2)\eta = \dfrac{Q_{吸} - Q_{放}}{Q_{吸}} = 1 - \dfrac{Q_{放}}{Q_{吸}} = 1 - \dfrac{C_v(T_c - T_2)}{RT_1 \ln \dfrac{V_2}{V_1}}$

$\qquad = 1 - \dfrac{3(T_1 V_1^{\gamma-1} - T_2 V_2^{\gamma-1})}{2V_2^{\gamma-1} T_1 \ln \dfrac{V_2}{V_1}}$。

8.15 等容过程,等压过程,绝热过程内能改变均为:

$$\Delta U = \frac{m}{M_{mol}} C_v (T_2 - T_1) = \frac{5}{2} \frac{m}{M_{mol}} R(T_2 - T_1)$$

$$\Delta U = 2.5 \times 8.31 \times \frac{1000}{32} \times (350 - 300) = 3.25 \times 10^4 \text{J}$$

等容过程:$Q_v = \dfrac{m}{M_{mol}} C_v (T_2 - T_1) = 3.25 \times 10^4 \text{J}$

等压过程:$Q_p = \dfrac{m}{M_{mol}} C_p (T_2 - T_1) = 4.55 \times 10^4 \text{J}$

绝热过程:$Q_Q = 0$。

附录一　矢　　量

在物理学中,我们常遇到两类物理量,一类是标量,一类是矢量。有一些物理量只需要数值就可以描述,这些量称为**标量**,如质量、长度、温度等。还有一些物理量既有大小又有方向,这些量称为**矢量**,如力、位移、速度等。标量的运算遵从普通的代数法则,矢量则不同。下面简单介绍矢量的基本运算法则。

一、矢量的表示

几何法:不指明具体的坐标系,用一带箭头的线段可以表示一个矢量。线段的长代表矢量的大小,箭头的方向表示矢量的方向,如图 1 所示。矢量通常用黑体字母表示,如 A。矢量的大小叫做矢量的模,常用 $|A|$ 表示。模等于 1 的矢量称为单位矢量。

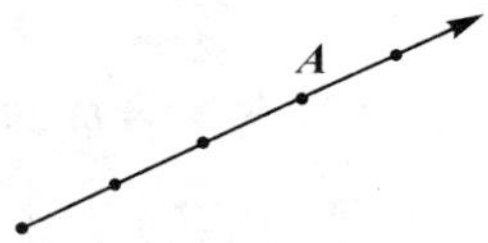

由于矢量具有大小和方向两个特征,矢量在空间平移后这两个特征不变,所以矢量平移后还是表示原矢量,这在矢量运算中很有用。如果两个矢量大小相等、方向相同,则说它们相等。

图 1　矢量的图示

二、矢量合成(相加)

1. 两个矢量合成的平行四边形法则

$$C = A + B \quad 或 \quad C = B + A$$

C 称为矢量 A、B 的合矢量;A、B 称为矢量 C 的分矢量。如图 2(a) 所示,将两已知矢量中的一个 A(或 B)平移,将两矢量的起点放在同一点,以 A、B 为邻作平行四边形,由起点作对角线,此对角线加上箭头即可表示两矢量的合矢量 C。平行四边形又可简化为三角形法则:以 A 的末端作为 B 的起点,则由 A 的起点画到 B 的

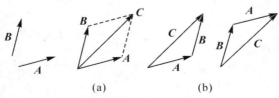

(a)　　　　　　　　(b)

图 2　矢量合成的四边形法则

末端的矢量就是合矢量 C,它们的关系如图 2(b) 所示,从图 2(b) 的两个图中可看出,矢量加法满足交换律。

2.多个矢量合成的多边形法则

多个矢量合成时,从三角形法则可推出如图 3 所示的多边形法则

$$R = A + B + C + D$$

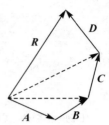

图 3　矢量合成的
多边形法则

3.矢量合成的解析法

(1)矢量的坐标表示　　根据矢量合成法则,一个矢量 A 可用空间直角坐标系 $Oxyz$ 三个坐标轴上的分矢量表示。设 i、j、k 分别为 x、y、z 三坐标轴的单位矢量,A_x、A_y、A_z 为 A 在三坐标轴上的投影,如图 4 所示,则

$$A = A_x i + A_y j + A_z k$$

$$A = | A | = \sqrt{A_x^2 + A_y^2 + A_z^2}$$

A 的方向可由三个方向余弦确定:

$$\cos\alpha = \frac{A_x}{A}, \qquad \cos\beta = \frac{A_y}{A}, \qquad \cos\gamma = \frac{A_z}{A}$$

(2)矢量合成的解析法

若　　　　　$C = A + B$

则有

$$C_x = A_x + B_x$$
$$C_y = A_y + B_y$$
$$C_z = A_z + B_z$$
$$C = \sqrt{C_x^2 + C_y^2 + C_z^2}$$

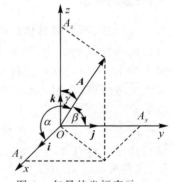

图 4　矢量的坐标表示

C 的方向可由三个方向余弦确定:

$$\cos\alpha = \frac{C_x}{C}, \qquad \cos\beta = \frac{C_y}{C}, \qquad \cos\gamma = \frac{C_z}{C}$$

4.矢量减法

两矢量 A、B 相减(即 $A - B$),我们可以将其视为 $A + (-B)$,只要作出 B 矢量等值的负矢量 $(-B)$,即可用上面讨论矢量加法的方法来处理矢量的减法运算,这正如图 5(a) 所示。进一步分析不难得到如图 5(b) 所示的矢量相减的三角

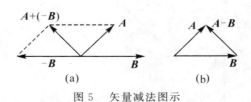

(a)　　　　　　　　　(b)

图 5　矢量减法图示

形关系及矢量相减的下述坐标分量表达式

$$\boldsymbol{A} - \boldsymbol{B} = (A_x - B_x)\boldsymbol{i} + (A_y - B_y)\boldsymbol{j} + (A_z - B_z)\boldsymbol{k}$$

三、矢量乘法

同类矢量才能相加减。不同类的矢量可以相乘而产生新的物理量。矢量有以下三种基本的乘法运算：

1. 数乘　矢量与标量相乘，结果得一矢量，如数 k 与矢量 $\boldsymbol{A}$ 相乘，得到一个新的矢量 $k\boldsymbol{A}$，其大小为 $\boldsymbol{A}$ 的大小的 k 倍。当 $k > 0$ 时，新矢量与原矢量同向；当 $k < 0$ 时，新矢量与原矢量反向。

2. 标乘（点乘）　两个矢量标乘得一标量，如矢量 $\boldsymbol{A}$ 与 $\boldsymbol{B}$ 的夹角为 α，则它们的标乘定义为

$$\boldsymbol{A} \cdot \boldsymbol{B} = AB\cos\alpha$$

即矢量 $\boldsymbol{A}$ 和 $\boldsymbol{B}$ 的标积是矢量 $\boldsymbol{A}$ 和 $\boldsymbol{B}$ 的大小及它们夹角 α 余弦的乘积。它实际上是一个矢量的大小和另一个矢量在第一个矢量方向上的投影的乘积，如图 6 所示。

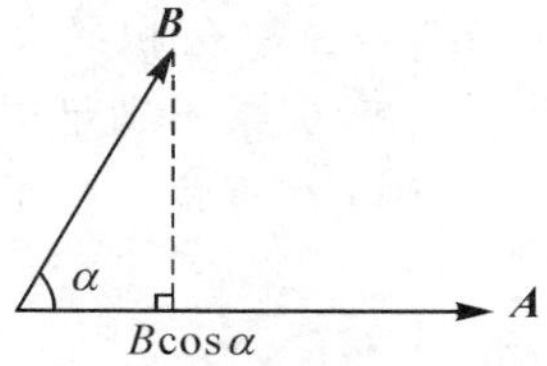

以上规定有实际的物理意义。例如物体在力 $\boldsymbol{f}$ 作用下产生位移 $\boldsymbol{s}$，且力与位移的夹角为 α，则力所做的功就是这两个矢量点乘的结果，即功 W 为

$$W = \boldsymbol{f} \cdot \boldsymbol{s} = fs\cos\alpha$$

图 6　矢量的标乘

显然，当力与位移平行，即 $\alpha = 0$ 时，有 $W = fs$；当力与位移垂直，即 $\alpha = \dfrac{\pi}{2}$ 时，有 $W = 0$。

在直角坐标系中各单位矢量间标乘有如下关系：

$$\boldsymbol{i} \cdot \boldsymbol{i} = \boldsymbol{j} \cdot \boldsymbol{j} = \boldsymbol{k} \cdot \boldsymbol{k} = 1$$
$$\boldsymbol{i} \cdot \boldsymbol{j} = \boldsymbol{j} \cdot \boldsymbol{k} = \boldsymbol{k} \cdot \boldsymbol{i} = 0$$

因而 $\boldsymbol{A}, \boldsymbol{B}$ 两矢量的标乘可用分量表示为

$$\boldsymbol{A} \cdot \boldsymbol{B} = (A_x\boldsymbol{i} + A_y\boldsymbol{j} + A_z\boldsymbol{k}) \cdot (B_x\boldsymbol{i} + B_y\boldsymbol{j} + B_z\boldsymbol{k}) = A_xB_x + A_yB_y + A_zB_z$$

由上面的定义和运算不难看出，两矢量标乘满足交换律，即

$$\boldsymbol{A} \cdot \boldsymbol{B} = \boldsymbol{B} \cdot \boldsymbol{A}$$

3. 矢乘（叉乘）　两矢量 $\boldsymbol{A}$ 和 $\boldsymbol{B}$ 矢乘可产生另一矢量 $\boldsymbol{C}$，表示为

$$\boldsymbol{A} \times \boldsymbol{B} = \boldsymbol{C}$$

其定义如下：$\boldsymbol{C}$ 的大小是 $C = AB\sin\alpha$，其中 α 为 $\boldsymbol{A}$ 与 $\boldsymbol{B}$ 之间小于 $180°$ 的夹角；$\boldsymbol{C}$ 的方向用右手螺旋法则确定，即将右手大拇指伸直，其余四指从矢乘的前一矢量 $\boldsymbol{A}$ 经小于 $180°$ 的角转到后一矢量 $\boldsymbol{B}$，大拇指所指的方向就是矢乘所得新矢量 $\boldsymbol{C}$ 的方向，如图 7 所示。

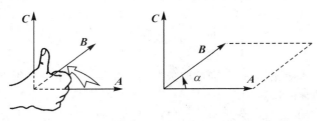

图 7　矢　乘

以上对矢量矢乘的定义在物理学中也是很有用的,如力矩、角动量等都是两矢量矢乘的结果。

由定义容易看出以下几点:

(1) 所得新矢量 C 垂直于 A 与 B 所确定的平面;

(2) 若 A 与 B 平行,即 $\alpha = 0$,则矢积为零。若 A 与 B 垂直,即 $\alpha = \dfrac{\pi}{2}$,则 $|A \times B| = AB$,矢积最大;

(3) 矢乘不满足交换律(即 $A \times B \neq B \times A$),而应是 $A \times B = -B \times A$;

(4) 在直角坐标系中,单位矢量的矢积为

$$i \times i = j \times j = k \times k = 0$$
$$i \times j = k, j \times k = i, k \times i = j$$

据此,两矢量 A 与 B 的矢乘可用解析法计算,便于记忆的是行列式形式:

$$A \times B = \begin{vmatrix} i & j & k \\ A_x & A_y & A_z \\ B_x & B_y & B_z \end{vmatrix}$$
$$= (A_y B_z - A_z B_y)i + (A_z B_x - A_x B_z)j + (A_x B_y - A_y B_x)k$$

四、矢量的导数与积分

1. 矢量的导数

如果对标量变量 t 所取的每一个值,都有一个矢量 $A(t)$ 与之对应,则 $A(t)$ 称为标变量 t 的矢量函数。

矢量函数 $A(t)$ 的导数定义为

$$\frac{\mathrm{d}A(t)}{\mathrm{d}t} = \lim_{\Delta t \to 0} \frac{A(t + \Delta t) - A(t)}{\Delta t}$$

如 $A(t)$ 可表示为

$$A(t) = A_x(t)i + A_y(t)j + A_z(t)k$$

其中,i、j、k 是单位常矢量,且 $A_x(t)$、$A_y(t)$、$A_z(t)$ 都是可导的,则

$$\frac{\mathrm{d}\boldsymbol{A}(t)}{\mathrm{d}t} = \frac{\mathrm{d}A_x(t)}{\mathrm{d}t}\boldsymbol{i} + \frac{\mathrm{d}A_y(t)}{\mathrm{d}t}\boldsymbol{j} + \frac{\mathrm{d}A_z(t)}{\mathrm{d}t}\boldsymbol{k}$$

同理,还可定义矢量函数的高阶导数,如二阶导数存在,则为

$$\frac{\mathrm{d}^2\boldsymbol{A}(t)}{\mathrm{d}t^2} = \frac{\mathrm{d}^2 A_x(t)}{\mathrm{d}t^2}\boldsymbol{i} + \frac{\mathrm{d}^2 A_y(t)}{\mathrm{d}t^2}\boldsymbol{j} + \frac{\mathrm{d}^2 A_z(t)}{\mathrm{d}t^2}\boldsymbol{k}$$

微积分学中常用的微分规则可以推广到矢量,需要注意的是不要颠倒叉乘的次序。若 C 是一个常数,$\boldsymbol{A}(t)$ 和 $\boldsymbol{B}(t)$ 是矢量函数,则有

$$\frac{\mathrm{d}}{\mathrm{d}t}(\boldsymbol{A}+\boldsymbol{B}) = \frac{\mathrm{d}\boldsymbol{A}}{\mathrm{d}t} + \frac{\mathrm{d}\boldsymbol{B}}{\mathrm{d}t}$$

$$\frac{\mathrm{d}(C\boldsymbol{A})}{\mathrm{d}t} = C\frac{\mathrm{d}\boldsymbol{A}}{\mathrm{d}t}$$

$$\frac{\mathrm{d}}{\mathrm{d}t}(\boldsymbol{A}\cdot\boldsymbol{B}) = \boldsymbol{A}\cdot\frac{\mathrm{d}\boldsymbol{B}}{\mathrm{d}t} + \frac{\mathrm{d}\boldsymbol{A}}{\mathrm{d}t}\cdot\boldsymbol{B}$$

$$\frac{\mathrm{d}}{\mathrm{d}t}(\boldsymbol{A}\times\boldsymbol{B}) = \boldsymbol{A}\times\frac{\mathrm{d}\boldsymbol{B}}{\mathrm{d}t} + \frac{\mathrm{d}\boldsymbol{A}}{\mathrm{d}t}\times\boldsymbol{B}$$

2.矢量的积分

矢量函数的积分是很复杂的。下面举一个在力学中常用的简单的例子。

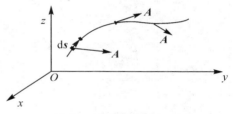

若矢量 $\boldsymbol{A}$ 沿如图 8 所示的曲线变化,那么

$$\int\boldsymbol{A}\cdot\mathrm{d}\boldsymbol{s}$$

图 8　矢量线积分

为这个矢量沿此曲线的线积分。由于

$$\boldsymbol{A} = A_x\boldsymbol{i} + A_y\boldsymbol{j} + A_z\boldsymbol{k}$$

$$\mathrm{d}\boldsymbol{s} = \mathrm{d}x\boldsymbol{i} + \mathrm{d}y\boldsymbol{j} + \mathrm{d}z\boldsymbol{k}$$

所以

$$\int\boldsymbol{A}\cdot\mathrm{d}\boldsymbol{s} = \int(A_x\boldsymbol{i} + A_y\boldsymbol{j} + A_z\boldsymbol{k})\cdot(\mathrm{d}x\boldsymbol{i} + \mathrm{d}y\boldsymbol{j} + \mathrm{d}z\boldsymbol{k})$$

又由于 $\boldsymbol{i}\cdot\boldsymbol{i} = \boldsymbol{j}\cdot\boldsymbol{j} = \boldsymbol{k}\cdot\boldsymbol{k} = 1, \boldsymbol{i}\cdot\boldsymbol{j} = \boldsymbol{j}\cdot\boldsymbol{k} = \boldsymbol{k}\cdot\boldsymbol{i} = 0$,可得

$$\int\boldsymbol{A}\cdot\mathrm{d}\boldsymbol{s} = \int A_x\mathrm{d}x + \int A_y\mathrm{d}y + \int A_z\mathrm{d}z$$

若上式中的 $\boldsymbol{A}$ 为力,$\mathrm{d}\boldsymbol{s}$ 为元位移,则上式就是变力做功的计算式。

附录二　国际单位制(SI)

表 1　　　　　　　　　　　　　国际单位制(SI) 的基本单位

量的名称	单位名称		单位符号	定　　　义
	全称	简称		
长　　度	米	米	m	米是光在真空中 1/299 792 458s 的时间间隔内所经路径的长度
质　　量	千克 (公斤)	千克	kg	千克为质量单位,它等于国际千克原器的质量
时　　间	秒	秒	s	秒是铯-133原子基态的两个超精细能级之间跃迁对应的辐射周期的 9 192 631 770 倍的持续时间
电　　流	安培	安	A	在真空中,截面积可忽略的两根相距 1 m 的无限长平行直导线内通以等量恒定电流时,若导线间相互作用力在每米长度上为 $2 \times 10^{-7} N$,则每根导线中的电流为 1A
热力学温度	开尔文	开	K	热力学温度单位开尔文是水三相点热力学温度的 1/273.16
物质的量	摩尔	摩	mol	摩尔是一系统的物质的量,该系统中所包含的基本单元数与 0.012kg 碳-12 的原子数相等,在使用摩尔时,基本单元应予指明,可以是原子、分子、离子、电子及其他粒子,或是这些粒子的特定组合
发光强度	坎德拉	坎	cd	坎德拉是一光源在给定方向上的发光强度,该光源发出频率为 $540 \times 10^{12} Hz$ 的单色辐射,且在此方向上的辐射强度为 1/683 W/sr

表 2 国际单位制的辅助单位

量的名称	单位名称	单位符号	定　义
平面角	弧　度	rad	弧度是一个圆内两条半径之间的平面角,这两条半径在圆周上截取的弧长与半径相等
立体角	球面度	sr	球面度是一个立体角,其顶点位于球心,而它在球面上所截取的面积等于以球半径为边长的正方形的面积

参 考 书 目

1. 教育部高等学校物理学与天文学教学指导委员会物理基础课程教学分指导委员会. 理工科类大学物理课程教学基本要求(2010 年版). 北京:高等教育出版社,2011.

2. Frederick J. Keller,等. 经典与近代物理学. 高物,译. 北京:高等教育出版社,1997.

3. A. P. 韦伦奇. 狭义相对论. 张大卫,译. 北京:人民教育出版社,1979.

4. M. 玻恩,E. 沃耳夫. 光学原理. 杨葭荪,等,译校. 北京:科学出版社,1978.

5. R. 瑞斯尼克. 相对论和早期量子论中的基本概念(中译本). 上海:上海科学出版社,1978.

6. Hugh D. Young, Roger A. Freeman. Sears and Zemansky's University Physics:with Modern Physics(12th Ed),Pearson Addison-Wesley.

7. Raymond A. Serway, John W. Jewett. Physics for scientists and engineers (6 edition). Brooks Cole,2003.

8. 倪光炯,王炎森. 文科物理 —— 文科物理与人文精神的融合. 北京:高等教育出版社,2005.

9. 吴百诗. 大学物理. 西安:西安交通大学出版社,2008.

10. 赵近芳. 大学物理学. 北京:北京邮电大学出版社,2008.

11. 程守洙,江之永. 普通物理学. 北京:高等教育出版社,1998.

12. 张三慧. 大学物理学. 北京:清华大学出版社,1999.

13. 赵凯华. 新概念物理. 北京:高等教育出版社,2004.

14. 马文蔚,周雨青. 大学物理教程(第二版). 北京:高等教育出版社,2006.